作者简介

李天道　彭州市人，文学博士，四川师范大学特聘教授，博士生导师，四川省有突出贡献专家，文科二级教授，省美学学会副会长，中华美学学会理事，中国古代文学理论学会理事。在《文学遗产》、《文学评论》、《文艺研究》、《北京大学学报》等刊物上发表论文二百余篇；在中华书局、中国社会科学出版社、商务印书馆、中央编译出版社、四川人民出版社、四川文艺出版社等多家出版社出版《中国美学之雅俗精神》、《老子美学的当代意义》、《中国美学之自由精神》等专著多本。获四川省教学科研成果奖一等奖1次；获省部级社科优秀科研成果奖三等奖5次、二等奖1次。

教育部人文社会科学研究规划基金项目“存在主义视域下的中国美学缘在构成思想”(12YJA720014)资助

中国社科·大学经典文库

中国美学之审美境域缘在构成论

李天道◎著

中央编译出版社
CCTP Central Compilation & Translation Press

图书在版编目（CIP）数据

中国美学之审美境域缘在构成论／李天道著．—北京：
中央编译出版社，2016．1
ISBN 978-7-5117-2938-5

Ⅰ．①中…　Ⅱ．①李…　Ⅲ．①美学—研究—中国
Ⅳ．①B83-092

中国版本图书馆CIP数据核字（2016）第003156号

中国美学之审美境域缘在构成论

出 版 人：刘明清
项目统筹：李伟为
责任编辑：曲建文
特约编辑：杨晓琼
责任印制：尹　珺
出版发行：中央编译出版社
地　　址：北京西城区车公庄大街乙5号鸿儒大厦B座（100044）
电　　话：（010）52612345（总编室）　（010）52612341（编辑室）
（010）52612316（发行部）　（010）52612317（网络销售）
（010）52612346（馆配部）　（010）55626985（读者服务部）
传　　真：（010）66515838
经　　销：全国新华书店
印　　刷：北京天正元印务有限公司
开　　本：710毫米×1000毫米　1/16
字　　数：296千字
印　　张：16．5
版　　次：2016年1月第1版第1次印刷
定　　价：68．00元

网　　址：www．cctphome．com　**邮　　箱：**cctp@cctphome．com
新浪微博：@中央编译出版社　**微　　信：**中央编译出版社(ID：cctphome)
淘宝店铺：中央编译出版社直销店(http：//shop108367160．taobao．com)　(010)52612349

目 录

CONTENTS

导 论 中国传统美学的生命诉求与境域缘在构成 …………………… 1

第一章 中国美学之境域缘在构成论与原点范畴 …………………… 15

第一节 审美境域缘在构成论 16

第二节 “诚”范畴释义 23

第三节 “仁”范畴之义域 32

第四节 “朴”与“归朴” 46

第五节 “化”与“化生” 56

第二章 审美缘在构成的心理态势 …………………… 65

第一节 “致虚”、“守静” 65

第二节 “清静” 70

第三节 “有无相生” 79

第四节 “阴阳氤氲” 88

第三章 审美缘在构成的境域 …………………… 97

第一节 与“道”合一 97

第二节 目击道存,触景成咏 103

第三节 “诚”之自明审美域 108

第四节 “大象无形”,“有无相生” 118

第五节 “兴会”之域 124

第四章　审美缘在构成论的学理依据 …………………………………… 135
第一节　道家美学思想与缘在构成审美意识　135
第二节　现象学存在论识度　143
第三节　缘在构成中的自由精神　146

第五章　“本真”缘在构成境域之审美呈现 …………………………… 156
第一节　“意在言外”:缘在构成论之审美特征　157
第二节　“道”:缘在构成论的生命美学之维　165
第三节　“清”之审美域　172
第四节　“气”:缘在构成论之审美元素　176

第六章　审美缘在构成论的历史轨迹 …………………………………… 186
第一节　道家美学之缘在构成审美意识　187
第二节　魏晋嵇阮派美学之缘在构成审美意识　198
第三节　司空图之审美缘在构成论　212
第四节　邵雍之“以物观物”　218
第五节　中晚明之自然审美意识　228
第六节　晚明缘在构成审美意识　235

后　记 ……………………………………………………………………… 245

导 论

中国传统美学的生命诉求与境域缘在构成

中国美学的基本精神突出地体现在生命诉求与对审美境域缘在构成的推崇。中国美学总是借助艺术来使人融于天地化育，促使人生诗意化，力图营造圆融和熙的生存态势，把肯定生命，把握人生，以构成通达无碍、明道明心、反朴见性、无二无别、融通空灵的审美境域作为审美活动的极境，把构建雍容洽化的人生作为最高审美诉求。因此，中国美学主张尚生、尊生、乐生、大生、广生，礼赞生生，体证生生，注重在审美境域缘在构成中铸就至真、至善、至美相统一的人格，实现光明的、自由任运的审美人生。由此出发，要求以宇宙自然为可居可游的诗意化家园，以通达互无妨碍、互无阻滞、具足圆满、融洽和谐、圆融无碍的心理态势，于平常生活中体悟天地大化的生命真谛作为审美的最高宗旨。在中国美学，审美是心灵的创造活动，须得胸襟廓然，脱净尘渣，返还到本心本性，以生命本身体悟“道”的节奏。“道”是生命的原初生成域，是宇宙灵魂，生命源泉，是“美”之所在。“道”存身于“腾踔”的“万象”之中，审美者要体悟“道”，就得澄心静怀，去蔽存真，以澄明的心境去感受、领悟万千风景中具象的灵魂、生命，凸现一个审美对象；必须于日用万相中超越尘世，排除杂念，从而才能达成“于空寂处见流行，于流行处见空寂”，虚实一源，体用不二之审美域。此即所谓于虚空中传动荡，神明里透幽深，超以象外，得其环中。在这样虚空明静的、灵动透彻的心境中，一花一鸟，一树一石，一山一水，都会呈现与流荡着一种形而上的，非写实的宇宙灵气，获得审美了悟。达成此审美域，方能见“万化流行，上下昭著”，进而于无穷追索中达于审美极致，以体味到宇宙天地间“生生之大德”与“生生之仁”的审美意趣。

故而，在中国美学看来，“美”是通过此在、当下、寓目、即心，从中澄明、敞亮，呈现原初之“仁心”、“诚性”而缘在构成的，其构成流是“因缘而生”、“仗缘方兴”、“因时生感”、“即景言情”、心物交感、眼前心生、当下兴起，而“触目道存”、与“道”合一、“寓目辄书”、“即景成咏”，其呈现态则为一种“尽心尽性”、“万物皆备于我”、“上下与天地同流”的纯粹境域构成，其缘在构成态则表征为“自然而然”、纯然超然，因此，中国美学认为，所谓“美”，实际上就是一种审美缘在构成域。这种审美缘在构成域，发生于审美者“最自由最充沛的深心”①，是审美者通过任情适性、自由自得、直观感悟、直觉体悟，通过原初诚真之心，即仁心仁性的澄明，“返身”到纯粹之“自我”，以达成真力弥满、万象在旁、自在自然、掉臂游行，生气周转、大化流行、即心即佛、顿悟人生真谛的当下缘在构成审美域，从而从中体证生生，回归自我，成就自身。由此可以说，中国美学的审美诉求就是“情景合一”、“意象合一”、“心物合一”，就是人与自然万物的缘在构成、互为一体。所以，只有从人与万物存有的交相化合的审美境域缘在构成切入，以研究中国传统美学，才可能揭示其深层内核。

一

中国美学具有极为浓厚的泛爱生命的色彩，注重生命、关爱生命、仁爱自然万物是其突出特色。在中国美学看来，“天地之大德曰生”，“生”，“生生”，生其所生，乃“天地之心”。

“天地之心”的提出，最早应该是《周易》中的《复卦·象》，其云：“复，其见天地之心乎。”所谓“天地之心”，即天地生物之心，或谓“道心”。乃是宇宙万有大化流行的生生之原动力。正由于“天地之心”的作用，所以宇宙间万物自然始终洋溢着活泼泼的盎然生机。故“天地之心”又为“天道”。“天道”与作为“人道”恻隐之心之“仁”息息相关，相通同一，关系着大化自然的化生化合、变异不断、周流不息、生生不已。这种思想的提出又源于《周易》的《剥》卦，“《易》以道阴阳”。自然万物之所以化化不已、生生不息，其生化之机在于“阴阳”间的氤氲消长。“阴阳”思想乃《周易》的核心。“阴阳”之间的关系是辩证统一的，既相互对立，又相互依存，既相反相成、互相消长，又互为其根。阳决阴，阳长阴消，直至五阳一阴，阳气最盛，是为夬卦。阴剥阳，阴长阳消，直至五阴一阳，阴气最凶，是为《剥》卦。在《剥》卦里，阴气侵阳，由初爻而上达五爻，阳气凋零，如被阴气所剥落，故谓之《剥》。在《剥》卦里，阳虽处下风，被剥落到仅余硕果，但“阴阳”同根，阳不会消尽，依据物极必反的规律，仅存的硕果会迸发生机而东山再起。由被剥而复生，此即序卦所说：“《剥》者剥也。物不可以终尽：《剥》，穷上反下，故受之以《复》。”由《剥》而《复》、《剥》、《复》相继，紧密相伴。《复》卦的复，是反还之意。“复者返本之名”，“群阴剥阳，至于几尽；一阳来下，故称来复”。如此，所谓《复》，是指一阳的来复。如汉代易学家荀爽所云：“《复》者，冬至之卦。阳起初九，为天地心；万物

① 宗白华：《美学散步》，上海人民出版社 1981 年版，第 69 页。

所始,吉凶之先。故曰见天地之心矣。”这就是说:《复》卦在节气上是象征冬至的卦。在这卦里,阳气复返,从初爻开始兴起,这就是天地之心。“万物所始”,万物由此复苏,出现生机,蕴藉呈现生意。据此,宋代程颐将“天地之心”解释为“生”与“动”。说:“一阳复于下,乃天地生物之心也。先儒皆以静为见天地之心,盖不知动之端乃天地之心也,非知道者孰能识之!”“人说‘《复》,其见天地之心’,皆以谓至静能见天地之心,非也。《复》之卦,下面一画,便是动也,安得谓之静?自古儒者皆言静见天地之心,唯某言动而见天地之心。”阳复于下,乃天地生物之心。欧阳修也认为:“天地之心,见乎动。复也,一阳初动于下矣,天地以生物为心者也。”“天地之心”就是“生”,“生”以阳动为本。据此,朱熹明确指出:“天地以生物为心者也。”阴阳消长,此起彼伏,循环往复,密切无间,剥尽阳复,永无间歇。张载说:“大抵言天地之心者,天地之大德曰生,则以生物为本者,乃天地之心也。”这里就以《周易·系辞》中所说的“天地之大德曰生”来解释“天地之心”。接着,他又说:“天地之心惟是生物,天地之大德曰生也。”既然天地之心是生物,故而《复》即是“生”,生生不已即是天地之心,天地生物之心。这种“心”乃是宇宙大化流行的基本的原动力,其中洋溢着活泼泼的盎然生机。天地无心,生之不息者,乃其心也。所谓天地之心是指其生生不息的生命本质而言。

同时,“天地之心”又意指“人”,以体现“人”在宇宙天地间的重要地位。《礼记·礼运》云:“人者,天地之心也,五行之端也,食味别声被色而生者也。”人在宇宙自然间处于“心”的地位,强调了人之为人的价值。“人”既为自然万物中的重要组成,同时又具有不同于万物的特质,“五行之秀气”。禀气而生,是人与万物相通相同的地方,但惟人独得其“秀气”,因此而成为“天地”之“心”。在人与自然万物的关系上,中国美学认为自然万物与人都由“气”所化生,一体同源、同构相通。正是基于此,中国美学认为仁爱万物为一种最高审美诉求。依据这种自然审美意识,在人与自然万物的关系上,中国美学为人确立了“天地之心”的定位,强调作为万物之“心”的“人”的生态地位,“人”与自然万物相依相成,一体而生,与自然万物理应和谐相处,对自然万物的化育化生当然具有不可推卸的仁爱之心,推崇道义性和仁爱性。因此,在人与自然万物的关系上,要求“人”应该“仁以待物”,主张“生生之为仁”,“仁者生生”,以“仁心”、“仁性”对待自然万物。在中国美学看来,“人”为“天地之心”。所谓“心”,王阳明指出:“心不是一块血肉,凡知觉处便是心。”他认为:心外无物。“心”只是一个灵明。人人具有灵明之心,也即人人本有良知。“人者,天地万物之心也;心者,天地万物之主也。心即天,言心,则天地万物皆举之矣。”(《传习录》)人与天,心与物,内与外,知与行都是合而一,是一而不是二,是合而不是分,要不二不分别才能不隔不离,于是主客一体,人天一体。

“人”之所以能够独得宇宙天地间“五行之秀气”，在于“人”乃“万物之灵”。“人”为万物之灵的审美意识；最早见于《尚书·泰誓》：“惟天地万物父母，惟人万物之灵。”人既是“万物之灵”，则为万物中之最贵者。孔子指出：“天地之性人为贵。”①应该说，“天地之心”、“万物之灵”以及“人为贵”，都是对人在宇宙自然中地位的一种推崇。在此基础上，宋代的欧阳修则强调指出：“人者，万物之灵，天地之心也。”②陆九渊指出：“天地之性人为贵，人为万物之灵。人所以贵与灵者，只是这心。”③王阳明指出：“故曰：人者，天地之心，万物之灵也。”④由“重人”、“贵人”出发，中国美学极为关注人生，强调人生的价值。在人生价值论方面，荀子曾经指出：“人有气有生有知亦且有义，故最为天下贵也。”⑤（《王制》）王充也指出：“天地之性人为贵，贵其识知也。”⑥（《别通》）人具有理性，所以高于其他存在物的物种。董仲舒也指出，万物莫贵于人，是因为“人独能为仁义”⑦（《人副天数》）。又强调指出：“天地人，万物之本也。”“起于天至于人而毕，毕之外谓之物。物者投所贵之端而不在其中，以此见人之超然万物之上而最为天下贵也。”人为“万物之本”，人具有道德能力，因此贵于万物，道德能力就是最高的知识智慧。人与天地自然都生成于“气”，同源、同体，作为天地之“心”之“本”的人可以融入宇宙自然，与天地万物相交同构，参与天地的化生化育，所以在天地万物中为最可宝贵的。受此思想的影响，中国美学认为，审美境域达成中的触目起兴、缘在构成是物有所感，心有所向，心与物交、情与景融、“人”与天一、心与“道”合。在中国美学看来，自然万物与“人”的生存密切相关，人是自然存在物，原本与自然万物一体共生。人在设定自然、人化自然的同时，也被自然所设定，被自然化，人是在与自然的互生互化流程中获得自己的本质规定性的。万物存在的价值就在于能够为“人”所依所靠、所与所共。此种观念是古人最容易自发得出的。荀子和董仲舒把这种自发形成的观念理论化。荀子把万物看成是“人”生存的共在必需，自然万物养育人、抚养人，为“人”所赖以生活的必要条件。他说：“故天之所覆，地之所载，莫不尽其美，致其用，上以饰贤良，下以养百姓而安乐之”（《王制》），并一再强调要“财万物”、“材万物”以“养人之欲，给人之求”（《礼论》）。因此，在取用自然资源时

① 《孝经·圣治章第九》。
② 《欧阳修集·附录四·记神清洞》。
③ 《朱子语类》卷一百二十四《陆氏》引。
④ 《王阳明集补编》卷五《年谱附录一》。
⑤ 王先谦：《荀子集解》，中华书局 1988 年版。
⑥ （汉）王充：《论衡·别通》，上海人民出版社 1974 年版。
⑦ （汉）董仲舒：《春秋繁露·人副天数》，上海古籍出版社 1989 年版。

"人"要有所节制，使万物"不夭其生，不绝其长"(《王制》)。万物"不夭其生，不绝其长"，养育"人"，就是万物之"宜"。人的存有依赖于万物自然，人是自然万有的一体共生性存在，是"造化"的人。就本质意义看，"人"与万物自然是一体共生的，"人"是在与自然万物的一体共生性关系中生成和发展的，"人"的存有扎根于自然，受惠于自然，也受制于自然。同时，自然万物是一种自在的必然存在，"人"则是自觉自为的自由存在，人与自然关系的好坏，取决于人的可能性与应然性。调控好人与自然的关系，其实质是调控好人自身。这也是人与自然万物间的最根本、最本真的关系，只有回归人与万物自然一体共生的本真关系，才会在"自由自觉的生命活动"中体现和实现人的本真存在、应然存在自然存在物和自然生态系统为己的内在价值和整体的系统价值，尊重自然规律，合理运用自然规律，把"人"自我与作为他者的大自然视为一个共同体，在共同体中，"人"自我的存在有赖于他者(其他自然存在物)的存在和整体(生态系统)的存在，只有在人与万物自然的共在中才能保持彼此各自的存在。共在的关系就是一种自由的关系，对于人来说，就是在作用于自然时，能够超越生命本能、物质束缚和自我中心，秉持自然尺度与人的尺度的统一以及合规律性与合目的性的统一，按照真的规律、善的规律、美的规律进行创造，在万物自然的限度内自由创造，"诗意地栖居"于地球。《列子·说符》有这样的记载："齐田氏祖于庭，食客千人。中坐有献鱼雁者，田氏视之，乃叹曰：'天之于民厚矣！殖五谷，生鱼鸟以为之用。'众客和之如响。"由"众客和之如响"一句可见，将万物视为上天对"人"的恩赐的看法是由来已久且相当普遍的。自然万物与"人"一体相依，为"人"的生存所不可或缺。董仲舒说："天地之生万物也，以养人，故其可食者以养身体，其可威者以为容服。"(《服制像》)"生五谷以食之，桑麻以衣之，六畜以养之，服牛乘马，圈豹槛虎，是其得天之灵，贵于物也。"(《汉书·董仲舒传》)人贵于万物，"人"的存有高于一切，因而，为了自己的存有而自由取用自然资源，"人"更应该仁爱自然万物。

在中国美学看来，"尽其美，致其用"，挥动万有、驱役众美的审美境域缘在构成能够使人心醇气和、处心有道、意得心定、内心充实、陶冶情操、纯洁情感、感化性灵、净化灵魂；通过缘在构成审美活动，可以促使人刚健笃实，辉光日新，从而更加精微地体悟自我生命的要义。应该说，正是中国美学的这种对"人"的重视与强调，从而促使其显现出鲜明的泛爱生命的色彩，也促使其对美的生成与化生的探寻和讨论总是落实到人与人生的层面。就其具体体现来看，中国美学一直在追求如何通过缘在审美境域缘在构成活动实现一种和合完美的人生自由境域，如何通过"尽心"、"尽性"、"克己"、"由己"、"反朴归真"而"知天"、"合天"。美与不美取决于人与此在的息息相关，所谓"中充实则发为文者辉光"。在中国美学看来，审美活动的实现就是一种自我生命得到自由敞亮的境域。也正由于此，中国美学极为重视人的生命存在的本己绽出，强调人在天地万物中最为神奇，最为完美。所谓“万物生生，……惟人也得其秀而最灵”①。人由于得到促使天地万物“生生不已”之“秀”气的滋养而“最灵”，所以“美因人彰”。

正是人与万物存有交相化合、缘在构成，才有审美境域缘在构成活动的发生，才有“美”的生成的思想，无论是儒家美学还是道家美学，其基本看法都是一致的。作为儒家美学思想的奠基者，孔子美学思想的核心即“仁”，无论是境域构成，还是其审美诉求，其要旨都是天地万物为一体构成。而之所以万物一体，乃是“仁”使然。因为人的本心本性为“仁心”、“仁性”，“其始亦非有异于圣人也”，所以人原本可以以天地万物为一体。由于物欲之蔽，仁心堵塞，才使得天地万物失其所，所以孟子提倡“放心”，王阳明则推重“致良知”，以使人心复其本然面目。而人心一旦复其本来面目，不但可以实现“视天下之人无外内远近”之域，而且还能够达成“天人一体”之审美域。并且，儒家还通过这一美学思想的确立，揭示了审美境域缘在构成活动中人的自我完善、自我确立和自我实现的原则。宇宙的生生之德就是“仁”，自然万物的化育化生则是宇宙之“仁”的生动显现。《论语·颜渊》云：“樊迟问仁，子曰：‘爱人。’”可见，“仁”的主旨就是“仁爱”或者说“爱人”。同时，“仁”也是一种审美域。所谓“为仁由己”、“求仁得仁”，“天地之大德曰生”。天地宇宙极为高尚的品格就是养育化生万物，而作为宇宙天地中“最灵”、“最秀”的人则显然应该效法天地自然，投身大化，泛爱生生，体验生意。要达成此审美域，人必须穷尽神秘，通晓变化，推己及人。所以，在儒家美学看来，作为人的生命活动的基础和承担者，人或谓人主审美者，首先应该认识和能够认识的应该是人自身，只有通过“自我控制”、“自我改造”、“自我完善”和“自我更新”，了解人生实质和审美者自身，了解人之为“仁”就在于人能够顺承天地化育化生万物的品行，才能解决人生的根本问题，以达成人生的诗性境域，审美活动也才能进入生命弥漫的宇宙之域。“爱人”、“事人”、“乐生”、“仁生”是人的本分，是作为审美者的人自身活动的构成。“仁”既是为人之道，也是破译人的秘密的方法。反求诸己，推己及人，“谓仁之方”。这种从人的生活和自身体验中知人，以达成“爱人”，体会“仁”生长、化生内在审美意蕴的目的思想与方法，就是走进自然山川，跃身大化、融入万有自然这一生机勃勃的有机生命场，回归原初心性，与此在化合为一，进而物我两忘。因此，孔子认为，人之异于禽兽正在于人有道德、有理想、有追求，因而，人完全可以经过刻苦的自我修养，通过“兴于诗，立于礼，成于乐”，“志于道，据于德，

① 《周敦颐集》，谭松林等点校本，岳麓书社出版社 2002 年版。

依于仁,游于艺”,以及道德实践和美学实践,来获得各种现实的、历史的、美学的知识,陶冶自己的情感,提高自己的审美能力,完善和不断建构自己的审美心理结构;同时人还必须加强意志的克制和锻炼,主动严格约束自己,成就君子品格,完成个体人格的塑造,并最终自觉地达成“仁”的最高境域。只有这样,才能够“知天命”,体察感知宇宙间生生不已的万千气象,进入与宇宙合一的极高审美境域。宋代理学家程颢认为:“万物之生意最可观,……斯所谓仁也。”(《二程集》)从美学的意义看,这里的“仁”,其本意在于生物,显现为宇宙间的万物并生、生意盎然,在审美境域营构中则是一种审美者和审美对象的无差别的融合和一致,表现为个人身心的和谐并与整个环境的谐调。“仁”的语义也可以反映这一点。许慎《说文解字》云:“仁,亲也,从二人。”这就是说,“仁”是人与人之间的相互亲爱、尊重。故段玉裁注云:“人耦(偶),犹言尔我亲密之词。”亲爱与亲密都是“爱人”,是人以行“仁”道的一种美好的情感与心理体验,是由审美者发出并施之于审美境域缘在构成的一种行为模式。这里的审美境域缘在构成,既包括他人,也包括人自身。的确,作为审美者的人有双重身份,不但是审美境域化生流中的审美者,而且由于人可以把“自己的生命活动本身变成自己的意志和意识的对象”,即实现审美者对象化,所以,他又是审美者自身活动的对象。因此,这种由行“仁”道而表露出的美好情感既指个体的心理体验,亦指爱的实现为欣然自得、体验生意。并且,这种欣然自得的美好情感与生意体验又表现在审美的活动与行为中。从孔子的有关论述及其整个仁学美学思想体系中,我们不难发现,在这种“仁”道的施行活动和情感体验中,丝毫不带既定的功利目的,也不讲求特定的已有条件和外在差等。正是从这个意义上讲,行“仁”道或谓“爱人”,其实就是人的自我发现、自我觉醒、自我肯定、自我尊重、自我完善和自我实现,也就是一种审美境域的创构活动。人从中所得愉悦,不仅是道德的满足,而且是审美的快适、喜悦和兴怀。究其实质而言,这就是美与善的最高结合,也是道德愉悦和审美愉悦的最高合一。同时,我们还可以看出,这其中也突出地表明美学活动及其审美境域的构筑对作为审美者的人的倚重。“仁”的境域的获得离不开人与人之间的活动。故而孔子提出“里仁为美”的命题,以“仁”作为人与人之间构成流确立的规范和理想审美境域,按此命题,居住在一起的人彼此之间相亲相爱,相互尊重,便能从中获得极大的审美愉悦。

倘若说孔子主要是从人与人之间的缘在构成流出发,以强调人在审美活动中对于美的生成与审美境域创构活动发生的重要作用的话,那么,孟子则主要是从人与自身的构成流出发,以肯定美的生成与审美境域的创构离不开人,没有人就没有美,也不可能有审美境域的创构的思想。孟子主张“尽心”、“知性”而“知天”,提出“充实之谓美”的命题,强调“反身而诚”。在孟子看来,人只要通过“养气”和“集义”的培育,充分发挥自我的良知、良性和良心,由对自我本心本性的体认而推知一诚天道的流衍,自我之气便能“塞于天地之间”,进而则能达成“万物皆备于我”的天人、物我,人与万物存有的交相化合、缘在构成、交融合一境域,洞察到天地万物的奥秘。孟子认为,人的深层心理结构中内在地涵盖着“仁”的道德美学精神,因此,“仁”可以转换成审美者的审美意识,从而使人的精神品质达成美的境域。以此扩大到天地万物,则能消融我与人、我与天地万物的界限,并包融天地万物,使自我的身心获得一种审美的体验和审美的超越。

在孔孟的基础上,荀子进一步提出“君子知夫不全不粹之不足以为美”①的命题,把审美的实施对象直接指向人。就人的自身修养而言,荀子认为人的品格情操必须要达成“全”与“粹”的理想境域,前者为“善”,后者为“真”,只有善与真相互结合,才能使人自身进入一个高素质的境域。这样的人才是一个具有高尚品德情操的人,才能称之为美。这里所谓的“美”,实际上是指一种至真、至诚、至善、至美之域,也即一种极高审美境域。

二

应该说,至真、至诚、至善、至美的审美域就是审美境域缘在构成论的取向。具体而言,所谓至真、至诚、至善、至美之域,就是人与万物存有的交相化合、缘在构成审美域。在这种审美域中,其审美呈现态为“物我两忘”、“与道为一”。就其心理体验层次上的实现前提而言,则“人与万物存有的交相化合、缘在构成”必得消除“我”与“物”的间隔,通过“致虚极”、“守静笃”,以构筑出“物我两忘”的审美心境;“物我两忘”则必得根绝自我的欲望和追求,以及自我自明意识,以进入“绝圣弃智”的审美心态,这样才能通向“与道为一”,即内心和顺、外物通达的审美境域。这种“和顺通达”实质上是人的一种精神境域,正好与“全粹”所规定的内涵吻合。所谓“全粹”之“全”乃指审美境域完美的广度,故荀子称“天贵其明,地贵其光,君子贵其全也”;“粹”则指审美境域完美的深度,故荀子称“明达纯粹而无疵也”②。朱熹《楚辞集注·离骚》注云:“至美曰纯,齐同曰粹。”“齐同”就是物我两忘、与道为一而至于真,知真始能得美。

首先,中国传统美学审美境域缘在构成论的形成,离不开“人与万物存有的交

① 王先谦:《荀子集解》,中华书局1988年版。

② 王先谦:《荀子集解》,中华书局1988年版。

相化合”,宇宙生成审美意识的渗透和统摄作用。与西方哲人天人二元化思维相比,中国古代哲人对宇宙、世界的看法则更多地趋向人天共生一体化。在中国古代哲人看来,天与人之间处于一种构成化合流,都有一个共同的生命构成本原,即“道”(气),“道”(气)是审美境域的纯粹原初域。故而,在天与人、理与气、心与物、体与用诸方面的构成流上,中国古代哲人都不会强为割裂,而习惯于融会贯通地加以整体把握。在人与自然、人与人的构成问题上,中西文化也存在着差别。中国文化比较重视人与自然、人与人之间的和谐构成流,西方文化则比较重视人与自然、人与人之间分别对立构成。在中国文化里,作为生命场的宇宙天地生机勃勃,宇宙天地的伟大就在于鸢飞鱼跃、生机盎然、流动变化、生生不已,人与自然之间从来就不是敌对的构成流,而是亲密无间的构成流,人离不开自然,自然也离不开人。人与万物存有的交相化合、缘在构成、“与道为一”、“情景相融”、“意象相生”等构成观念源远流长,其来有自。孟子说:“万物皆备于我矣。”①(《尽心上》)庄子说:“天地与我并生,而万物与我为一。”②(《齐物论》)都是说天地万物和人是相互构成,其生命是直接沟通构成为一个活体的。在中国美学看来,作为万有自然的原初生成域,“道”是“有无一体”、形上形下一体、本质与现象一体的,因此,在审美活动中,人与自然万物、审美者与审美对象原本是浑然一体不可区分的。庄子用他充满艺术情调与诗意化的语言为我们勾画了一个未经分割、表里贯通、时空混整、川流不息、相构相成的原初性、诗意性境域:“若夫藏天下于天下而不得所遁,是恒物之大情也。”(《大宗师》)超越外在的大小、高下、轻重、长短、多少、贵贱、美丑、优劣,而回归原初的同一、本然的“道”之原初域,“以道观之”,“故为是举莛与楹,厉与西施,恢诡谲怪,道通为一。其分也成也,成也毁也,凡物无成无毁,复通为一”(《齐物论》)。“以道观之”,则天人同一、物我同一,相反,若“以物观之,自贵而相贱;以俗观之,贵贱不在己。以差观之,因其所大而大之,则万物莫不大;因其所小而小之,则万物莫不小”(《秋水》)。消除差别,归朴反真,返还到原初齐物、同一之域,“藏天下于天下”,“以天下为之笼”,肯定、尊重、关怀、仁爱自然万有,“处物不伤物”,与自然万物友好相处,欣然接纳万物,则自然达成“真人”之域,也即轻松洒脱、自由无碍的审美域。在这个浑然自足、共在一体的生命流中,人与物始终处于一种相构相成、相生相融的构成流之中。

这种人与万物存有交相化合、相构相成、“相互为一”、“心物一如”、“情景一体”、缘在构成的共在一体的审美意识,使古代中国人的审美活动立足在与西方人

---

① (汉)赵岐注、李学勤主编:《孟子注疏》,台湾古籍出版社2002年版。

② (清)郭庆藩撰、王孝鱼点校:《庄子集释下》,中华书局1961年版。

完全不同的起点上;同时,在中国人的审美感受和审美创构中,确立了一种在“美”的化生不止、生生不息、化合构成流程中对待人与自然构成流的基本的审美态度。所谓“和实生物”,人与万物存有的和会交融是万物生长的基本态势。正是基于这种审美态度,中国古代文人在美的生成与创构中,在对待和体验自然万物时,往往以心物构成为出发点和归宿,“心”与“物”相互作用,彼此融合,“心”“随物婉转”,“物”“与心徘徊”,从而形成一种人对宇宙时空的依赖与人与自然万物的和合融通氛围。由于在齐物顺性、物我同一中泯灭了彼此的对峙,所以,物我之间显现出休戚与共、相依为命的构成流。人对外部世界、对自然万物,始终保持着一种精神上的自由,在人的虚静空明的审美心境中,自然万物与人之间可以自由地认同,人能自由地吐纳、体会、体认万物自然,与自然万物相生相交、相构相成、相生相融。故而,在中国美学,作为审美者的人可以顾念万有,拥抱自然,跃身大化,于心物交融中,物色与生意相摩相荡,情景互藏其宅,相互生发、交相融合。

既然人与宇宙万物之间处于一体共在构成流之中,万物自然与人之间是同一的,是交相化合的关系,天地人皆为同类,都原发并生成于纯粹的构成本原“道”,都具有同一的生命精神,那么,天人之间,其生命也就自然是息息相通的。由此,我们就常常在中国古代文艺审美创作中发现一种人与自然万物相互感应、相互融合、相互构成的现象,像李白诗中所描绘的那样,“相看两不厌,惟有敬亭山”(李白《独坐敬亭山》)。在虚灵空廓的审美静观中,审美者会摄物归心,移己就物,万物也自然相应相答、相依相随,在心物一体的构成流中,最终臻万物于一体,达成与万物同致的境域。这种“人与万物存有的交相化合”、“我”与“非我”的一体构成化,小宇宙与大宇宙的互渗互摄、相生相融,表现在审美创作的构成活动中,则形成了“情景交融”、“神与物游”、“情往似赠,兴来如答”等一系列审美境域生成的理论。审美者与审美的交感、情与景的交织、心与物的交游,可以创构出多种多样虚灵空活而又幽远深邃的审美缘在构成域。

所谓“天人一气”,“天人一体”,天地合气,万物自生,人与万物都生成于“气”,因此,人与自然万物相通相合、相构相生、相成相融、一体同构,这种宇宙为一大活体的物物相通审美意识渗透到中国美学,突出地体现在其所推崇的缘在构成审美活动中。在这种审美活动中,人的心灵、精神、情感回复到审美构成流中本真纯粹的“仁心”、“仁性”,回复到一往而情真的纯真之心性,以虚静度虚静,臻万物于一体,统万物于自我;而本身就纯然自然的万有大千也就理所当然地能为人自由地认同和吐纳。此时,人的心灵空间摆脱了世俗的成见,不再为外在的纷繁芜杂所迷,直指对象的生命所在,心与天地万物共悠然,同超逸,万有大千“舒卷取舍,如太虚片云,寒塘雁迹”(沈灏《画麈》)。人与万有同在,景与情共生。所谓

"大叫一声天地宽，团团明月空中小"。如禅宗灯录中所说的："孤蟾独耀江山静，自笑一声天地宽"，"孤轮独照江山静，自笑一声天地惊"。在缘在构成审美域营构中，既不否认自然万物的存在，又强调人对物的作用，"宇宙便是我心，我心即是宇宙"。在山水自然审美活动中，审美者代山川而言，山川均脱胎于审美者，山川均是由人的性灵流出。同时在对自然山水的观照中，审美者的心灵又必然要超越与穿透自然山水的形体，走向对形中之性的肯定。即如石涛在《画语录》中所指出的："得乾坤之理者，山川之质也；得笔墨立法者，山川之饰也。知其饰而非理，其理危矣；知其质而非法，其法微矣。"（《山川章》）非常传神地展现了以人为核心的人与万物存有的交相化合宇宙构成意识对审美观念的渗透，表现了山水自然审美活动中审美者对自然万物的自由吐纳与审美融通。可以说，正是中国人这种对万物自然的生命一体和交融和合构成感，以宇宙自然为可游可乐、交互化生化合的诗意栖居所在的审美观念，生成了中国人能够超越时空限制，太虚片云，游心太玄，投身万千世界，以心心相印的心灵体验方式去领悟自由生命的气韵律动，并且把不同情景、不同际遇下经验颤动的深层生命结构和全部幅度涵蕴在艺术审美创作兴感触发的魅力中的审美意识，从而直观地触及审美境域缘在论的某些端倪。

其次，中国美学所主张的"物我两忘"审美心胸构筑论与"静以观道"、"与道合一"审美境域达成论的形成也离不开人与万物存有的交相化合、缘在构成审美意识的影响。缘在构成之域的生成植根在人自身生命的呈现和人本真的存在性境域显现之中。人的一生，即人自身的存在性展开流程，是积极进取、自强不息，还是消极悲观、倦怠无聊；是超越流俗，不为物役，宁静淡泊，以默为守，还是趋时媚俗，随波逐流，功名利禄，等等，历来就是中国哲人所关注的基本问题之一。老子认为，人生最宝贵、最本真的存在性境域，就是"清"与"真"，就是心灵的自由、高洁。故而，他把"赤子之心"、"婴儿"状态作为人最本真的生存境域。在道家看来，人生最大的乐趣就是清心寡欲、迥绝尘世。所谓的功名利禄、是非利害、荣辱得失，都不过是过眼云烟。只有像婴儿那样的纯真，无忧无虑，无牵无挂，无是非得失，任性而为，率性而发，不做作，不矫饰，纯洁无瑕，天真烂漫，才是人最本真的存在性境域显现。老子强调"复归于婴儿"①（二十八章），"比于赤子"。（五十五章）婴儿时期，人的明智未开，还没有受到世俗的污染，内心世界柔和淡泊，其存在状态天真无邪，保持着一种自然天性，能随万物自然变化而变化。这样，"复归于婴儿"，就自然而然地使人超越世间利害得失、是非好恶的私欲干扰，消弭主客观世界的区分界限，而进入无知无欲、无拘无碍、无我无物，"物我两忘"，以玄鉴天地

① 高亨：《老子注释》，河南人民出版社 1977 年版。

万物,与生命本原"道"合一的最本真的"得一"存在性境域。构成这种境域,则会如老子所指出的,感受到一种"燕处超然",达成一种广远宁静、与天合一的极境,妙不可言。老子说:"众人熙熙,如享太牢,如春登台。我独泊兮,其未兆。"(二十章)人世间熙熙攘攘,挤来挤去,为虚名而争,为存有而忙,就像赴国宴,享受山珍海味,咀嚼美味佳肴;又像春天里结伴游玩,登高远眺;只有超越这种情欲,回归自我、体知自我和行动自我,拭净心灵尘垢,实现对真实自我的复归,保持婴儿之心,心灵恬淡,"虚怀若谷",静如水碧,洁如霜雪,清洁莹澈,才能怡然自适。而审美体验活动中,只有通过这种心态的营构,才能心物一如,内外一致,臻万物于一体,达成与万物生命交相融汇的光亮鲜洁、超凡脱俗之境域。

受道家美学思想的作用,中国美学把"与道合一"这种实现自我、保持心灵自由,以达成空明莹洁之域作为人存在的最高审美诉求。在老子看来,"五色令人目盲,五音令人耳聋,五味令人口爽。驰骋田猎令人心发狂,难得之货令人行妨"(十二章)。"罪莫大于可欲,祸莫大于不知足,咎莫大于欲得,故知足之足恒足矣。"(四十六章)世俗社会,人欲横流,本心泯灭。人的欲望是没有止境的,特别是物质方面的欲望,可以说是欲壑难平;然而对物质利益的无限追求是无益于人的身心健康,为世俗杂念所侵蚀,必然会失却赤子之心,即失却童心、真心,只能使人成为自身欲望的奴隶,损害人的身心生命。故而老子认为,对于物质欲望,不应该刻意去追求,而应以超然的心态去看待它。因而,老子说:"虽有荣观,燕处超然。奈何万乘之主,而以自轻天下。"(二十六章)的确,一切外在的东西、外部影响,都属于人为的范围,而一切人为的东西都只会损害人的本性,使人丧失其天真、自然、纯洁的心态,人只有"见素抱朴,少私寡欲",保持心境的纤尘不染,澹泊恬静,超越功利,摆脱与功名利禄等私欲相关的物的诱惑,求得精神的平衡与自足,才能进入最佳的"与道合一"域。因此,老子极为鄙薄那种"俗人昭昭"、"俗人察察"、"众人熙熙",而主张"返朴归真","见素抱朴"。"朴"是指未经雕饰过的木头,可以说"朴"就是"清真"、"清淳"。老子用"朴"来形容事物与人心所原有的天然素朴、清淳雅洁的状态。"返朴归真"、"见素抱朴"就是清除后天的、非自然的、人为的种种桎梏枷锁,废除仁义礼乐,超越物质欲望,不让尘世的庸俗杂念扰乱自己恬淡、自由、纯洁、清雅的心境,自始至终保持自己得之于天地的精气,归于原初的自然无为、自由自得、清淳莹洁的心态。

三

中国古代美学这种强调人与万物存有的交相化合、互为一体、缘在构成、"物我为一”、“与道为一”的化生构成思想，对中国美学审美境域创构中的审美者心理结构建构，特别是艺术审美创作者的心理结构建构，具有重要影响。中国传统美学一方面肯定人的存在意义，强调人的价值和作用，同时也认为，自然、社会、“人”，即天、地、人三才，是相辅相成、平等的化生构成流。通过尽心思诚，人能够向内认识自我、实现自我而进入与天地万物构成合一的境域。所谓“诚，天之道也；诚也者，人之道也”（《中庸》）。天人本源于一纯粹的原初构成域“道”，并同归于“诚”，故而荀子说：“君子养心莫善于诚。……天地为大矣，不诚则不能化万物。”①（《不苟》）尽心知天，以诚为先。回归于本心，返回人心原初之诚，方能穷神达化，实现人与万物存有的交相化合、缘在构成。反观内照则能穷尽宇宙人生的真谛，并使人从中获得审美的自由超越。要达成此，作为审美者的人的感知、想象、情感、理解等审美心理素质与审美能力必须得到增强与提高，要“以至敏之才，做至纯功夫”（朱熹语），以培养其理想人格，健全其审美心理结构和审美智能结构。只有增强其审美能力，完善其审美素质，通过亲身实践感受、体认现实世界，增加知识积累和生活经验积累，才能聪明省察、深识远览，进而涤除邪饰，使其心洁净，摆脱一切尘俗的诱惑、物的束缚，循自然天地之理，进入无牵无碍，澄明观照的虚静之域，达成胸次洒脱、中无障碍、自在恣肆、“物我两忘”之缘在构成审美域。此即所谓“既雕既琢，复归于朴”。“反朴归真”的纯然心态能够使审美活动适应万有大千中的对称、均衡、节奏等美的动力结构模式，进而超越这些模式进入天人一体、与道合一域，天即人，人即天，道就是人，人就是道，也即尽己心便可以尽人尽物，参天地，赞化育，以达成“人与万物存有的交相化合、缘在构成”的审美极境。

在审美境域缘在构成的问题上，道家美学思想和儒家美学思想是有不同之处的，如果说儒家美学思想主要是着眼人与自然、人与他人、人与自身的化生构成流及其内在精神意识的活动与审美者潜能的释放和发挥，并实施于审美对象而达成心物、情景的交融合一的话，那么，道家美学思想则主要是从人与自然的化生构成流着力，以建构其审美境域论与美学思想体系的。在道家美学看来，只有使自然、天地、万物与作为审美者的人相交合一，人与宇宙韵律合德无间，由此始能发挥审美者自身的最大创造力，进入与宇宙生命息息相通，天人、物我交融而协调的最高宇宙之境。在庄子看来，宇宙天地间有一种无言的“大美”，这种“大美”即宇宙之美的生成与获得，离不开审美者对世俗欲望和经验习惯等束缚的解脱，离不开审美者对功名利禄相干的利害计较的超越，更离不开由此心境下的审美者介入而发生的审美活动。只有通过“澄心静怀”的审美活动，通过“心斋”、“坐忘”等一系列

---

① 王先谦：《荀子集解》，中华书局 1988 年版。

促使心灵自由的努力，做到无欲无私、少思少虑，胸无一丝杂念，于静谧清爽中归复自我，即保持或复归到老子所强调的赤子之心、婴孩之心，以获得极大的心灵自由，以玲珑澄怀之心去感悟自然，接纳自然，融入自然，才可能使审美的精灵在一片虚静的心空中自由自在地翱游，进而与道合一。心与物、审美者与审美双向交流的审美化生构成流的建立，必须依靠天人的合一、物我的交融，审美活动的目的是通过此直观宇宙生命的真谛与社会人生的本质。只有离形去智，涤除玄鉴，超越“五色”、“五音”、“五味”，去蔽存真，才能获得提取和深化对象的极大自由。故而，道家美学虽强调离世弃世却执著人生。人只有超越事物表相，才能获得审美的自由，只有超以象外，才能得其环中。由此，在审美活动的发生与审美境域的化生构成问题上，道家美学思想也极为重视作为审美者的人的作用。

应该说，中国古代美学的核心思想是人生审美境域的化生构成。其要义是万物化生，生生不已；宇宙天地间的一切翕辟成变，肇始万物，本心不在宇宙万象之外，就在生生化化的万事万物之中。儒家美学思想要求实现“圣人”、“仁人”、人与万物存有的交相化合、缘在构成域；道家美学思想要求实现“真人”、“圣人”、“与道合一”域；禅宗美学追求“即心即佛”和“无念为宗”域。可以说，儒、道、释都重视“天地之化育”问题，并由此建构了各自的美学思想。它们都是从“存在流”的意义上解释审美境域缘在构成的，认为审美境域的构成是人与存在的原始合一，是自然生命与精神生命的缘在构成体，境域就是心的存在方式或存在状态。它们都热爱生命，认为天只是以生为道，所谓“生之为仁”，生化万物是天地宇宙的根本品性。天地万物无一不是灌注生气流动。中国美学精神是以天地之心为内涵的生命意识和生命体验，乐生是这种体验的核心。乐生既是尽心知性而知天命，以天地之生为大德，又是与天地并生，与万物为一，从而达成物我两忘，与道冥一。中国美学认为，审美活动既是以生为纯粹构成本源，又是以生为最高构成境域。《诗经·大雅》云：“鸢飞戾天，鱼跃于渊。”天地自然间鸟飞鱼跃，万物并生、生意盎然。可以说，在中国美学看来，无论是“生生之理”，还是“生生之德”，都是“生生之美”，都表现出一种珍惜生命、体味生命的审美意趣，其审美内核都是心灵的超越和升华，都以人与万物存有的交相化合、缘在构成的审美境域为诉求。这是中国古代美学思想在独特的文化背景下所形成的自身的独特品质，即注重自然万物的生命性，强调人与人生的审美诉求，推崇审美境域缘在构成中的心物合一、情景合一、人与万物存有的化生与化合。也只有这样，审美活动及其境域缘在构成才具有永恒的美学魅力。

第一章

中国美学之境域缘在构成论与原点范畴

如前所说,中国传统美学思想认为,所谓美,总是肯定人生,肯定生命的,因而,美实际上就是一种生命构成域,一种心灵境域与人生境域。这种审美境域,“是诞生于一个最自由最充沛的深心的自我。这种充沛的自我,真力弥满,万象在旁,掉臂游行,超脱自在”①。在中国传统美学思想看来,审美活动的目的,是审美者效法自然、因情适性、自在自得,通过“为仁由己”、“返身而诚”,通过“归朴返真”、“以天合天”、“和光同尘”、“即心即佛”,归还到本我、“自我”,以顿悟生命要旨。这样,遂使中国古代美学的审美境域论与中国古代人学中的人生境域论趋于合一。

中国古代人学始终一贯地在探索如何达成一种和合完美的人生的自由精神,如何超越外物的局限、束缚,以实现人的自身,达成“朝彻”、“至诚”的境域。这样,就能充分发掘人的深层自我意识,从而激发出探索自我与世界的巨大热情和珍惜人生的强烈愿望。所谓“能尽我之心,便与天同”②,“尽人之性”,又“尽物之性”,“合内外之道”,“赞天地之化育,则可以与天地参矣”③。只有与天地合为一体,使“天地与我并生,万物与我为一”④(《齐物论》),才能使人成为自在自然、任心由性、自我自觉的人,而进入自由缘在的审美构成态势。这种人生的自由构成态势真实澄明地呈现出来,表征为直观感悟和情感体验时,实质上就是一种审美境域,一种艺术的审美极境。

---

① 宗白华:《美学散步》,上海人民出版社 1981 年版。

② (宋)陆九渊:《语录下》,见《陆九渊集》卷三十五,中华书局 1980 年版,第 455 页。

③ (宋)朱熹:《四书集注·中庸》,凤凰出版社 2005 年版,第 18 页。

④ 陈鼓应:《庄子今注今释》,中华书局 1983 年版。

第一节 审美境域缘在构成论

缘在构成之所谓“缘在”，是能在，去在，具有可移动性、待定性与“悬中”性，其突出特性为被构成。一切存在，其存在态都是在“去在”中获得的，都是当场构成，当下缘在，变运无形，奇出无朕，错胜无穷，于空寂无形中体尽无穷，以成就自我。就实际而言，大道无为，自性圆融，缘在原本就存在，只是需要人去揭示，去敞亮。缘在，是自然天然的。“人”总是在缘，或正在缘，在缘中，在先于现成的自身的自身之中。自在无为，识心见性。缘即自身，或者说是自身的缘在构成。“缘在”发生性、构成性地在着，在“能在”和“已在”中获得自身，并呈现为一种势态构成或缘成。

的确，包括“人”在内的宇宙间万有大千都是一种构成，或者说是一种缘在构成与境域构成。缘，原本存在。同时，缘在又是一种诗意化、审美化的存在。缘在是构成着的，是生存境域、审美境域之构成，其发生与构成的可能性是无限的、诗意化的。所谓“缘在在世界中生存”，人能体验到、感受到这种缘在构成的诗意化与审美化。因为缘在构成的发生与构成就在“人”的生命之中。就原初本真生存态看，“人”与自然万物自本自根、自在无待、无时不移。而中国美学所主张的缘在构成、“目击道存”、“寓目辄书”、“即景成咏”、即物起兴、触景生情、体物写志等境域构成态势则极为生动地体现出这种审美意识。“缘在”，即“人”，“人”于“去在”中获得自身，获得先于自身的自身。所以说，缘在不是现成的，而是发生和构成的，是在“进行时”的“去在”中构成境域式的自身存在的自身的。在发生和构成的意义上，“道”与“所观”是同一的，物我一体，有无相生。“道”中有“物”，“物”中有“道”，“人”即是“物”，“物”即是“人”，审美缘在构成活动中，即事而作，即景成咏，自其所自，然其所然。万物的存在状态原本自然而然、悠然天然、有而无之、无而有之、生生不息、流转不已。因此，中国美学所推崇的审美缘在构成论是对自然生命原发精神的张扬，意在表明审美者唯有凭借一次次偶然的在场，通过当下之“心”与外在之“物”的相互撞击，以体验生命的本真意义，瞬间感悟，复归到物我同一的纯然本真境域。冲漠无朕，万象森然。这种气象若有若无，而变化于无形，磅礴于无垠，无垠无形中满含生气，生气之浩瀚充塞于天地之间，致使自然万物间蕴藉着无穷的明净之气。此种生气与审美者的生命融合无间，在寓目的刹那，情感一触即发，不期然而然，天生化成。所以说，缘在构成中看似纯粹景物的呈现，却又洋溢着生命情感的气息。审美者登山临水，仰观俯察，由眼前目下，意与境浑、情景交融,“自我”与万有大千相互溶浸,物我相互交感,生机流荡运行,得以创化万物,缘在构成,感悟到自然万物的生命流动,进而于境域构成的瞬间焕发出生命的原发精神。因此,缘在构成是生气与情感的碰撞,是万物灵气的自然勃发。所谓寓目高林,青萝翳岫,修竹冠岑,谷流清响,条鼓鸣音,其理自陈,群籁虽参差,适我无非新。缘在构成是审美者借自然万有以“畅情”,审美者对万有大千投去深情一瞥,于“目击”直观中让洒脱的内心情感化作一股玄思,随之联翩而生,从而获得全身心的愉悦。这种缘在构成的审美活动和感受大自然的方式,是审美者的敏感心灵融入大自然的生命韵律之中,将万有大千化为周身灵气,从而实现情、景、理的完美结合。由真实的自然景物引发真切的情感抒发,形成了即目当下的生命冲动,进而即事而作、寓目辄书。此中种种变化都展现了“此在”的去蔽与澄明,以及审美的自觉,审美者将当前的所见所感与自身的周遭际遇联系起来,“寓目”、“触目”、“目击”、缘在构成审美活动的开展,表明一片崭新审美空间的开创。

由此可见,缘在构成审美活动的流程就是审美者内缘己心,外参群意,随大化氤氲流转,与宇宙生命息息相通,随着心中物、物中心的相互交织,最终趋于天地古今群体自我一体贯融,一脉相通,实现心源与造化的大融合。故而中国美学强调“寓目辄书”、“目击道存”,要求审美者走进自然山水之中,于“此在”中,以物观物,以自然万物撞击自己心灵,以天合天,进而激发起审美创构的欲望和冲动。以“观物”、“寓目”、“目击”为重要契机,为产生灵感兴会的渊薮,心游目想,寓目入咏,即事兴怀,缘在构成。由此形成中国美学的缘在构成论。

缘在构成论推崇境域缘在构成的自由自在态势。这种自由态势体现出一种中国文化精神。

一

在中国古代,儒道美学与佛教禅宗美学,都把人生的自由境域作为最高的审美理想与最高的审美境域。孔子认为,人生境域的追求是由“知天命”到“耳顺”,再到“从心所欲不逾矩”①的流程。老子则把“同于道”作为人生的最高追求与一种极高的审美境域。而庄子则有对“无所待”而“逍遥游”的理想域的向往。在庄子看来,人生的意义与价值就在于任情适性,以求得自我生命的自由发展,只有摆脱外界的客体存在对作为主体的人的束缚和羁绊,才能达成精神上的最大自由。

---

① 《论语·为政》。

禅宗则追求超越人世的烦恼,摆脱与功名利禄相干的利害计较来达成绝对自由圆融的人生境域。

应该说,诸家人生境域论的建构与传统审美目的都是一致的。中国传统美学思想传统审美目的所努力追求的最高审美境域是心灵的自由与高蹈。这种境域的表征则是“人”“与天同”、“与天地参”、“与天地并生”、“与万物为一”。从当今存在论现象学视域看,宇宙间的万事万物都是相依相成、相“同”相“参”、“并生”、“为一”的。可以说,正是有这种相依相成、相“同”相“参”、“并生”、“为一”,从而才有作为个体事物的呈现。所以说,宇宙天地间的每一事物都是宇宙整体所囊括的千丝万缕、相互联系、相互作用、相互影响的构成点。换句话说,这个构成点应该是“同”、“参”、“生”、“一”,体现着万事万物间的千万联系、作用与影响。作为境域,则是在场者与不在场者的构成域。这种境域既不是单纯的在场者,也不是实体,虽然是一种空灵的,但又不是虚构,是人与天地万物的相通相合,亦即包括人自身在内的万物一体。用海德格尔的话来说,则为“最宽广之域”或“敞开的存在者整体”。这种境域是一种“无阻碍地相互流注并因此而相互作用”的“全面相互牵引”的整体之域,为“敞开”、“没有阻碍”、“不设定界限”之域,在中国美学,则为万物一体、万有相通域。人与万物一体、与万有相通,亦即敞开了万事万物。

在中国美学,天与人在本原意义上是“并生”、“为一”的。所谓“以类合之,天人一也”①。天人是同类同构的,同一纯构成本源。人生成于自然,自然万物与人一样具有性灵和生命。万物综综,各复归其根,人只有返回还原于自然,在和自然融合构成中才能得到抚慰,以消除烦劳和苦闷,获得心灵的宁静。在审美活动中审美者则必须保持恬淡自然,澄澈透明的心态,超越现实的束缚,使自己的心灵遍及万物,与天心相通,与万物一体,进而进入“万物皆备于我”的境域,直觉地感悟到宇宙自然深处活泼泼的生命韵律,从而始能获得人生与精神的完全自由。要达成此,审美者则必须经过“澄心”,从一般境域转化到审美境域。只有忘欲、忘知、忘形、忘世、忘我、忘物,才能使审美者保持精一凝神、视而不见、听而不闻的自由自在的审美态势,由此,也才能于心物交融、物我合一的构成域中获得审美的体验,达成最高的审美灵境。

在这里,必须注意到这么一个事实,即作为中国传统美学思想的传统特色,人生的境域与审美境域的合一和中国人顺应自然、“天人合一”的审美观念分不开,并建构在中国道家哲人“道”论的深层审美意识之上。在中国哲学构成论看来,人顺应自然、“以天合天”,还原到“深心的自我”,“与天同”、“与天地参”、“与万物

---

① (汉)董仲舒:《阴阳义》,《春秋繁露》卷十二,上海古籍出版社1989年版。

为一”的构成流，就美学意义而言，其本身就是一种纯粹的终极构成域。当然，所谓“与我为一”的“一”，既虚也实，既是永恒的在场也是不在场者，也即道家美学所谓的“道”。在庄子，所谓“道”，即作为宇宙间万事万物纯粹构成原初域的“本根”。庄子云：“天下莫不沈浮，终身不固；阴阳四时运行，各得其序。惛然若亡而存，油然不形而神，万物畜而不知，此之谓本根，可以观于天矣。”①天地的发生构成与聚合变化，都可以追问到“本根”这一所在。“本根”可以简称为“本”，而“本”也就是“一”。《淮南子》云：“夫无为，则得于一也。一也者万物之本也，无敌之道也。”②显而易见，从道家美学的“道”论看，这里所谓的作为“万物之本”的“一”，也就是“道”。

作为天地万物原构成境域的“道”，其表现特征为空灵、自然、永恒。老子认为，人不能背离自然。人应按照自然无为，损有余以补不足的原则，来追求自身纯朴自然的本性，以实现自身的人生价值。表现在审美活动中，要生成并显现这种宇宙之美，就必须“无知无欲”，在“虚静”的自由境域中，让心灵自由飞翔、穿越，以超越有限的、具体的“象”，而体悟到“道”——这种宇宙生命的精深内涵和幽深旨意，并进入极高的自由之域。此构成流程即司空图所谓的必须“超以象外”，方能“得其环中”，进入宇宙的生命之环。

二

就存在论现象学看，这种顺应自然、此在自得，以达成“与天同”、“与天地参”、“与天地并生”、“与万物为一”境域缘在构成方式，可以称之为缘在构成。而这种缘在构成中所呈现出来的“道法自然”、“无为”、“涤除玄鉴”和“逍遥游”、“无待”，自然而然“得道”的自由精神，表现在文艺创作中，则是顺应万物、“以天合天”，心物交融，最终实现天人合一的审美境域的基本精神。缘在构成的根本态势则是因情顺性，自然而然，心源和造化之间的互相触发，互相感会。可以说，正是基于此，中国传统美学思想才极为强调创作者即景起兴、无心偶合，要求创作者敞开本心，澄明心境，贯融天地古今群体自我，以达成情景一如、心物一体的审美缘在构成域。故而，中国传统美学思想强调顺应万物，以观天道、察天机、悟天理、深昧自然之质趣，从而洞见道，或曰美的本体。老子说：“知其雄，守其雌。”③又

① 《庄子·知北游》。
② 《淮南子》。
③ 《老子》二十八章。

说:“弱之胜强,柔之胜刚。”①“致虚极,守静笃。”“归根曰静,是曰复命。”②在老子看来,自然万物、宇宙天地都是运动变化的,这种运动变化又是循环反复的,“道”的构成性特点,就是要使自然万物运动变化发展到它的极致。而所谓自然万物运动发展的极致,也就是向静的方面的复归。这实际上也就表明,宇宙自然中在动与静的关系上,动是暂时的,静才是根本,故而老子贵柔主静。老子认为,“道”的构成态势也就是自然,大地自然都是由“道”所生成,并由“道”所构成而变动不居,周而复始,自在自由的。人道从自然之道构成而来,最终归结于天道。庄子说:“人之生,气之聚也。聚则为生,散则为死。”③人的身体和生命都是自然赋予的。《周易》则说:“有天地然后有万物,有万物然后有男女。”④荀子也认为,天地是生之本,天地的运动变化产生了万物,人是其中之一,“天职既立,天功既成,形具而神生;好恶喜怒哀乐臧焉,夫是之谓天情”⑤。人的生成离不开“气”的氤氲生化。董仲舒说:“故莫精于气,莫富于地,莫神于天,天地之精所以生物者莫贵于人,人受命于天也。”⑥王充说:“天地合气,人偶自生也。”⑦朱熹在论述宇宙生化流程时说:“且如天地间,人物草木禽兽,其生也莫不有种,定不会无种子,自地生出一个物事,这个都是气。”⑧陆九渊认为,天地生人,而非相反,“故太极不得不判为两仪。两仪之分,天地既位,则人在其中矣”⑨。两仪谓阴阳,体现为天地,又说:“人生天地间,禀阴阳之和,抱五行之秀,其贵孰得而加焉?”⑩阴阳之和即阴阳之和气。“天”是“人”的创生者,天与人、天道与人道、天性与人性是合一的,因此,人要把握和体认到这作为宇宙万物的生命本原“道”,使人道归于天道,让自己的心灵遍及万物,与天心相通,与万物一体,进而达成“天人合一”,“万物皆备于我”的构成境域,直觉地体悟到宇宙、自然深处活泼泼的生命韵律,从而实现人生与精神的完全自由。

关于自然万物的生命构成属性,老子指出“夫物芸芸,各复归其根”⑪,“复归

① 《老子》七十八章。
② 《老子》十六章。
③ 《庄子·知北游》。
④ 《序卦》。
⑤ 《荀子·天论》。
⑥ 《春秋繁露·人副天数》。
⑦ 《论衡·物势篇》。
⑧ 《朱子语类》卷一。
⑨ 《陆九渊集》卷二十一。
⑩ 《陆九渊集》卷三十。
⑪ 《老子》十六章。

于无极”①,“复归于朴”②。在老子看来,“道”和天地万有之间,只不过是一与多、无与有的关系,“道”因自身的圆满丰盛而创育天地万物,天地万物则因自身的贫乏有限而要求回归于作为生命本原的道体之中,这就是“归朴返真”、“复归其根”的构成流程。而这种循环往复,没有止息的复归又是自在自为、自然而然的。春秋代序、日出日落、花开花谢、叶黄而陨、草荣草枯、花草树木、鸟兽虫鱼、江河湖泊、白云舒卷、春风轻拂等等,都不需要人为的因素而自由自在地运动变化、生生不息。故而,审美活动中,创作者只有效法自然,自然无为,才能使自己与自然浑然一体。

基于此,中国传统美学认为自然无为、缘在生发的审美境域创构方式主要就是“目击道存”、“寓目辄书”。

在中国人的审美感受和审美创造中,确立了一种对待人与自然关系的基本的审美态度。正是基于这种审美态度,中国古代文人在把握和体验自然万物时,往往以人与物的融合为出发点和归宿,从而形成一种人对宇宙时空的依赖与人对自然万物的和谐氛围。由于在齐物顺性、物我同一中泯灭了彼此的对峙,所以,人与物之间显现出休戚与共、相依为命的对待构成关系。人对外部世界、对自然万物,始终保持着一种精神上的自由,在人的虚静空明的审美心境中,自然万物与人之间可以自由地认同,人能自由地亲近、吐纳万物自然。故而,拥有“审美型”智慧的中国人可以顾念万有,拥抱自然,跃身大化,有时竟弄得“不知周之梦为蝴蝶与,蝴蝶之梦为周与”③。既然是“天人合一”,“天人一也”,天地人皆为同类,都构成于“道”,都具有生命与同一的生命精神,那么,天人之间也就自然是息息相通的。由此,我们就常常在中国古代文艺审美创作中发现一种人与自然万物相互感应、相互融合的现象,像李白诗中所描绘的那样,“相看两不厌,惟有敬亭山”④。在虚灵空廓的审美静观中,人会摄物归心,物也必然会移己就人,在物我运动中,最终臻万物于一体,达成与万物同致同构的境域。这种“天人合一”、“我”与“非我”的一体化,小宇宙与大宇宙的互渗互摄,表现在审美创作活动中,则形成了“情景交融”、“神与物游”、“情往似赠,兴来如答”等一系列审美缘在构成域生成的理论。主体与客体的交感、情与景的交织、心与物的交游,可以创构出多种多样虚灵空活而又幽远深邃的审美境域。

---

① 《老子》二十八章。
② 《老子》二十八章。
③ 《庄子·齐物论》。
④ 李白:《独坐敬亭山》。

自然与人相类一体，相通相合，这种宇宙意识渗透到中国传统美学思想所推崇的审美活动中，人的心灵、精神、情感就成了审美关系中的对话者，自然万物也就理所当然地能为人们自由地亲近和吐纳。顺应自然、“俯仰自得”、“天人合一”构成意识对审美观念的渗透，表现了人对自然万物的自由吐纳与审美构成的认同。可以说，正是中国人这种对大自然的亲密感、认同感和构成感，视大自然为可居可游的精神家园的审美构成观念，生成了中国人能够超越时空限制，以直觉的方式去接近自由生命的气韵律动，并且把不同情景、不同际遇下经验颤动的深层结构和全部幅度涵蕴在艺术审美创作的兴感触发的魅力中的审美构成意识，并从而直观地触及审美自由精神的某些端倪。所谓“大象无形”①、“无物之象”。② 有象但是却没有形，可见“象”实际上是突破感知觉现象域而没有其物，没有其形的，是通过“心意”突破景象域限所再造的虚灵、空灵境域。正因为它是虚灵的，所以通于审美境域。庄子继老子“大象无形”说而提出“象罔”这个哲学概念。庄子认为仅凭借视觉、言辩和理智是得不到“道”的玄奥境域的，必须“象罔”才能得之。所谓“乃使象罔，象罔得之”③。庄子标举的“象罔”境域在有形无形、虚与实之际。成玄英《疏》云：“象罔无心之谓。”“象则非无，罔则非有，不皦不昧，玄珠（道）之所以得也。”“以天合天”是在激荡中心灵自由飞跃，向更高层次上的升华，是心与象通，心灵与意象融贯，意中之象与象外之象凝聚，审美心态与宇宙心态贯通。庄子把这种审美境域缘在构成活动称作“独与天地精神往来”④；刘勰则称此为“独照之匠，窥意象而运斤”⑤。“独”是就心而言，它是指一种超越概念因果欲望束缚，忘知、忘我、忘欲、忘物，“物我两忘，离形去智”，“胸中廓然无一物”，以“遗物而观物”的纯粹观照之主体；“天地精神”与“意象”相同，就“象”而言，都是指超越一般客观物象的永恒生命本体，是自然万物所具有的共通的自然之“道（气）”；共通的主体意识和共通的自然之“道”又具有深层的共通，即宇宙意识与生命意识的同构。作为主体的个体是小宇宙、小生命，作为客体的宇宙万物则是大宇宙、大生命，“以天合天”则是以小宇宙、小生命融于大宇宙、大生命。也正因为这样才促成了物我互观互照的共感运动和心灵飞跃。

由此可见，中国传统美学思想所谓的顺应自然、缘在构成，就是指审美创作主体“疏瀹五藏，澡雪精神”，通过“驰神运思”的心灵体验，神游默会以体悟宇宙万

---

① 《老子》四十一章。
② 《老子》十四章。
③ 《庄子·天地》。
④ 《庄子·天下》。
⑤ 《文心雕龙·神思》。

物间的生命内涵与幽微哲理。刘勰说:“夫神思方运,万涂竞萌,规矩虚位,刻镂无形。登山则情满于山,观海则意溢于海;我才之多少,将与风云而并驱矣。”①“夫心术之动远矣,文情之变深矣,源奥而派生,根盛而颖峻。”②“纷哉万象,劳矣千思。”③刘勰曾提出“神与象通”来表述中国传统美学思想所强调的缘在构成这种审美境域构筑方式。从这些论述中也可以看出,刘勰“神用象通”的“神”是指一种自由的精神。有时他也用“神思”,或者用“神理”、“神道”、“神明”、“神气”、“千思”、“心术之动”等来表述。而所谓“神用象通”,就是指审美创作主体于“从容率情,优柔适会”的空明虚静的心境中,一任自由平和之心灵跃入宇宙大化的节奏里,以“穷变化之端”,“穷于有数,追于无形”、“源奥而派生”,使“神道阐幽,天命微显”;也就是说,在刘勰看来,“神用象通”,是去体悟“道(气)”这种自然万物的生命本原,领悟宇宙天地间最为神圣、最为微妙的“大音”、“大象”,也即“大美”,从而表现为达成“万物为我用”、“众机为我运”、“寄形骸之外”、“俯仰自得”、“理通情畅”的审美境域缘在构成的一种心灵体验方式。这种心灵体验方式的最大特色是“规矩虚位,刻镂无形”,追虚捕微,抟虚为实。即如桓谭《新论》所指出的:“夫体道者圣,游神者哲,体道而后寄形骸之外,游神然后穷变化之端。故寂然不动,万物为我用,块然之默,而众机为我运。”又如嵇康《赠秀才入军》所云:“目送归鸿,手挥五弦,俯仰自得,游心太玄。”在我们看来,所谓“游神”、“游心”,也就是“神用象通”的“神通”。

可见,所谓缘在构成,就是浑然与万物同体、浩然与天地同科,其审美精神则是自在自由、循顺自然,玄同物我。即如孙绰《游天台山赋》所指出,是“浑万象以冥观,冗同体乎自然”。用邵雍的话来说,则是“以物观物”,是“以我之自然,合物之自然”④。在这种审美境域的创构流程中,创作者自由的心灵深深地潜入宇宙万物的生命内核,畅饮宇宙生命的泉浆。

第二节　“诚”范畴释义

“诚”为中国美学的基元范畴,也是缘在构成论所指向的一种审美境域。在儒

① 刘勰:《文心雕龙·神思》。
② 刘勰:《文心雕龙·隐秀》。
③ 刘勰:《文心雕龙·养气》。
④ 邵雍:《观物外篇》。

家美学看来,“诚”为“人”之本心本性,本然天然,是纯然之真我,缘在构成审美活动中,审美者应该通过“反身”、去蔽,明心见性,敞亮原初心性,而达成“诚”之域。复归于澄明“诚”之本心本性,在儒家美学,这就是所谓的“诚者自成”。从现代存在论视域看,则是一种去蔽与“诚”境域的敞亮,是道其所道、是其所是、自其所自,诚其所诚。“诚”既是“人”的本心本性,也是宇宙自然的天然本性。即如《周易·系辞上》所云:“一阴一阳之谓道,继之者善也,成之者性也。”这里所谓的“性”,具有“本性”和“生命”两层含义。生命之道其实就是一阴一阳之道,只有体悟到一阴一阳之道,才能深入感悟生命现象。换言之,个体生命实际上与整体生命是圆融无碍的,是对一阴一阳的生命之道的具体展现。生命现象和生命本质原本就是合而为一的。个体的生命活动与一阴一阳的生命之道实为一而二、二而一的关系。因此,对个体生命现象的感悟实质上也是对一阴一阳整体生命之道的体悟。在此意义上看,“成性”是“人”自身与自然宇宙本身的事情,关系到如何对待自然界的万物这样一个问题。对待自然界万物的态度问题能不能解决,又关系到“人”能不能“成性”的问题。所以“成性”,便蕴涵着对万物的爱,对万物有一种义务。《周易·系辞上》云:“成性存存,道义之门。”“存存”即存其所存,所存之“存”,就是人的生命存在本身。又如《大戴礼记》云:“分乎道谓之命,形于一谓之性。”“性”本身就是人与物已然有之的,是“天质之朴”,是人的自然性。《中庸》说:“天命之谓性,率性之谓道,修道之谓教。”显然,这和《易传》的思路完全相同。“天命之谓性,率性之谓道”,是说人性得之天道,人性与天道有一致性,故率此而行则可近于道。二程解释说:“天只以生为道,继此生理,即是善也。”①所谓“天地之大德曰生”,“生”就是自然万物的本性,天只以“生”为“道”,存其所存、生其所生的不息生命精神就是“善”,也就是“美”。“道”生天育地,化养构成万物,皆以自然至诚之真意而演化,人是万物中最有灵性的,人有知有识,故能修道、行道、悟道、体道、得道。道由人显,乃人的生命之本,是一切生命和存在的源泉,是一切变化中永恒不变的因子,普遍地存在于宇宙万物包括人的生命和生活中。人在道中,道在人中;人不离道,道不远人,道就在我们的生命和生活中,是不可以须臾而离的。人不能失去道,就像鱼不能失去水一样。道和我们每个人的生命和生活密切联系,是人在现实生活中生存发展的根基,人依天地之道而顺其法则以修身合道(不违逆自然),故兴衰成败之机皆在自己之心态行为。自然之道依其真诚不变的运化,成育万物,从始至终无为而秩序不乱,故曰“诚者物之终始”。假如自然之道失去诚信,五行失调,阴阳无序,则星体运行迟速不定,轨迹莫测,就不会有四季运

---

① 《二程集·遗书》,中华书局1981年版,第29页。

行，昼夜交替，就会寒热无度，草木不生，就不会有“人”世界的存在和发展，故《中庸》认为“不诚无物”。因此，中国美学所论之“诚”，并不是形而下的、某一行为的诚实。而是上升到形上的高度，为宇宙自然与人自身的本真呈现。所以中国美学推崇“诚”，强调诚修身正心，完成自身的品德修养。用人自身的“诚”体合天地之“诚”，融合为一，对天地万物之变化犹如对自身之了然。在《中庸》看来，“君子诚之为贵”。“诚”是人自身高贵品性的呈现，为人的原初审美域。并且，作为原初审美域，“诚”是自明的，“诚”是人本心、本性的自然呈现，是没有任何他者意义的坦诚。犹如自然天道造化万物而丝毫没有有为的做作。人本性本心，即“诚”的自明，其意义还在于照亮宇宙间的万事万物，所以《中庸》说：“诚者，非自成而已也，所以成物也。成己仁也，成物知也。性之德也，合外内之道也，故时措之宜也。”对此，朱熹解释说：“诚虽所以成己，然既有以自成，则自然及物，而道亦行于彼矣。”①以真诚之道完成自己的身心修养就是“仁”，使万物得到生成与发展就是“智”。“仁”和“智”是人天赋的美的基元。至诚必然是仁德，仁者大人也，明至理，悟真宗之圣人也。成物，知之化也。诚诚相通乃是明理归源，与自然同体，参天地之育化，焉能不知也。参透天机，至简至易，都是至诚之天性，即生命构成之原初域，在己身之德化，即通畅无碍之显现，故《中庸》曰：“合外内之道也。”可以说，正是在“诚”域上，儒家学者建构了以“仁”为核心的人生美学体系。这也是儒家所提倡的“仁者爱人”即真诚互爱的仁爱精神在美学上的体现和要求。

二

中国美学对“诚”范畴的标举与其对自由审美境域的追求分不开。在汉语中，“自由”的含义则是“由于自己”，而不由于外力，即“自己做主”。在中国传统美学思想中，“自由”也就等于自在自然，顺情适性；“自然”就是“自己然也”，即“自己如此”。人本性自然，因此中国美学主张审美境域缘在构成必须“无思无虑”、“无处无服”、“无从无道”，以洗尽尘滓，独存孤迥，敞亮本心，顺应自然，从而回归人的本然、固有的自然属性，还原到人自然的心性。

的确，在中国古代，无论是儒道美学，还是佛教禅宗，都把人生的“自然”自由境域作为最高的审美境域。如儒家孔子所标举的“从心所欲不逾矩”②，就是一种与天地万物合一的自由境域，是完美和完善的宇宙在人生中的再现。孟子更是认

---

① （宋）朱熹：《四书章句集注 · 中庸章句》，中华书局1983年版。

② 《论语 · 为政》。

为人性乃是人心的本来属性,“尽其心者,知其性也。知其性,则知天矣”①。尽人之心,知人之性,体人之道,才能知天、事天,所以人生的最高追求,就是要回复本心,使人性与天性合一,从而达成“与天地合其德,与日月合其明”②,永与天地之造化,相生相合而相息相亡,又复相生,而生生不已;循环无息,而“圆极复极”“上下与天地合流”③,以后天之精气神,合先天之精气神;复使得之于天地者,仍返之于天地;则自先后天合一且我之精神与天地之精神合流而为一,而达成万物皆备于我的自由完美的审美境域。人应“如其所是”自由地生活,要从生活中求自由,则应该“自觉”。动物就是如其所是地生活的,但那不是自由。必须“意识到”自己在如其所是地生活,才是自由的境域。此所谓“意识到”,就是“我欲仁,斯仁至矣”④。对“仁”境域的追求是人自身的需求,而不是“他者”要你“仁”,是“我欲仁”。自由就是你对自己如其所是地生活的“觉悟”。所谓“如其所是”,就是在自身的存在性显现中合乎本性生活。所以,你得既意识到自身存在的本性,又意识到实现这种自身存在本性的现实。二者缺一不可。所以,孔子强调“仁者爱人”,认为“为仁由己”,“求仁得仁”。在他看来爱人是人对于自我的发现、自我肯定和自我尊重;“己所不欲,勿施于人”⑤,“仁”是由己及人及物,要求从“己”做起;欲“仁”得“仁”,“仁”是从自我到家庭、社会、天下的道德规范。所以,他要求人们“志于道,据于德,依于仁,游于艺”⑥。在孔子看来,“古之学者为己”,而“今之学者为人”⑦。这里所谓的“己”与“为仁由己”之“己”相同,可谓真己,本我。“为仁由己,而由人乎哉?”⑧“我欲仁,斯仁至矣。”⑨“仁以为己任,不亦重乎?”⑩“仁以为己任”就是说这是做人的责任,完全是自己的事,只能靠自己去实现。所谓“由己”,就是“由于自己”,也就是自己在如其所是地生活,如其所是地自我完善或自我实现。“仁”就是自身存在的展开,犹如真正的学问就是学做人一样。是解决自我的意识、思想、情感、行为是否应当的问题,而不是出自其他的考虑。“为仁”“由己”,其目的是还原自然之真我与本源之心,是为了自身心性的诚明,是“为己”。

---

① 《孟子·尽心上》。
② 《周易·文言传》。
③ 《孟子·尽心上》。
④ 《论语·述而》。
⑤ 《论语·卫灵公》。
⑥ 《论语·述而》。
⑦ 《论语·宪问》。
⑧ 《论语·颜渊》。
⑨ 《论语·述而》。
⑩ 《论语·泰伯》。

而“为人”则是迎合他人以获得外在的赞赏。以“为己”否定“为人”，意味着儒家将为学的重点指向自我。完善自我，还原自然之真我与本源之心，达成完美人格，以进一步达成审美域。孔子曰：“何事于仁！必也圣乎！尧舜其犹病诸！夫仁者，己欲立而立人，己欲达而达人。能近取譬，可谓仁之方也已。”①又曰：“若圣与仁，则吾岂敢？抑为之不厌，诲人不倦，则可谓云尔已矣。”②把“仁”置于中心地位来构建美学体系，强调还原自然之真我与本源之心的重要，十分注重人的内心世界的追求，把精神的高尚、充实看得比什么都重要。所谓“为己”，就是强调原初自然之真我与本源之心反观自明，强调自我提升、自我修养、独立人格对于“合道”，对于我之精神与天地之精神合流而为一，而达成万物皆备于我的人的重要性。对此，荀子在《劝学篇》中解释得最为透彻：“君子之学也，入乎耳，著乎心，布乎四体，形乎动静，端而言，蝡而动，一可以为法则。小人之学，入乎耳，出乎口，口耳之间，则四寸耳，曷足以美七尺之躯哉?”这里就说出了孔子所谓“为己”的真谛。因此，要外王必然要内圣，要实现天人合一、社会和谐，均要“内圣”为基础，修养心性。“为己”则加强自我修养，内在“心性”的自明是照亮他人的前提。如何实现这种价值，是自己的事，不是别人的事，只能依靠自己，不能依靠别的什么力量，因此，儒家所讲的“为己”，只能是自身“心性”的自为，而不是他为，是靠自己的躬身践履。儒家认为，自我修养不是一个能不能的问题，而是一个为不为的问题，这就必须由“己”，从而才能去妄归真，反朴还淳，以超凡入圣，超圣入神，超神入化，与道合一。

这里所谓的“己”，为真己、本我，在自我意识中这种自我是原初自然之真我与本源之心性，其呈现为“诚”。因此禅宗称之为“真我”。唐代禅师临济(义玄)形容这个“真我”说：“著即转运，不求还在目前，灵音属耳。”③为了不致引起概念上的混淆，张世英把日常生活中说的自我叫作“自我”或“主体”，而不把“真我”叫作“主体”，因为“主体”这个词是与“客体”相对而言的，“真我”则根本不在主客关系之中。日常生活中的“自我”总是与他人、他物相对而言的，这是因为在主客二分式中，“自我”被实体化了、被对象化了，是彼此外在、相互对立的，所以自我意识必然使“自我”与他人、他物彼此外在、相互对立，要超越主客二分，超越主客的对立，其本身就意味着超越“自我”或自我意识，或者倒过来说，要超越“自我”或自我意识，就意味着超越主客二分和对立，超越自我与他人、他物之间的外在性和对立

① 《论语·雍也》。
② 《论语·述而》。
③ 《古尊宿语录》,《中国佛教经典籍选》,中华书局 1994 年版。

性。而呈现为“诚”的、儒家所谓“为己”的“己”，即人原初自然之真我与本源之心性，也就是道家美学所说的“无我”。道家美学所谓的“无我”，也就是超出主客二分式的“自我”。不把“无我”当作实体，不把“无我”与“自我”对立起来，不把“无我”看成是超验的东西。所谓你只是你，己只是己，没有什么高低贵贱之分。这样，万事万物便既保持了各自的独特性，又相互融合，圆融无碍，这种清静、安宁的境域与主客二分中的“自我”执意以我为中心、把人我对立起来的焦躁不安的状态迥然不同。这也就是中国道家美学所推崇的天人合一、万物一体境域。道家美学是从克服和超越“自我”，或谓“主体”出发的，其美学的原点是“无”。

在中国美学看来，最高境域的我，不是主客二分式中的“自我”，而是“真我”。这“真我”既非实体，亦非与世界万物和“自我”对立，道家把它叫作“道”或“无”。“道”或“无”不是乌有和空虚，它就是前面所说的那个永远不能作为认识对象而又主持着认识活动的“真我”。之所以说它是“无”，是指它不是超验的、与世界对立的实体，不是可以认识到的实存的东西，不是日常生活中的“自我”，而是“无我”。只有这种非实体性、非二元性、非超验的“真我”，才不至于像主客二分中的日常“自我”那样执著于我、执著于此而非彼，才不至于把我与他人、他物对立起来，把此一事物与彼一事物对立起来，从而见到“万物皆如其本然”。

中国美学认为，作为根本原则的“道”或“无”不是超出有之外、与有对立的形而上的东西，而是包含有与无在内的“无”，它是有与无的对立性的克服和超越，在对立中的有与无是平等的。谁也不低于谁，谁也不高于谁。这超越有无对立的“无”或“道”就是由有转化为无、由无转化为有的动态的整体。道家美学之所以认为这个整体是“无”，意思就是要既不执著于有，也不执著于无，既不执著于肯定，也不执著于否定。必须指出，“真我”既然是我，就必然有我性，有个体性，但他又是超出我性、超出个体性的宇宙整体。因为在道家美学看来，有我性的个人和超越我性的整体都是同一个现实世界，不存在什么二元性和超验性。道家美学所说的“道”实际上是指宇宙间的万物不是各自独立不依的，都不过是相互依存、相互转化、永远流变的流程。由“道”所生成与构成的整个宇宙，包括自然、“人”社会和人的精神意识，都处于一种构成态，宇宙间任何一个事物，任何一个现象，都是一种构成域，当人超越主客二分、超越自我意识时，人就能悟到道家美学所谓的“真我”，悟到自己原来不是独立不依的实体，而是“道”的原发构成域，不是与他人、他物可以须臾分离的，而是与他人、他物有着千丝万缕的联系，以至于我们可以说，“真我”就是“道”的，其呈现样态为“诚”的原发构成域，就是宇宙整体，所囊括的范围涉及宇宙的每一角落。宇宙间的原发构成瞬息万变，“真我”处在这种原发构成的整体中，也瞬息万变。说“真我”是“道”的原发构成，不是实体，就意味着没有永恒不变之我,意味着它是变动不居的,因为整个宇宙是一个有无不断转化、不断构成的整体。这样,“本我”在空间上便是无边无际的,在时间上是无始无终的,因而也可以说它是无穷无尽的无底深渊。但“本我”又是有个体性的,正如整个宇宙万物中每个构成点,即每个事物都各有自己的个体性一样。这是因为,尽管每个构成点又构成整个宇宙,但各个构成点与其他构成点的联系和关系又是各不相同、各式各样的:世界和社会上的各种事物以至个人自己的各种先天的和后天的生理因素和心理因素,以远近程度不同和千变万化的联系方式构成千姿万态的交叉点或“真我”,因此,每一构成点、每一“真我”虽然都是同一个宇宙构成域的整体,但彼此之间又有各自的个性和独特性。个体性融合在整体性之中,每个“真我”即是整体,整体即是每一个“真我”。正因为如此,我与他人、他物才融为一体,没有隔碍,而又能同时保持我自己的独立性、创造性和自由。这也就是中国美学所谓的“天人合一”或“万物一体”。

和道家美学相同,儒家美学认为境域的构成完全“由己”,通过人自身的自在自为,以达成“超脱自在”、纯然超然、自在本真、人天一体审美态势,进而进入到存其所存、生其所生、缘在构成的审美生存域,并从中体验生命,感悟生命。所谓“能尽我之心,便与天同”①,“尽人之性”,又“尽物之性”,“合内外之道”,则能“赞天地之化育,则可以与天地参矣”②。只有与天地合为一体,才能使人成为“随心所欲”、自在自然、任心由性、自我自觉的人,而进入自由的构成态势。在儒家美学看来,所谓“为仁由己”之“仁”,是一种能力、潜能、“良能”,就是“能爱”。这种“仁”、“爱”是发自本心、本性的,并不是外在的,作为对象的他者强加于人的,是人自身存在的原初“诚”心、“诚”性的显现。所以孔子说:“我欲仁,斯仁至矣。”不是“被”,不是他者要你“仁”,而是“我欲仁”。儒家认为:“仁者爱人。”又说:“仁民爱物。”③爱一切人,而且爱一切物。儒家讲“爱有差等”,就是说,爱的程度是有亲疏差别的。这种差别即自由的现实性,亦即所谓承认自身存在的现实。只有承认现实的“爱有差等”,才能“推己及人”,进而“推人及物”,成就一种现实可行的博爱。孔子自述一生自身存在展开的历史性流程,就是儒家追求自由的一个写照:“吾十有五而志于学,三十而立,四十而不惑,五十而知天命,六十而耳顺,七十而从心所欲不逾矩。”这里共有三个阶段、三种高低不同的境域:“三十而立”只是能够安身立命、如其所是地生活;“四十而不惑”则已经意识到自身存在本性之

① 《孟子·尽心上》。
② 《孟子·尽心上》。
③ 《孟子·尽心上》。

“然”(知道是“我欲仁”);“五十而知天命”则更进一步意识到自身存在本性之“所以然”(知道了仁爱是“天性”、“天良”,亦即所谓“天命之谓性”)。此一阶段又可以再细分为三种境域:“知天命”还是“有意识”的,还不觉得真正自由;“耳顺”就感觉自由自在多了,不再那么勉强;“从心所欲不逾矩”就真正如其所是,存其所存,道其所道,自由自在,“从心所欲”,率性而为,随意而行,一如自然,不假安排。这就是儒家所理解的真正的、自身存在性显现境域的自由审美域。

所以,在儒家美学,所谓“本我”、“真我”,其实质就是“诚”,真正的、自身存在性显现境域的自由审美状态,也即“仁”的境域、“诚”的境域。“仁”即“诚”。《中庸》说:“诚者,天之道也;诚之者,人之道也。”朱熹解释道:“诚者,真实无妄之谓也,天理之本然也。诚之者,未能真实无妄而欲其真实无妄之谓,人事之当然也。”①所以,人的道德实践体现为“畏天命”,“是以君子之心常存敬畏,虽不见闻,亦不敢忽,所以存天理之本然,而不使离于须臾之倾也”。所以儒家美学追求“返身而诚”。《中庸》云:“诚者自成也,而道自道也。诚者物之始终,不诚无物。”又言:“故至诚无息。不息则久,久则征。征则悠远,悠远则博厚,博厚则高明。博厚,所以载物也;高明,所以覆物也;悠久,所以成物也。”张载云:“天地之气,虽聚散、攻取百涂,然其为理也顺而不妄。”王夫之解释云:“不妄者,气之清通,天之诚也。”②张载云:“天不言而信,神不怒而威。诚,故信;无私,故威。”王夫之解释道:“气无妄动,理之诚也,无妄,信也。”③“诚者自诚”是说,所谓“诚”或“诚的事物”,是事物自身之诚,是事物的自身显示,即事物本身与本真。是“与事物本身保持同一,象本身那样存在”,在此在展开状态中,人可以成为不同形态的存在,既可以从“世界”和“他人”方面领会自己,也可以从自己最本己的可能性领会自己。本真的存在状态就是“自诚明”、“为仁由己”,为此在最原始的真理现象,即此在的生存的真理。但是,此在通常和首先是处于非本真状态中,被抛入常人的意见之中,混迹在常人之中,为常人所宰治,致使此在的沉沦和异化。它不是领悟和保持此在的敞开状态,不是为了了解真理的存在,而是封闭和掩盖了世内的存在者,因为它们从来就不费心去回溯到谈及的东西的根基上去,从而完全掩盖了事情的真相,所以说“不诚无物”。在这种状态中,存在者虽然呈现,却是以假象的模式呈现,存在者处于伪装、封闭和遮蔽状态,因此,“此在在不真中”④。但是无论是被

---

① (宋)朱熹:《四书章句集注·中庸章句》,中华书局1983年版。

② 王夫之:《张子正蒙注》,中华书局1975年版。

③ 王夫之:《张子正蒙注》,中华书局1975年版。

④ 海德格尔:《存在与时间》(修订译本),陈嘉映、王庆节译,三联书店1999年版。

抛还是沉沦，都是此在展开状态的构成环节，因此，就其完整的生存论存在意义来说，“此在在真理中”原始地是说也“此在在不真中”。此在是展开的，也是封闭的，只因为世内存在都随此在是揭开的，作为可能的世内的照面的东西才是遮蔽的或伪装的。因此，事物自身之诚就是事物与自身保持同一，事物如果不是它自身，那就不是诚，而是“伪”了。事物与自身保持同一的那种状态就是诚的含义。在《中庸》里，诚也是人自身之诚，也就是人与自身保持一种同一，以及这种与自身保持同一的态度，“诚之者，人道也”。这里的“诚”，就是说“诚”是“人道”的显现，或谓是由“道”所生成与构成的“人”的一种构成态势，也是人如其所是的、自然而然地呈现出来的一种形态。以“诚”的形态呈现出来，同时以“诚”的态势对待事物，就是人之道。所以说诚“不诚无物”。“成己，仁也；成物，知也。性之德也，合外内之道也”，乃是《中庸》讲“诚”之立场和态度的哲学。《中庸》指出：“诚者，自成也，而道自道也。诚者物之终始，不诚无物。是故君子诚之为贵。诚者非成己而已也，所以成物也。成己，仁也；成物，知也。性之德也，合内外之道也。故时措之宜也。”在这里所谓“诚者物之终始，不诚无物”之“诚”，不仅是指人的诚实，而且是指天地万物像其本然那样存在这一哲学的基础。人和物都在自身存在的基本特性上是其所是，成其所成。而一个“诚者”亦即像人和物本然存在那样对待人和物的人，就能够按照人和物的自身特性既成就自己之可能，也成就物之可能。这就是《中庸》所谓的“诚者非成己而已也，所以成物也”。成就自己，要靠“仁”，人成就万物要靠知识。“人”既可以按照自身的内部规律来对待自己，也可以按照外在的规律办事。这就是所谓“合内外之道也”。可见，这已经远远超出道德和政治哲学意义上的内圣而外王，成为关于人和世界的基础哲学理论了。在《中庸》里“诚”的重要性得到了极为重要的表达：“唯天下至诚，为能经纶天下之大经，立天下之大本，知天地之化育。夫焉有所倚！肫肫其仁，渊渊其渊，浩浩其天。苟不固聪明圣知达天德者，其孰能知之！”因此《中庸》说：“故至诚无息。不息则久，久则征（验于外）。征则悠远，悠远则博厚，博厚则高明。博厚，所以载物也；高明，所以覆物也；悠久，所以成物也。”《中庸》“视诚为宇宙人生之根本”，即如现代哲学家谢无量所指出的，犹如“周子之言‘太极’，张子之言‘太虚’，程子、朱子之言‘理’，皆视为宇宙人生之根本，与《中庸》之言‘诚’无异”①。可见，在中国儒家美学思想，“诚”不仅是人之德，也是天地之德，也是真正的、自身存在性显现境域的自由审美状态与宇宙情怀。这种自由审美状态与宇宙情怀，不是将宇宙看成一个冷漠的时空存在，不是将宇宙看成一个无情的物理世界，而是将宇宙看成生命的鼓动、

① 谢无量：《中国哲学史》第5卷，上海中华书局1916年版，第18页。

情趣的流荡、严整的秩序、圆满的和谐。这宇宙开拓着我们的心胸情怀,启示着美的奥秘。人生之于宇宙,则以天地为庐,澄怀观道,悠然自足,自在自由,将宇宙看成一个美的世界。人对世界必当采取一种审美态度,人生也才生意盎然,充满希望。处于这种"至诚"境域中,宇宙天地间笼罩着一种灵光,人与自然之间,直接交流,交往与对话,面对面的,摒弃了中介的在场,审美者与审美对象都是在场的,处于直接的交流中,以物观物,故不知何者为我,何者为物,"如空中音,如象中色,如镜中花,如水中月,如羚羊挂角,无迹可寻"。所谓"相看两不厌,惟有敬亭山","万物静观皆自得,四时佳兴与人同",自然而然,随意天然,缘在构成。人生和宇宙,回旋往复,灵气流转,成为一个"天人合一"的自由审美境域。"反身而诚"正是对这一自由审美境域的直观顿悟。

第三节 "仁"范畴之义域

就社会伦理学视域看,儒家学者非常强调人的社会性、集体性,强调人只有生活于社会伦理关系之中才能生存和发展,因此人必须结成群体共同生活,个人的意志需求应该建立在社会群体的情感、社会责任、社会行为的基础上,个体与群体和谐相处,协作团结。在儒家的理论体系中,人具有互相依存的社会性。所谓"四海之内,皆兄弟也"①。在此基础上,儒家学者建构了以"仁"为核心,由血缘亲情关系推衍到社会集体乃至民族国家的思想体系。这是一种比较积极的人生态度和入世精神,表现出对人生、社会和集体的关注和积极的参与精神。影响及儒家美学,则构成其"兴观群怨"的审美价值观,强调"美"与"善"的统一,把"诗"、"乐"、"艺"看作"成孝敬、厚人伦、美教化、移风俗"的重要手段,看成实现仁学、安邦定国的必由之道,认为"和实生物,同则不继",强调通过文学艺术而达成上下和悦、互相仁爱、协作团结,这是儒家所提倡的"仁者爱人"即真诚互爱的仁爱精神在美学上的反映和要求。但是,这只是儒家美学的一个方面。应该说,儒家美学并不忽视个人价值,就美学意义而言,儒家美学还呈现出一种对自由审美境域的追求。

应该说,儒家的最高人生境域是心灵的超越和升华,是人生的自由,但其中的自由是要通过自我心性的修养、提升,与行为的努力来达成的,个体的人经过长期修养超越了日常生活的羁绊,回归到真我,即还原到人的本心、本性,也即原初的

① 《论语·颜渊》。

“仁”,使“仁”还原为自身自然而然的本心本性的流溢,克服和控制受外在影响而生成的情欲,处理好己与人,与社会,与自然,以及人与自我、真我的关系,体验到生命存在的意义,也就获得了自由。“仁”是儒家思想的基元范畴,同时也是儒家美学的核心和出发点,为审美境域缘在构成的原初域。可以说,正是就这种意义看,儒家美学“仁”范畴的纯粹意义层呈现出审美的意蕴。

一

“仁”是儒家思想的基元范畴,也是儒家美学思想的基元范畴。即如庄子所指出的,儒家思想“要在仁义”①。又如孟子所指出的:“居仁由义,大人之事备矣。”②《吕氏春秋·不二篇》也认为:“孔子贵仁。”据《礼记·中庸》载,孔子曾经对鲁哀公说:“为政在人,取人以身,修身以道,修道以仁。仁者人也。”这就是说,在孔子看来,“仁”就是人,是人的本心、本性。对此,孟子解释说:“仁也者,人也。合而言之,道也。”③这种对“仁”的解释与《中庸》是一致的。

就原初语义看,“仁”的本意就是人。《说文》云:“仁,亲也。从人从二。”《春秋元命苞》说:“仁者情志好生爱人,故其为人以人,其立字二人为仁。”④宋人戴侗《六书故》解释说:“先人曰:吾闻诸尤叔晦:古文有因而重之以见义者:因子而二之为孙,是也;因大而二之为夫,是也;因人而二之为仁,是也。孔子曰:‘仁者,人也。’人其人之谓仁。”清人徐灏《说文解字注笺》云:“《中庸》曰:‘仁者,人也。’《孟子》曰:‘仁也者,人也。’《荀子·君子》篇曰:‘仁者,仁此者也。’谓仁即为人之道也。人能尽为人之道,斯谓之仁,故因而重之以见义。二有偶义,故引申之有相亲之义。郑康成氏所谓相人耦,是也。扩而充之则曰博爱之谓仁。千心为仁,即取博爱之意。”清朱骏声《说文通训定声》解释说:“仁者,情志好生爱人,故立字二人为仁。”也认为“仁”是人的本心本性,是人的天性。人的本心、本性、天性是“仁”。并且,“仁即为人之道”,即人的本性本心就是与人“相亲”,与人“博爱”,“好生爱人”,因此,应该说,“仁”的基本内涵就是“爱人”。《论语·颜渊》载:“樊迟问仁,子曰爱人。问知,子曰知人。”《孟子·离娄下》说:“君子以仁存心,以礼存心。仁者爱人,有礼者敬人。”《孟子·离娄上》说:“爱人不亲,反其仁。”孔子强

---

① 《庄子·天地》。
② 《孟子·尽心上》。
③ 《孟子·尽心下》。
④ 《太平御览》卷三百六十引。

调"仁者爱人",认为"为仁由己","求仁得仁"。在他看来爱人是人对于自我的发现、自我肯定和自我尊重;"己所不欲,勿施于人","仁"是由己及人及物,要求从己做起;欲仁得仁,"仁"是从自我到家庭、社会、天下的道德规范。所以,他要求人们"志于道,据于德,依于仁,游于艺"①。在孔子,"为仁由己"之"己",可谓真己,本我。"为仁由己,而由人乎哉?"②"我欲仁,斯仁至矣。"③"仁以为己任,不亦重乎?"④所谓"由己",也就是由于自己,发自内心,自己在如其所是地生活,如其所是地自我完善或自我实现。真正的"仁"就是自身存在的展开,犹如真正的学问就是学做人一样。是解决自我的意识、思想、情感、行为是否应当的问题,而不是出自其他的考虑。"为仁""由己"、"为己"与孔子所主张的"为己"之学一脉相承。

就美学意义看,"仁"具有经验性与非经验性、自明性。从经验性意义看,由人本心本性而外在外推的"仁"心"仁"性,仁民爱物,无有穷尽。在仁民爱物的自身经验中,我是心灵和心灵的自我。这种自我属于被经验到的身体。而从非经验性、自明性看,"仁"是人的本心本性,为人的真我,是真正自身给予的、自明的。作为人的本心本性、人的真我,真正自身给予的、内在自明的"仁",则为真诚的"仁"心,这种"仁"心是无限的,不止不息。如王阳明所指出的:"仁是造化生生不息之理,虽弥漫周遍,无处不是,然其流行发生,亦只有个渐。……惟其渐,所以便有个发端处。……譬之木,其始抽芽,便是木之生意发端处。抽芽然后发干,发干然后生枝、生叶,然后是生生不息。若无芽,何以有干有枝叶?能抽芽,必是下面有个根在。有根方生,无根便死。无根何从抽芽?父子兄弟之爱,便是人心生意发端处,如木之抽芽。自此而仁民,而爱物,便是发干生枝生叶。……孝弟为仁之本,却是仁理从里面发生出来。"⑤"仁之本",是"从里面发生出来",为人最初的东西和自身包含一切存在与真理之起源的东西,也即纯粹自我、真我。因此,"仁"心"仁"性的"发端"与发明首先应该是内在的、自明的,有如树之有根,"抽芽然后发干,发干然后生枝、生叶,然后是生生不息"。此即所谓"有根方生,无根便死"。"仁"发端自明于人之自我,原于"己"。孔子说:"夫仁者,己欲立而立人,己欲达而达人。"⑥"己所不欲,勿施于人。"⑦这里就强调指出,"仁"是源自自我的,从自

① 《论语·述而》。
② 《论语·颜渊》。
③ 《论语·述而》。
④ 《论语·泰伯》。
⑤ 王阳明:《传习录上》。
⑥ 《论语·雍也》。
⑦ 《论语·卫灵公》。

我出发。要“立人”,要仁民爱物,首先要“己”“欲立”,要“达人”,“为仁”,也首先要“己”“欲达”。并且,己所不欲,不可施于人,可见“己”即自我,是“仁”的生成点。显然,在孔子,实际上就是要求“为仁”要立足于自我的本心本性。因为只有自身所“欲”或“不欲”的东西符合一定的审美诉求,由此而推衍开来的“立人”“达人”也才可能有“仁”的意义。如果连自身都不具有“仁”心“仁”性,也就谈不上“立人”“达人”了。因此,“仁”必须发端于自我。同时,孔子又不把个人看作是孤立的个人,而是把他看作是处在各种社会关系中的个人。仁就是要处理好个人与他人、个人与社会的关系,因此孔子又强调“立己”“达己”的同时要“立人”“达人”。

作为真我、真正自身给予的“仁”,仁立足于自我,但最终不在于自我,如果只看重自我的立达而不去“立人”“达人”,这就根本不能称之为“仁”,因为“仁”的生动呈现在于“为人”而非“自为”。可见,孔子之“仁”,既在“己”,更在“他”,讲推己及人,以自我为“仁”心“仁”性的生长点。这种以自我为生长点的“仁”的美学思想由于有一种既“在己”又“在人”,既自明又敞开、照亮,既非经验性又经验性,既内在又外在,因此其本质上就决定了“仁”的自明性与为他性一如,而不能把这种“立”“达”限于自我本身;同时又由于有了这一自我的生长点,孔子“为仁”思想又体现了自我的需求,与自我密切相连。《论语·宪问》中孔子说的“修己以敬”、“修己以安人”、“修己以安百姓”就体现了孔子“为仁”思想立足于自我又指向他人的审美特征。

正是从“为仁”“由己”、“为己”思想出发,孔子提倡作为个体的人应该把自己想的、做的,也帮助别人想到、做到;自己所不愿接受的,不要施加给别人。他主张人与人之间应实行“忠恕之道”,彼此诚恳相待、互相谅解,在个人与他人与集体发生利害冲突时,要克制自己,甚至于舍己利人。为此,他一再强调“克己复礼为仁”。可以说,正是基于恪守人之天性“仁”的思想,孔子认为作为个体,人都应该加强自身修养,以高度完善自我。因此,他说:“夫仁者,己欲立而立人,己欲达而达人。”①他甚至把“仁”作为最高的人生境域,主张“志士仁人,无求生以害仁,有杀身以成仁”。认为“博学而笃志,切问而近思,仁在其中矣”。《礼记·儒行》在论及“仁”与“礼乐”的关系时说:“温良者,仁之本也;敬慎者,仁之地也;宽裕者,仁之作也;孙(逊)接者,仁之能也;礼节者,仁之貌也;容貌者,仁之文也;歌乐者,仁之和也;分散者,仁之施也。”认为仁是礼乐的根本,礼乐是仁的表现。近代学者谢无量进一步概括说:“通观孔子平日所言及所定五经中所有诸德,殆无不在仁

① 《论语·雍也》。

中。曰诚、曰敬、曰恕……皆体仁中所包之德也。故仁者众德之统，万善之源；凡修齐治平之道，莫非仁用，而仁义礼智信五常，尤儒家为教之要领。”①这里就表明孔子所谓的“仁”涉及的人生境域非常宽泛，但“爱人”则是其核心。《墨子·天志》说“仁”是“上利乎天，中利乎鬼，下利乎人”的“天德”。《庄子·天道》把“仁”看作是“大道”中的一部分。亲亲即仁。基于此，当代学者唐力权把“仁”分为三个层面，即仁、类性之仁与道德之仁。“仁是‘无执的感通与开放的仁爱精神至于充极状态’之仁，也就是后儒所谓‘仁者与天地万物为一体’之仁，这是一种对一切存有绝对无差等、绝对一视同仁的‘爱’。正是在这个意义上，儒家把具有‘生生之德’的天视为‘仁’，也只有天作为‘道体’才具有蕴涵这一超越一切、肯定一切而又成就一切的‘仁’的资格。”②足见，作为原初域的“仁”是与“天”认同的，是超越的。

“类性之仁”则是“落实在人性之中的‘仁’，也就是仁在人的类性禀赋限制之下所具有的同体感通的力量。它不是一种无私的爱，而是私于个体、私于家庭、私于民族和私于全体‘人’的私仁”③。这就是儒家的有差等的爱。“仁”在具体事物上呈现时的并不是抽象的“博爱”，“兼爱”，而是有远近、厚薄、轻重、缓急、本末、内外等许多条理和区别的，也就是说，仁爱的播施，是由近及远，各如其分地逐步“推”开去的，而不是不分厚薄，平均地“盖”上去的。孟子讲“老吾老以及人之老，幼吾幼以及人之幼”，依据类性之仁的原则，必须先爱自己的亲人，后爱别人的亲人；先爱自己的子女，后爱别人的子女，而不能反其道而行之，否则就是“不孝”、“不仁”之大者。孟子又说：“亲亲而仁民，仁民而爱物。”“亲亲而仁民”是在人与人之间行仁的原则，“仁民而爱物”是在人与自然之间行仁的原则。也就是说，原则上讲，对“人”的爱必须先于、重于对动植物等自然物的爱，不能反其道而行之。类性之仁虽是一种私仁，但是，由于类性之仁是仁在人性中的落实，因而它仍是把无差等的爱摄入其中，并且成为类性之仁的仁性关怀的最后根源与精神动源。

应该说，所谓“道德之仁”就是“仁性”的道德化或社会理性化，也就是“仁”通过“类性之仁”的中介作用在社会法制和伦理规范中进一步的落实。表现在儒家对于“礼”的重视。“道德之仁”的处理问题，应该可以说是作为以“仁性”关怀为出发点的人文主义学说的儒家所关注的中心问题。在《论语》中多处讲到“仁”，但这个“仁”不是抽象的“仁”，而是在社会的特殊场合中取义的“道德之仁”，比

① 匡亚明：《孔子评传》，南京大学出版社 1990 年版，第 150 页。
② 李翔海：《生生和谐——重读孔子》，四川人民出版社 1986 年版，第 117 页。
③ 同上。

如:“仲弓问仁,子曰:‘……己所不欲,勿施于人。’”①“司马牛问仁,子曰:‘仁者,其言也讱。’”②“子张问仁于孔子,孔子曰:‘能行五者于天下,为仁矣。’‘请问之。’曰:‘恭,宽,信,敏,惠。’”③孔子不愿意离开道德之仁而谈论类性之仁和仁。当然,我们不能认为论语中所有的“仁”都是在特殊场合中取义的“道德之仁”。

孔子一方面指出“为仁由己”,认为仁不远人,“我欲仁,斯仁至矣”;另一方面又从不轻易以“仁”许人,不仅不以“仁”许子路、子贡等贤弟子,而且自己也从不以“仁”自居。如果说,前一方面意义的“仁”可以看作“道德之仁”的话,那么后一意义上的“仁”如果也仅仅看作是“道德之仁”恐怕很难讲通。孔子所谓“仁者爱人”、“天下归仁”也可以作为一种“类性之仁”来理解。与此同时,孔子还以“仁”所表现出来的亲和感透露出了“天道”即“仁”的思想。“仁”是天道在人道中的体现。在郭简中,“天”是万物之源,具有至善、至高的特性:可以知物之几微,“几而知之,天也”④;又完善无瑕,“不说而足养者,地也;不期而遇者,天也”⑤。郭简认为“天生百物,人为贵”⑥,人虽是天之所生,是天地之间尊贵者。“仁”是人道的呈现,通过“仁”的呈现使人成为符合人道的人,成为天地间尊贵者。的确,孔子主要是立足于“仁”即人之本心本性的构成论思想,并由此彰显出“类性之仁”与“仁”,但在他所揭示的“仁”的概念所富含的深层意义中,不难看出孔子的“仁”境域中泛爱生生,大化同流的鲜活信息。因此,在儒家美学,“仁”应该是以对人的关怀为起点,最终要达于与天认同的“仁”。在“仁”的价值之中蕴藏着审美的内涵。

当然,儒家美学“仁”范畴的真正确立,应该是始于孟子的。在中国哲学史上,孟子最早提出了“天人合一”的思想,他主张“天”与“人”相通,人性乃“天之所与”,天道有道德意义,而人禀受天道,因此人性才有道德意义。所以,宇宙万物和“人”社会都以“仁”为纯粹构成域。“仁”生万物,万物结构的基础是“仁”。这样,从孟子开始,“仁”在儒家美学里就有了审美范畴的意义。在中国美学,以老庄为首的道家美学也主张“天人合一”,老子说:“人法地,地法天,天法道,道法自然。”⑦但在道家美学,作为审美纯粹构成域的“天人合一”与孟子的“天人合一”有明显的不同之处。在孟子看来,与天认同的“仁”乃人之所本,有审美价值和意义,

① 《论语·颜渊》。
② 《论语·颜渊》。
③ 《论语·阳货》。
④ 郭店楚简《五行》。
⑤ 郭店楚简《忠信之道》。
⑥ 《语丛三》。
⑦ 《老子》二十五章。

而就老庄的“天人合一”的“道”之域看，则更加近乎纯粹审美的意义，是自然而然，此即所谓“道法自然”。

儒家美学以全德言仁，以爱言仁，以博爱之谓仁，“仁”既意为“仁爱仁德”，又意为“仁人、仁政、仁心仁术”，如“求仁而得仁”，“人而不仁”，“仁者安仁”，“仁民爱物”，“凡爱众，而亲仁”，“殷有三仁焉”，“志士仁人，无求生以害仁，有杀身以成仁”，“知者乐水，仁者乐山”，“仁者必有勇，勇者不必有仁”，“知者乐，仁者寿”等等。在儒家美学，仁者以天地万物为一体。“仁”之域既是儒家美学泛爱生生的思想基础，更是达成“仁人”、“圣人”之域的原初境域，因此，“仁”原初域的世界才是美的世界、诗的世界，才充满勃勃生机，正如东方美所说：“这个世界绝不是一个干枯的世界，而是一切万物含生，浩荡不竭，全体神光焕发，耀露不已，形成交光互网，流衍互润的‘大生机’世界，所以尽可洗涤一切污浊，提升一切低俗，使一切个体生命深契大化生命而浩然同流，共体至美。这实为哲学与诗境中最高的上胜意。”①以“仁”为原初构成域实际是肯定了万物都是一种生命的存在，生命之间息息相通，由此构成一个生命整体。通过“仁”的审美域，我们看到了儒家美学人生审美价值观。

二

儒家积极入世，他们对于人生的关注是以人伦道德关怀为起点，这就形成了以“仁”为核心的道德体系，前面也讲到，儒家不愿离开道德之仁来谈论仁的超越性，但“仁”的内在超越性又决定了这个道德体系必然蕴涵着美学价值。

孔子说：“不仁者不可以久处约，不可以长处乐。仁者安仁，知者利仁。”“唯仁者能好人，能恶人。”“苟志于仁矣，无恶也。”“富与贵，是人之所欲也；不以其道得之，不处也。”“贫与贱，是人之恶也；不以其道得之，不去也。君子去仁，恶者成名？君子无终食之间违仁，造次必于是，颠沛必于是。”“我未见好仁者，恶不仁者。好仁者，无以尚之；恶不仁者，其为仁矣，不使不仁者加乎其身。有能一日用其力于仁矣乎？我未见力不足者。尽有之矣，我未见也。”“人之过也，各于其党。观过，斯知仁矣。”“巧言令色，鲜矣仁！”这之中提到“不仁者”、“仁者”、“知者”、“富者”、“贵者”、“贫者”、“贱者”、“好仁者”、“恶不仁者”，并且涉及其间的若干关系。应该说，关注人生是儒家美学的一个鲜明特点。儒家美学非常注重从个人与他人、个人与社会的关系中凸显个人生命的意义与价值，对个人的人生行为规范

---

① 《中国艺术的理想——中国文化论文集》，台湾幼狮文化事业出版公司，第1页。

和生命存在加以确认。尽管孔子认为人生的要义,"仁"的精髓首先呈现在"为己"、"由己",其所强调的首先是个人本心本性的修为,但同时,孔子又认为人作为一种社会存在物,他的自我修为并不能脱离人伦关系而独立进行。只有在社会关系的链条中按照"仁"的审美诉求不断提升自己,才能达成极高的审美境域。

在处理人伦关系上,儒家的原则可以说是"忠恕之道"。忠恕之道包括了两个方面的内容,即"己所不欲,勿施于人"与"己欲立而立人,己欲达而达人"。所谓"忠"即是"尽己",即尽知己最大的努力去成人之美。所谓"恕"则是"推己及人",即将己心比他心,以尽可能同情地了解他人的处境。儒家十分注重忠恕之道在成就仁中的重要作用。孔子曾对曾参说:"参乎!吾道一以贯之。"①而按照曾参的理解,"夫子之道,忠恕而已矣"②。在另一处,孔子明确告诉子贡说:"夫仁者,己欲立而立人,己欲达而达人。能近取譬,可谓仁之方也已。"③而当子贡问孔子有没有什么基本准则可以"终身行之"时,孔子回答道:"其恕乎!己所不欲,勿施于人。"④在一定的意义上,我们可以说,所谓"己所不欲,勿施于人"与"己欲立而立人,己欲达而达人"实际上都是立足于"推己及人"这一原则的。它们之间的差别在于:前者是推己及人的否定方面,自己所不意欲的便不强加于人;后者是推己及人的肯定方面,自己所力图成就的,也帮助别人去成就。它们构成了忠恕之道的两个方面。忠恕原则的核心要求,显然是要人们在视听言动之中处处秉持仁爱之心去行事。

而在处理人伦关系中所秉持的仁爱之心应该是一种类性之仁,即有差等的爱,它要求在处理人际关系时,按照宗法和血缘的亲疏远近来依次推行仁。又由于类性之仁是以仁为最后根源和精神动源,它就要求在行仁时不能自私,而要把爱的范围扩大,把仁推行于万事万物。孟子说:"亲亲而仁民,仁民而爱物。"⑤亲亲的精神不仅是尊老爱幼,而且要推之于同类,然而仅仅对待自己的同类以仁还不够,还要把仁爱之心推广至世界万物,乃至山川草木,宇宙中的一切生命。

儒家美学"仁"范畴的核心意旨,就是"万物一体"的审美诉求。所谓"万物一体"的"物",不仅指自然界的事物,而且指作为主体的人。所谓"一体",一是自我生命和实际人伦的统一,将外在的道德规范化为内在的生命欲求;另一方面是人的自我生命和天地精神的统一,将万物视为一个有机整体,如同人的身体一样,是

① 《论语·里仁》。
② 《论语·里仁》。
③ 《论语·雍也》。
④ 《论语·卫灵公》。
⑤ 《孟子·尽心上》。

天人合一。这种普遍的宇宙关怀,是“仁”的最高审美实现,也是儒家“成己成物”之学的最高审美境域。儒家美学正是以“仁”为核心展开的,在这种由远及近、由内到外的展开中主体的人格逐渐得到提升,“浩然之气”便蕴积而成,如孟子说:“我善养吾浩然之气。”又说:“充实之谓美,充实而有光辉之谓大。”①光辉充实之境,也就是胸怀荡然,上下与天地同流的伟大人格的境域。儒家对于现实人伦虽然有许多道德的规定,但如同佛教的清规戒律一样,其最终是想使人们通过修养而达成自由。在这种境域中,道德愉悦和审美愉悦达成了统一。

在儒家美学,“仁”是人生的最高审美域。孔子说:“君子去仁,恶乎成名?君子无终食之间违仁,造次必于是,颠沛必于是。”②这里就强调指出,“仁”是君子之所以为君子的最高追求。“仁”也是人生审美域的构成态呈现。在孔子看来,“仁”是人的一种原发构成域,植根于个人内心的要求和感受,即非常强调个人内心的动因。孔子说:“不仁者不可以久处约,不可以长处乐。仁者安仁,知者利仁。”③朱子注云:“不仁之人失其本心,久约必滥,久乐必淫,惟仁者则安其仁而无适不然,智者则利于仁而不易所守”④,强调“仁”要发自“本心”,然后才可以“无适不然”。“安仁”是最自然的人生审美域呈现,没有任何“仁”以外的目的。“利仁”是因利而行“仁”,动机虽在“仁”外,也是发自内在的行为,因而也是比较自然的。在“安仁”“利仁”之外,还有“强仁”。《礼记·表记》记载:“子曰:仁有三……仁者安仁,知者利仁,畏罪者强仁。”“强仁”即出于压力、害怕负罪而不得不按照仁德的要求行动。“强仁”完全是不自然的,其行为动机完全是外在的。

孔子特别推重内心自发的人生“仁”审美域构成,他说:“知之者不如好之者,好之者不如乐之者。”⑤知之者“利仁”,以“仁”为有利而行“仁”,不是自发的,所以不如“好之者”之“安仁”,而“好”之极致便是“乐仁”,以行“仁”为乐,则实践仁德的行为更加自发和主动,完全没有其他的目的,没有丝毫的勉强,因此也更为自然。不过,“安仁”与“乐仁”都是以仁本身为目的,而“安仁”自可达成“乐仁”之审美域,所以不必在“安仁”之外另立“乐仁”的标准。朱子说:“安仁者不知有仁,如带之忘腰,履之忘足。”⑥《庄子·达生》云:“忘足,履之适也;忘腰,带之适也;忘是非,心之适也。”心灵摆脱了任何束缚或挂念,其精熟的创造活动看起来像自然而

① 《孟子·尽心下》。
② 《论语·里仁》。
③ 《论语·里仁》。
④ (宋)朱熹:《四书章句集注》,中华书局1983年版,第69页。
⑤ 《论语·雍也》。
⑥ 《朱子语类》第2册。

然地达成出神入化的审美域。“仁者”“安仁”,表明“仁者”已经达成了自然之化,不需要任何意识、目的去支配自己的行为。

“为仁”本身要求的就是内在自觉、自发地实践“仁”的原则,不需要外在的压力,也不需要自我勉强,这样的表现才是自然的、真诚的“仁”。“为仁”者不仅不能把己所不欲强施于人,而且不能把己之所欲强施于人。不强加于人,人与人之间的关系才能比较自然,比较真诚。“为仁”是为己之学,一切所求都应该通过自身的努力去实现,而不是直接地强求硬要,这样的得才是自然之得,不失之得。“为仁”之人有极高的品德修养,但不能保证在世俗生活中可以尽情直遂,因此要能够接受洁身自好的自我逍遥。这样不仅可以保持个人的怡悦,而且不至于破坏社会整体的和谐。应该说,孔子重视个人的内在的动因,保证个体的自主性,强调人际关系的自然和谐,这和重视自然之价值的精神是相通的。

三

“仁以为己任,不亦重乎?”①“仁以为己任”就是说这是做人的责任,完全是自己的事,只能靠自己去实现。所谓“由己”、“为己”,就是“由于自己”,也就是自己在如其所是地生活,如其所是地自我完善或自我实现。在儒家美学,真正的“仁”就是自身存在的展开,犹如真正的学问就是学做人一样,是解决自我的意识、思想、情感、行为是否应当的问题,而不是出自其他的考虑。“为仁”“由己”、“为己”与孔子所主张的“为己”之学一脉相承。《论语·宪问》曰:“古人之学为己,今人之学为人。”《论语注疏》曰:“古人之学,则履而行之,是为己也。今人之学,空能为人言说之,己不能行,是为人也。范晔云:‘为人者冯誉以显物,为己者因心以会道也。’”这就是说,在古人,学习的目的是做人,是为了道德的切身践履,修心正形,全身心地去体会仁义礼智信圣的德性;而今人学习、修养的目的则是为了卖弄学问,沽名钓誉,给别人看的。所谓“为人”就是指迎合他人以获得外在的赞赏。以“为己”否定“为人”,意味着儒家将为学的重点指向自我。完善自我,成就理想人格,达成理想的人生境域,正是儒家美学的审美价值取向。孔子曰:“君子无终食之间违仁,造次必于是,颠沛必于是。”又曰:“有能一日用其力于仁矣乎?我未见力不足者。”②把“仁”置于中心地位来构建美学体系,强调精神生活与内心世界之丰富与重要,自我心性的充实比什么都重要。“为己”的目的是为了自我提升、

① 《论语·泰伯》。
② 《论语·里仁》。

自我修养,以达成一个具有独立人格的、"会道"的人。对此,《荀子·劝学篇》的解释最为透彻:"君子之学也,入乎耳,著乎心,布乎四体,形乎动静,端而言,蠕而动,一可以为法则。小人之学,入乎耳,出乎口,口耳之间,则四寸耳,曷足以美七尺之躯哉?"从伦理学或哲学的意义上看,成为一个人必须有一个学的流程。因此,学做人意味着道德上的完善,人格的确立及精神境域的升华。儒家把他们的学问称为"圣人之学",它所关注的焦点是人如何成就德性完善人格。学做人的圣人之学也就是为己之学。或者说学做人是为己之学的性质,而学道德或道德修养是为己之学的内容。儒家主张"尊德性而道问学"、"必仁且智",却是以尊德性为优先价值、以仁为本的。

为己之学的起点必然是为学动机的为己性,按照儒家的思维方式,自我处于各种关系的核心,因此,要外王必然要内圣,要实现天人合一、社会和谐,均要以个人的自觉修养为基础。学者为己的启发意义,也许可以被理解为自我修养的一种命令,内在地认识自己是在外部世界正确行为的前提。应该说,为己之学指向自我,以实现圣贤人格为指归,是为己切己的。

所谓"为己",是指所思维的应当首先是为自己立法而不是为人立法,就是在日常为学和行为实践中,时时存有"为我"的思维,在任何时候、任何情况下都要想一想我应当不应当。事事处处联系自身的思想、行为而进行反思,因而必然时时处处涉己。学与切己相结合,是儒家道德思维的一个鲜明特色,道德思维就是要把所获得的知识同己身相联系,从中明了做人的道理。道德思维总是离不开主体自身——"我",总要以"我"为整个思维的支点。舍弃了"我",其思维则不具有道德的意义,或者说不属于道德思维。在道德思维中,"我"是轴心、是重心。道德思维的目的,就在于使"我"有所得,在于通过自省来陶冶情感、磨砺意志、增进理性、完善人格。为己之学不仅在思维中是切己的,而且在实践中也是涉己的。既然道德修养或为己之学要切己涉己,那么要在学习流程中有所成就,即使自己的人格境域有所提升,就只能靠自己的作为和努力。孔子说:"君子求诸己,小人求诸人。"①人生的意义和价值就在自身之内,不在自身之外,不是别人的事,不能依靠别的什么力量,因此,这就必须从自我做起,必须自在自为。

这里的"己"、真己、本我与日常生活中的"自我"不同。日常生活中的"自我"是实体性的、独立自存的某种东西,是和外物、与他人彼此外在、互相对立的实体,这种"自我",是不自由的,表面上有主体性,但归根结底,它总是受外物的限制,受他人的限制。所以说,日常生活中的自我是主客二分的产物,是实体性的自我,在

---

① 《论语·卫灵公》。

自我意识中这种自我是被认识的对象。当我说“我意识到我”时,后面的那个“我”是被认识、被意识的对象,是客体,前一个“我”是进行认识活动、意识活动的主体,它不是被认识的对象,而且永远不是,也不可能是被认识、被意识的对象。我们永远不可能把握它、认识它,只要你把它放在面前加以把握、认识,它就成了客体,而作为认识主体的它就躲藏到后面去了,这个永远在逃避我们的认识而又主持着我们的认识活动的主体,禅宗称之为“真我”。日常生活中的“自我”总是与他人、他物相对而言的,这是因为在主客二分式中,“自我”被实体化了、被对象化了。我们平常说的自我意识就是把“自我”当作实体、当作对象来把握,而实体性的、一体共生性的东西总是彼此外在、相互对立的,所以自我意识必然使“自我”与他人、他物彼此外在、相互对立,要超越主客二分,超越主客的对立,就意味着其本身超越“自我”或自我意识,或者倒过来说,要超越“自我”或自我意识,就意味着超越主客二分和对立,超越自我与他人、他物之间的外在性和对立性。我们日常生活中的“自我”,又总是把世界上的事物与事物之间看成是彼此外在、相互对立的。要超越人与我的区分,超越物与物的区分,就意味着超越“自我”,这也就是道家美学所说的“无我”。

在儒家美学,真正的、自身存在性显现境域的自由审美状态,也即“仁”的境域、“诚”的境域。“仁”即“诚”。“诚”或“诚”的事物,是事物自身之诚,是事物的自身显示,即事物本身与本真。而“仁”即为人的本心本性,是人的本身与本真,是人与本身保持同一,“象本身那样存在”,用海德格尔的话来说,即此在的展开。在此在的展开状态中,人可以成为不同形态的存在,既可以从“世界”和“他人”方面领会自己,也可以从自己最本己的可能性领会自己;既可以本真地在世,也可以非本真地在世。本真的存在状态就是“仁者自仁”的存在态势,即此在的生存的真理。但是,此在通常首先是处于非本真状态中,被抛入常人的意见之中,混迹在常人之中,为常人所宰治,致使此在沉沦和异化。它不是领悟和保持此在的敞开状态,不是为了了解真理的存在,而是封闭和掩盖了世内的存在者,因为它们从来就不费心去回溯到谈及的东西的根基上去,从而完全掩盖了事情的真相,所以说“不仁无人”。在这种状态中,存在者虽然呈现,却是以假象的模式呈现,存在者处于伪装、封闭和遮蔽状态,因此,“此在在不真中”。但是无论是被抛还是沉沦,都是此在展开状态的构成环节,因此,就其完整的生存论存在意义来说,“此在在真理中”,也是说“此在”“在不真中”。“此在”是展开的,也是封闭的,只因为世内存在都随“此在”是揭开的,作为可能的世内的照面的东西才是遮蔽的或伪装的。因此,人之“仁”就是与人自身保持同一,人与自身保持同一的那种状态就是“仁”。

“成己,仁也;成物,知也。性之德也,合外内之道也”,是《中庸》讲“仁”的立场和态度。在这里,所谓“成己”之“仁”,既指“人”之原初心性,又指天地万物的本然存在。“人”和自然万物都然其所然、是其所是,如其所如、成其所成。自身的“仁心”、“仁性”的澄明,要靠自己,需要作为本心本性的“仁”的自明与敞亮,需要自其所自、仁其所仁;此即所谓“我欲仁,斯仁至矣”。“为仁由己,而由人乎哉!”“仁”不是从外面得来的,而是“由人”,是人自己所原初存有的,其呈现与否,完全由“人”自己决定,而不是由他人决定或给予。但是,如果有“己”,以“我”为限,那就违背了“仁”,从这个意义上说,“仁”是没有内外之分的。当仁受到“己”即个人欲望限制时,就要“克己复礼”,通过礼的规范恢复仁德,视、听、言、动都符合礼,也就自然达成“仁”境域。礼是由“仁”决定的,但反过来又能培养和实现仁德。“仁”不是从外在的什么地方产生的,但是由情感决定的仁德与外部规范不是对立的,而是内外统一,并相互作用的。这就是所谓“内外合一之道”。

在《中庸》里“仁”境域得到了极为重要的描述:“肫肫其仁,渊渊其渊,浩浩其天。苟不固聪明圣知达天德者,其孰能知之!”“仁”境域的呈现有如“渊渊其渊,浩浩其天”,只有“聪明圣知达天德者”,始可能达成此境域。可见,在中国儒家美学思想,“仁”不仅是人之德,也是天地之德,也是真正的、自身存在性显现境域的自由审美状态。儒家“仁”范畴所规定的这种对自由的审美境域的追求还突出地表现在孔子“乐以忘忧”的人生理想追求上。众所周知,就总体倾向而言,以孔子为代表的儒家追求的理想人生境域是“修身,齐家,治国,平天下”;是“博施于民在而能济众”。孔子曾经非常热切地表达自己的抱负说:“苟有用我者,期月而已可也,三年有成。”①然而,这种理想人生境域的获得与人的自我实现并不是轻而易举的事,除了人自身的原因外,还受到现实生活的诸多限制。并且,“逝者如斯”,人在时空中生活,还要受时空的限制。人在宇宙时空中的存在是不自由的,宇宙永恒、无限,人生短暂、有限。而人又总是不能够甘心与满足,总是不安于守旧与停顿,总是不安于平庸与单调,不安于失败,总是在不息地追求、寻觅并设法改变自己的环境与自己生活的世界。正如马克思和恩格斯所指出的:“已经得到满足的第一个需要本身,满足需要活动和已经获得的为满足需要的工具又引起新的需要。”人希望自我实现,并执著地追求着自我实现,但与此同时又受社会环境、宇宙时空,以及人自身的“内部挫折”的局限,使自我实现的需求不能达成。如何来缓解这一理想与现实的矛盾,使人从这一矛盾中解脱出来,以减轻人的痛苦,平衡人的心态呢?孔子描绘自己说:“其为人也,发愤忘食,乐以忘忧,不知老之将至。”②

① 《论语·子路》。
② 《论语·述而》。

这里，实际给我们设计了两种理想人生境域：一是“为仁由己”、“人能弘道”、“发愤忘食”、“知其不可而为之”而“乐以忘忧”的积极进取的理想人生境域；二则是“乐天知命”、“乐山乐水”，安时处顺而“乐以忘忧”的理想人生境域。

据《论语·述而》记载，孔子曾经评说自己：“饭疏食饮水，曲躬而枕之，乐亦在其中矣。不义而富且贵，与我如浮云。”“发愤忘食，乐以忘忧，不知老之将至云尔。”据《论语·雍也》记载，孔子称赞颜回说：“贤哉，回也！一箪食，一瓢饮，在陋巷，人不堪其忧，回也不改其乐。”据此，宋代周敦颐说：“每令寻孔颜乐处，所乐何事。”①周敦颐让受学于他的程颢程颐探寻孔子与其弟子颜渊“所乐何事”，由此才引发中国美学史上的“二程之学”。对“孔颜乐处”，周敦颐在《通书》中解释说：“颜子‘一箪食，一瓢饮，在陋巷，人不堪其忧而不改其乐’。夫富贵，人所爱也；颜子不爱不求，而乐乎贫者，独何心哉？天地间有至贵至爱可求而异乎彼者，见其大而忘其小焉尔。见其大则心泰，心泰则无不足；无不足，则富贵贫贱，处之一也。处之一，则能化而齐，故颜子亚圣。”②在他看来，颜回之所以能够在贫困中保持心境快乐和身心和谐，是由于“天地间有至贵至爱可求而异乎彼者”，而颜子能“见其大”，从而能保持“心泰”。也就是说，俗人以贫贱为人生苦境，以富贵为人生目的，而君子是超越于富贵与贫贱之上的，人生中有着至富至贵、可爱可求乃至比生命还重要的东西，这就是“大”，即成圣成贤的理想。人若见其“大”，必忘其“小”，从而在心灵深处实现一种“泰”，即心态的高度充实、平静和愉悦。

应该说，周敦颐所谓的“孔颜乐处”，就是中国文化所提倡的“安贫乐道”。而所谓“乐”，具体说来，有道德和审美两个层面的意思，即道德心灵之乐与审美心灵之乐。就道德层面看，所谓“孔颜乐处”之“乐”，涉及人生选择或价值诉求方面的内容。一个人将物欲、权欲视为人生的价值追求，为达成目的，可以不择手段，并且心安理得，自然不会理解“孔颜之乐”；但如果一个人承认人生除了财富、权力之外，还有一些更值得追求的东西，诸如品性正直、人格高尚、心地善良、精神充实等等，他便能够“安贫乐道”，自然也就能够体会并获得“孔颜之乐”。可以说，作为一种人生价值诉求，“孔颜之乐”正是人生的精神需要、道德追求超越、战胜了“人”的物质需要、利害计较所达成的崇高人生境域。

从审美的视阈看，“孔颜之乐”是超道德的，是人的自然生命与精神生命构成一体，从而所显现出的心灵自由的存在方式或存在状态，是一种对自身生命意识的充分肯定，是“乘物以游心”、“清贫自乐”、“随缘任远”，表现出一种在此基础上

① 《宋史·道学传》。
② 《通书·颜子第二十三章》。

珍惜生命、体味生命的审美意趣和与天地同其大的宇宙情怀，是人生境域与审美境域的构成，也是心灵的自由和升华的审美境域。

所以说，颜回之乐并不是因为贫贱本身有什么可乐之处，而是指这种生存方式已经超越了贫贱与富贵，进入一种崇高的精神自由境域。个体达成了这种崇高的精神自由境域，即使人所不堪的贫贱或唾手可得的富贵也不能使其心身失衡或丧失心境的愉悦。由此可知，"孔颜之乐"实质上与世俗所追求的仅仅满足物欲的快乐不同，它是一种内心自足的快乐，是一种为追求社会道德价值和人生理想信念而超越物质欲求的崇高精神自由境域。程颢后来回忆也说："昔受学于周茂叔，每令寻颜子仲尼乐处所乐何事。"①受此教导，二程不仅"慨然有求道之志"，而且最终达成了"吟风弄月"、"吾与点也"的自由境域，这种自由境域就是"孔颜乐处"。程颢说："如再见周茂叔后，吟风弄月而归，有'吾与点也'之意。"冯友兰认为："这种吟风弄月之乐，正是孔颜之乐。"②应该说，这里所谓的"孔颜之乐"，也即朱熹评点"曾点境界"所云："而其胸次悠然，直与天地万物。上下同流，各得其所之妙，隐然自见于言外。"这种宇宙情怀，不是将宇宙看成一个冷漠的时空存在，不是将宇宙看成一个无情的物理世界，而是将宇宙看成生命的鼓动、情趣的流荡、严整的秩序、圆满的和谐。这宇宙开拓着我们的心胸情怀，启示着美的奥秘。人生之于宇宙，则以天地为庐，澄怀观道，悠然自足，自在自由，将宇宙看成一个美的世界。人对世界必当采取一种审美态度，人生也才生意盎然，充满希望，此正所谓"我见青山"，"青山见我"，我与青山一如，人生和宇宙自然回旋往复，灵气流转，"天人合一"的自由审美域。

第四节 "朴"与"归朴"

中国美学认为，审美活动的意义，是审美者通过澄心静虑，自在自由、即境缘在，以达成心物融通、情景一体、形神交会、天人一如的审美境域，从而从中悟解生命的意义，感悟人生的真谛。这样，顺应自然、自在自为、由其所由、天其所天以还原本初纯然之自我、即景缘在、归其所自，就成为中国美学所推崇的"返朴归真"、复归于朴，从而缘在体道、达道的审美构成态势。

在中国美学，"美"是如其所自、如其所存、自然而然、如其所然的，是"自明地

① 《二程集》第1册，中华书局1981年版，第16页。

② 《三松堂学术文集·宋明儒学哲学述评》。

给出"与存在性显现而不加人为，是"与天地共生"、"淡然无极"，发生构成于纯粹的构成域"道"，其构成态表征为"归真"与"归朴"。因此，在中国美学，所谓美，总是天然淳朴的，是惚恍而来、不思而致的，实质上就是一种"归朴"，以致使原初纯粹之"朴"得以呈现的缘在构成域。这种审美缘在构成域，必须是审美者通过澄心静虑，静观默识，心游神想，以超越外在的纷扰，复归到原初纯然超然的纯真朴实心性，进而通过去蔽存真，通过因情适性、自由自得、直观感悟、直觉体悟，达成与生命的律动相互通融、相互合拍、圆融一体，从而达成纯真自然审美域，体悟生命真谛。而这种审美域的构成态则是情由心生，即境缘在，兴会自然，生动地呈现出中国美学顺应自然的返朴归真精神。

中国美学"归朴"之域的构成要求文艺审美创作应追求平淡自然、韵味淡远的审美缘在构成域。在审美者方面则推崇心灵的柔和谦逊之美，保持淳朴的本质，超凡脱俗、飘逸淡远、朴拙冲淡，自然天成。在"朴"之域的创构方面则推崇无心偶合、自然天然；其审美特色是平淡而不流于浅俗，澄淡朴洁。唐代司空图在《二十四诗品·典雅》中云："玉壶买春，赏雨茅屋。坐中佳士，左右修竹。白云初晴，幽鸟相逐。眠琴绿阴，上有飞瀑。落花无言，人淡如菊。书之岁华，其曰可说。"这里所描绘的，就是一种淡雅闲适、悠然澄明、空灵渺远、莹洁疏朗、澄淡朴洁之境域。大味必淡，大音必希，大道必朴。在中国传统美学思想，"朴"，即指作品的韵味淡远、语淡意深。故而，"归朴"之境域所表现出的"质朴自然"审美风貌中的"朴"，应该意指冲和、宁静、闲适、淡远，是淡而意韵幽长、渐远而至无穷；是平淡萧疏、冰痕雪影、乌迹山廓、渐远渐无的清澄平淡之境；是淡中见浓、淡中见深；朴中现真、朴中体道，是浮云卷舒、孤鸿轻逝、空灵淡远、纯真古朴。

一

中国美学对"归朴"之域的推崇，其思想原点应追溯到老子的"清净无为"、"反朴归真"、"抱朴归真"。《老子》一书多处提到"朴"，如："敦其若朴，旷其若谷。"①（十五章）"见素抱朴，少私寡欲。"（十九章）强调"复归于朴"、"朴散则为器"、"道常，无名，朴"、"我无欲，而民自朴"等等。

从语义域看，"归朴"之域所谓的"朴"，原初义域是未加工的木料。《说文》云："朴，木素也。"段玉裁进一步解释说："素犹'质'也。以木为质，未饰，如瓦器之坯然。"木素就是未经锯凿雕饰的原木，也就是木的本来形态。"朴"的原初义为

---

① 陈鼓应：《老子注释及评介》，中华书局1984年版。

未经加工的木材,所以《论衡·量知》云:“无刀斧之断者谓之‘朴’。”王褒《洞箫赋》云:“秋蜩不食,抱朴而长吟兮。”李善注引《仓颉篇》云:“朴,木皮也。”木料未经过加工叫“朴”,推而广之,未经过人为,属于自然、本真的都可为“朴”。如《吕氏春秋·论人》云:“故知知一,则复归于朴。”高诱注云:“朴,本也。”《玉篇·木部》云:“朴,真也。”对人来说,不尚奢侈叫“朴”,质朴无华叫“朴”,诚实不欺叫“朴”。如《庄子·胠箧》云:“焚符破玺,而民朴鄙。”①这里所谓的“朴鄙”就是无知无欲,老实敦厚。正因为“朴”是指自然状态和本来面目,因此,各种保持其自然状态和本来面目的事物也都可以叫“朴”。这样,“朴”的引申义域即指:未经改变的本质、本性、本真、真性。又引申为纯真、敦厚、质朴、纯朴、朴实、朴素、朴拙、原真、质朴、不加雕饰、质朴真率、质朴无华等。显然“朴”的引申义域与现象学所谓的“显现者总是自明地给出”,终极只能活生生地呈现在人的世间生存之中,而不能被在任何意义上现成化的观点是一致的。

老子尚“朴”,但是在《老子》一书中,“朴”的义域却比较广泛。如所谓的“敦其若朴”的“朴”,属基本义,可以解释为“纯朴厚道,像没有经过加工雕琢的原木一样”。而所谓“见素抱朴”则为“显现其素朴自然的心性,保持其质朴纯真的天性”;其中的“朴”,则通常被解释为素朴、质朴、自然、纯真。三十二章的“道常,无名,朴”和三十七章的“道常,无为而无不为。侯王若能守之,万物将自化。化而欲作,吾将镇之以无名之朴。镇之以无名之朴,夫将不欲。不欲以静,天下将自正”中的“朴”,其义域都是纯朴,质朴。五十七章的“我无为,而民自化;我好静,而民自正;我无事,而民自富;我无欲,而民自朴”和二十八章的“知其雄,守其雌,为天下溪。为天下溪,常德不离,复归于婴儿。知其荣,守其辱,为天下谷。为天下谷,常德乃足,复归于朴。知其白,守其黑,为天下式。为天下式,常德不忒,复归于无极。朴散则为器,圣人用之,则为官长,故大智不割”的“朴”之义域,有人把它解释成原真、朴素,有的人把它解释成原木。或把第一个朴解释成原真,朴素的意思,把第二个朴解释成未经加工的原木。同时,老子还运用“朴”来表示婴孩心态的质朴、纯真。而上升到美学的高度,则“见素抱朴”、“复归于朴”之“朴”又为宇宙万物构成本源的“道”的构成态势,其表征为质朴自然、玄默无为,在老子则称之为“无名之朴”。老子认为,作为纯粹构成域的“道”也是“无名”的,所谓“绳绳不可名”,只是“强为之名”,因而“道隐无名”,“道常无名”。因而在他看来,“道”、“大”、“一”就是“朴”。“朴”就是“无”,是不可名之“名”,不可道之“道”。应该说,正是在此基础上,老子才提出“大音希声,大象无形”。因为“无”没有大小之

① 郭庆藩:《庄子集释》,中华书局1978年版。

分、之名,因此是无限,是“真”与“朴”。

正由于“朴”为宇宙万物构成本源的“道”的构成态势,而老子尚“朴”,所以,作为中国美学的子系统,以老庄为首的道家美学所追求的审美境域是大智若愚、大成若缺、大盈若冲、大直若屈、大巧若拙、大音希声、大象无形、大美无言,是返朴归真,即“复朴”、“归朴”、达道体道之域。在老子看来,知识和欲望不断增加,诡诈和忧烦也就增加;见素抱朴、遵循“道”之自然,知识和欲望减少,诡诈和忧烦也就减少。只有“见素抱朴,少私寡欲”,保持朴实、朴素、纯真、自然的原初构成态,保持并蕴含朴素、纯真的自然天性,不要沾染虚伪、狡诈而玷污、损伤人的天性,“抱朴”、“复朴”、“归朴”,去掉外饰,还其本质,还原质朴;返回本真、真性、纯真、天然、自然之域,保持原初的自然生成态势,返回到原初的纯朴纯真的状态,不为物欲所诱惑,不为杂念所困扰,贱物、贵身、守朴、养素、全真,保持淳朴、朴实、质朴、实在的自然状态,如陶渊明《劝农》诗所描述的“傲然自足,抱朴含真”,去掉外饰,返朴归真,还其本质,才能达道、体道。因此,老子说:“反者道之动。”“反”既是道的自我运动,是“复归于静”、“复归于无极”、“复归于朴”,亦是变。有变,才有“生成”,才能体道、得道,与道合一。

所以老子经常把“朴”作为“道”的又一形态。所谓“道常,无名,朴”(三十二章);“朴散则为器”,即本真一分解就变为诸多的器物,万物经过自身生命的运动流程,最终还得“复归于朴”(二十八章),即恢复到最原初的本真质朴,也即万物从“道”的生化中产生,最终又复归于“道”的整体——“朴”的状态,所以《老子想尔注》指出,“道”本身就是“质朴”,“朴,道之本也。人行道归朴,与道合”。成玄英也说:“朴,道也。”并称“道”为真常之道。“朴”和“真”都是“道”之本性。但“归朴”、“归真”、“合道”不可能仅仅是回到“道”的原初纯粹域。应该说,“真”与“朴”、“静”都是“道”之构成态的呈现。所以老子认为:“无为而无不为……无名之朴,夫亦将无欲,不欲以静。”(三十七章)作为原初纯粹构成域的“道”之显现,“朴”与“无为”、“静”共同呈现为宇宙万物的生命构成状态。在此意义上,可以说,“朴”就是“无为”,就是“静”,而“复归于朴”就是“得道”,或谓“体道”。同时,只有通过“得道”与“体道”,才能构成“朴”之域。

由此,老子所主张的“无为”也即“朴”。并且,老子所谓的“朴”、“无为”都与老子尚“无”的思想相关。老子尚“无”、贵柔,强调有无、清浊、刚柔、厚薄等的相对而生、相倾相比,主张守柔、守一、守下、守雌,认为“柔弱胜刚强”(三十六章)。在老子看来,“天下莫柔弱于水,而攻坚强者莫之能胜,其无以易之”(七十八章),“天下之至柔,驰骋天下之至坚”(四十三章),“强大处下,柔弱处上”(七十六章),应该说,这与老子“抱朴”、“返朴”以“归真”、体道、合道的思想分不开。

从“无为”、尚“无”与“朴”思想出发，老子认为，人生的最高构成域就是“抱朴归真”。作为人之纯粹原初构成域，“朴”即婴孩之自然纯真状态，没有欲望，没有烦恼。人世间的一切不幸和灾祸都源于欲望，知识越多，欲望越大，人的欲望到了熏心的地步，就会利令智昏，追名逐利，相互争斗，相互倾轧，社会就陷入混乱和灾患。所以老子云：“专气致柔，能婴儿乎！”（十章）“常德不离，复归于婴儿。”（二十八章）“合德之厚，比于赤子。”（五十五章）“夫物芸芸，各归其根。归根曰静，是谓复命。”（十六章）主张人应该返朴归真，保持婴孩一样纯朴可爱，无为、无我、无欲的自然心性，“少私寡欲”、抱朴归真、守弱居下，淡泊名利，平淡人生。所谓“夫物芸芸，各复归其根”；“万物并作，吾以观其复”；“归根曰静，是谓复命。复命曰常，知常曰明”。作为一定运动形态之物，虽纷然杂陈，但最终还是无一不复归其根，即复归构成宇宙万物的“道”，还原为“真”与“朴”。

二

老子“复归于朴”的“朴”之境域论的孕育与生成是多种因素作用的结果，它和地域、社会与文化的作用分不开。老子提出的虚静淡泊的人生态势论，就起着不可低估的作用。

道家哲人强调作为审美者的自我修养，其美学思想着重探讨审美者在审美实践中如何解决各种内外因素对心理的干扰和思想意识活动，以及各种官能欲求同清静素朴与体道合道、心灵超越的关系问题，并由此提出了通过“虚静”修性养心的原则与方法。它讲求清心寡欲，在清净虚明、自然恬淡的心理境域中明心性，静以体道。这种思想在中国人生美学的发展进程中，特别是在中国人生美学以心为主、应物斯感，要求主体的审美神思宛转徘徊于心物意象之交，俯仰自得于千载万里之间的独特的审美体验方式的产生与形成中，具有催化与发酵的促进作用。它丰富并完善了中国古代审美构成域的思想内容。我们认为，就其对“朴”之境域论所主张的在审美体验与审美创作构思之初，创作主体必须构筑与达成虚明澄净、无欲无念的审美境域，也即“朴”之存在性境域审美意识的影响来看，主要有以下几个方面。

首先，体道返根的思想与“朴”之境域论相通。道家哲人认为宇宙生成的本原是“道”。“道”也就是充斥在自然万物与一切生命体之间的一种至精至微、阴阳未分的先天元气。它大化流衍，窈窈冥冥，恍兮惚兮，似有似无，既决定和支配着宇宙万物、生命“人”的存在，又将人的生命同社会自然的存在沟通、联结起来，形成一个同构的整体。审美者只有在一种静寂入定的心理状态中，依靠心灵感悟，始能体会到这种宇宙的真谛与生命的意味。因而，老子主张“抱一”、“守中”、“涤除玄鉴”，庄子则提出“心斋”、“坐忘”，要求解脱外在的束缚，清净心地，使精神专一、心不旁骛，“致静笃”，清除心中的杂念，排除外部感觉世界的各种干扰，保持心灵的洁净无尘，表里澄澈，内外透莹，以创构出一种自由宁定的心境。只有这样，才能如空潭印月，映照万物，直观宇宙自然、天地万物的生命本原。后来的道家哲人整个汲取了这一美学精神，提出“泯外守中”、“冥心守一”、“系心守窍”等修炼功法，要求精神内聚，思想集中，抱元守一，返观内照，通过精神和意念的锻炼，以使生理和心理状态得到调节与改善。这也就是“复归于朴”的学理依据。可以说“朴”就是“清静”、“虚静”。所谓“人能以气为根”（《老子河上公章句·守道章》），天地万物都是由“气”所构成。既然气是人与万物的生命之根，那么，审美者构筑心性的基本手段与法则就是清心正定，排除邪想杂念。只有澄神安体，意念守中，在高度入静中达成万念俱泯、一灵独存的境地，这样始能内视返听，外察秋毫，感悟到人自身与宇宙自然的生命精微。此即《老子想尔注》中所谓“清静大要，道微所乐，天地湛然，则云起露吐，万物滋润”，“情性不动，喜怒不发，五藏皆和同相生，与道同光尘也”。收敛感官，神不外驰，在情绪与心理上实现自我控制和解脱，专诚至一，是养精炼神的基本要求。在以道家美学为核心的中国美学看来，人的意念活动是最富于能动性、高度自主的。气和安定，闲静介洁的心境，可以保证意念活动的专一，有利于体内的气体流程和气的运行，也有利于人与自然之间元气的交换，因而能强化主体自身的生命运动；反之，则将会导致人体内部气机运行混乱，阻塞天人交通的渠道，从而损害自身的生命运动。故而，老庄美学认为，修炼身心的第一要旨就是清净心地，冥目静心，敛情摄念，息业养神，以遵循人体生命整体观的自然规律，自觉地、能动地运用自己的意念，内而使神、气、形相抱而不离，外而与天相通，茹天地混元之气以强化自身的生命运动，变人的潜能为自为的智能，进而内外交融，天人合一，返归天道。这种专心一意，使形身精神相抱相依，合而为一，亦就是道家美学所谓的“守一”。《太平经》指出：“守一复久，自生光明，昭然见四方，随明而远行”；“使得上行明彻，昭然闻四方不见之物，希声之音，出入上下，皆有法变”，以达成“行天上之事，下通地理，所照见所闻，目明耳聪，远和无极去来事”；“开明洞照，可知无所不能，预知未来之事，神灵未言，预知所指”。就道家美学来看，通过“抱中”、“守一”，则能在审美体验中洞照天地上下，人身内外，深入宇宙万物的底蕴，直观生命的本原，从而回归到混融滋蔓的宇宙万物构成之原初域。由此不难看出，以老庄美学为起源的道家美学所强调的这种“见素抱朴”、“冥心守一”、专心专意的意念活动具有高度的集中性与明确的指向性。其从修养心性入手，进而达成“明心见性”、返朴归真、返根体道的还原思想与

“朴”之境域论所规定的内容是相通相关的。

其次，“安静闲适”的心境与“朴”之构成性境域相似。从审美创作的视角来看，“朴”之境域论要求审美者进入心灵体验活动之先应当“澄心端思”，即切断感官与外界联系，排除外在干扰，中止其他意念活动，使意识思绪集中到一点，进入一种虚静、空明的心理状态，以获得“内心的解脱”。王梦简说：“先须澄心端思，然后遍览物情。”（《诗学指南》卷四）进行心灵体验活动的流程是“心”、“思”、“神”、“想”，是心灵的契合，因此，审美者在心灵体验活动中必须具有心灵的自由。“遍览物情”与“妙悟自然”的审美创作活动离不开心灵的活力与心灵的能动，心灵自由是心灵体验活动达成“真淳古朴”之境域的前提，而“澄心端思”，澄怀净化，忘知虚中，构筑出空明虚静的心理空间，则是对心灵的解放。只有这样，审美者才能在心灵体验活动中最大限度地发挥心灵的活力，去“凝神遐想”以领悟宇宙人生的妙谛。庄子指出：“虚者心斋也。”（《庄子·人间世》）通过“澄心端思”，可以使心神凝聚，意识集中，使自己达成空明虚灵、真淳洁朴的构成性境域。从这里我们可以看出，“朴”之境域论所主张的“澄心端思”实际上是虚以待物、以静制动的审美构成态势，它是一种高度平衡的心理构成状态。这种构成状态相似于道家美学所谓的通过“抱一”、“守中”、“心斋”、“坐忘”、“冥心守一”、“系心守窍”达成“安静闲适，虚融澹泊”的“自性”、“本心”，也就是老子所说“如婴儿之未孩”“比之赤子”的归复本初，犹如初生婴儿的原初纯构成态。应该说，无论是身心修养还是心灵体验，只有达成这种存在性境域，“用心不杂”，“其天守全”，克服其主观随意性，“不牵于外物”，“复归于朴”，顺应宇宙大化的客观规律，在自然的徜徉中，逍遥无为，物我两忘，才能与造化融汇为一，直达道的本体，以达成人最真确的自身生命存在性境域呈现。

故而，道家美学提倡“弃欲守静”、“复归于朴”，认为保持虚空明净、无欲无念的构成境域是修养心性，直达万化生命本原，达成“朴”与“真”境域的重要途径，所谓“学道之初，在于收心离境，入于虚无，则合于道焉”。“收心离境”，就是指涤尽心中尘埃，洗却烦忧，超脱于纷纷扰扰的世事，摆脱与功名利禄等私欲相关的物的束缚，只有这样，才能创构出一个明净澄澈、虚灵不昧的性灵心空。只有“心静”、“心定”、“心明”，破除烦恼，不为物欲所役使，虚静至极，始能使精、气、神与形相合，身心一体，形神依存，返朴归真。因此，去物去我，使纷杂定于一，躁竞归于静，澡雪精神，“收心离境”，“复归于纯静”，是道家美学所追求的炼养身心，开发智能，陶冶性情的特定的心理境域。扫除不洁，净化心灵，产生一个虚灵清明、神静气通的心灵空间，从而才能使自己的心性、意识、精神状态复归到与小孩一样无分别、平等、真率的纯朴、天然心域，使心灵得到净化、情性获得陶冶，真正达成达道、合道，与“道”融通合一的“朴”与“真”审美境域。

以老庄为首的道家美学所注重的这种“朴”之境域缘在构成论不但规定审美者在进入心灵体验之先必须“澄心端思”，而且还要求“澄心静怀”，以摆脱与功名利禄相干的利害计较，营构出一个清静虚明、无思无虑的心理空间。徐上瀛说：“雪其躁气，释其竞心。”(《溪山琴况》)沈宗骞指出，在进入心灵体验活动时，审美者必须要“平其竞争躁戾之气，息其机巧便利之风。……摆脱一切纷争驰逐，希荣慕势，弃时世之共好，穷理趣之独腴”(《芥舟学画编》卷一)。只有经过“澄心静怀”，摒弃奔竞浮躁、汲汲以求的意念，做到无欲无私，少思少虑，胸无一丝俗念，才能在心灵体验活动中超越自我，通过直觉观照与内心体验，体味到宇宙自然的“大美”，感悟到审美对象中所蕴藉的深远生命内涵和人生哲理。

应该说，老子所主张的虚静淡泊、返朴归真的人生理想，以及庄子所推崇的静以体道，游于无穷与“朴”之境域缘在构成论所规定的内容是相互沟通的。审美创作构思中，“澄心端思”，实现心灵的自由、专一和“澄心静怀”，超越名利、好恶得失等世俗杂念，保持心灵的净化与空明，从而才能于心灵观照中达成与宇宙自然合一的“真淳洁朴”境域，创作出艺术珍品。

三

在这里，还应该注意到一个事实，即道家美学对“朴”之审美境域的推崇和中国人因情适性、“天人合一”的审美观念分不开，并建构在道家美学“道”论的深层审美意识之上。

所谓“道”论，是道家哲人提出的一种思想。“道”先于自然万物，为自然万物纯构成的本源，是“道”论中最重要、最基本的含义。作为万物构成本原的道，它生成宇宙自身所固有的生命力和创造力。张祥龙指出：“对……老庄而言，这最终的根源都不是任何一种‘什么’或现成的东西，而是最根本的纯境域缘在构成。”“老庄的‘道’也同样不是任何一种能被现成化的东西，而是一种根本意义上的‘湍流’，总在造成新的可能，开出新的道路。”①换言之，“道”是一切生命的总源泉总生机，万物发生构成于“道”，又内含着“道”而得其生命之常。在老子看来，作为万物发生构成本原的“道”，不能说它有，因为所谓境域就是在终极处的发生构成，所有的现成存在性都不能达成本源境域，“道”不是现成的物，无形无象。又不能说它无，不能说它可以独立于万事万物而“生出”万事万物，因为它缘于有而成就

① 张祥龙：《从现象学到孔夫子》，商务印书馆 2001 年版，第 196 页。

有，所以老子指出“有”与“无”“同出而异名”，以构成异彩纷呈的动态世界。所以“道”体是无，“道”用是有，“道”是无与有的统一，两者同出而异名。既然“无”是天地的原始；“有”是万物的根本，因此，应当从无形无象处去体悟道的微妙，应当与“道”所呈现出的缘在构成，而进入“朴”、“真”等审美域。

所以，在中国美学看来，任情率性，顺心随意，“还原”到“自我”，以“与天同”、“与天地参”、“万物与我为一”，其本身就是一种纯粹的终极构成域。所谓“万物与我为一”的“一”，即“道”，也即“本根”，即宇宙万物所发生构成的终极境域。庄子云：“天下莫不沈浮，终身不固；阴阳四时运行，各得其序。惛然若亡而存，油然不形而神，万物畜而不知，此之谓本根，可以观于天矣。”(《庄子・知北游》)天地的发生构成与聚合变化，都可以追问到“本根”这一所在。“本根”可以简称为“本”，而“本”也就是“一”。《淮南子・诠言训》云：“夫无为，则得于一也。一也者，万物之本也，无敌之道也。”从道家的“道”论看，“一”就是“道”。作为大道本体的“无”，也是“道”，和“一”相同，都是宇宙原始的纯粹构成本源，此原始之构成本源并非绝对的空无，它朦朦胧胧、混然一体，其中包孕着生成天地万物的基因，这就是“精”。因此，“道”，看起来什么也没有，虽可称为“无”，实质上则是有无一体。说它是“无”，只是相对于天地万物而言的，而不是说它不存在。它是一种无形无象、无分无界、朦胧不清、混然一体的东西。正因其无分无界，混然一体，所以可称其为“一”。这样一来“一”就从“无”中生发了出来。老子把这个流程称为“道生一”，体现了“道”的这种纯构成性。在自我的构成之中，“道”逐渐生成为阴阳二气，这就是老子所谓的“一生二”。“二”就是阴阳。阴阳间的对话交流，犹如强大的动力，激活并构成了宇宙间的“精”，从而生发构成天地与人，所以说天地与人与“道”并存，老子把这个流程称为“二生三”。所谓“三”指天、地、人三才。宇宙万物得以发生构成，是通过“道”的生发与阴阳运动生成，因此老子把这个构成式称为“三生万物”说，“万物负阴而抱阳，冲气以为和”(四十二章)。作为天地万物原构成境域的“道”，具有能生而又不被生的永恒不息动力，其表现特征为空灵、自然、无为、素朴。正是在此意义上，老子认为，人道在于天道，应追随天道。而天道即自然质朴之“道”。这样，人就不能背离自然。人应按照自然无为的原则，以实现自身的人生价值。表现在审美活动中，要生成并显现这种宇宙之美，就必须“绝圣去智”、“无知无欲”，在“虚静”的自由境域中，让心灵自由飞翔、穿越，以超越有限的、具体的“象”，而体悟到“道”——这种宇宙生命的精深内涵和幽深旨意。也正由于此，老子讲“我自然”、“道法自然”、“无为”与“涤除玄鉴”，庄子则追求“逍遥游”、“无待”，讲一个“忘”字，如“坐忘”、“相忘于江湖”等等，追求“得道”，以获得心灵的精神自由。所谓“得道”或者“知道”的“道”就是“自然”，也就是“自由”,亦即庄子所谓“在宥”(“在宥”理当读为“自由”)。但道家的“自然”并非今天存在意义上的“自然”,不是作为科学和“人”实践层面上的客体的存在自然,而是本然自在、天道自然。老子云:“人法地,地法天,天法道,道法自然。”(二十五章)这里的“自然”,其意义是本然、天然、自然而然。河上公注本云:“‘道’性自然,无所法也。”①董思靖注云:“‘道’贯三才,其体自然而已。”吴澄说得更明确:“‘道’之所以大,以其自然,故曰‘法自然’。非‘道’之外别有自然也。”童书业说:“所谓‘道法自然’就是说道的本质是自然的。”冯友兰认为:“道之作用,并非有意志的,只是自然如此。故曰:‘人法地,地法天,天法道,道法自然。’”②陈鼓应注曰:“‘道’纯任自然,自己如此。”可见,“道法自然”的实质就是“道”就是“自然”。就是“自然而然”、“顺其自然”,就是本然、本来如此、“自己如此”,也就是“如其所是”。自然界是本来如此的,人也该是本性如此的。既没有上帝的安排,也没有社会当中的种种矫揉造作。自己如此,也就是“天性”或纯真质朴“本性”,就是“真”与“朴”。所以,“道法自然”与“复归与朴”其实是相通的。“朴”之为天性、本性、本真,也是一种“自然”。就现象学意义而言,“道法自然”、“复归与朴”则是生命质朴本真的显现,是依生命的实际冲动势态而缘在境域式地纯真构成,其表征则为“真”,为“朴”。

这种返朴归真、“道法自然”、“无为”、“涤除玄鉴”和“逍遥游”、“无待”,自然而然,“返朴”、“复朴”、“归朴”以“得道”的缘在构成,显现于文艺创作中,则是顺应万物、“以天合天”,心物交融,最终实现天人合一的审美境域缘在构成活动。其根本特征是因情顺性、自然而然、心源和造化之间的互相触发,互相感会。也正由于此,中国美学特别强调创作者遇景起兴、即目兴怀,强调无心偶合、不期然而然,去与物悠游,以心击之,在顺情任性的构成态势中随大化氤氲流转,与宇宙生命息息相通,随着心中物、物中心的相互构成,最终趋于天地古今群体自我一体贯融,一脉相通,以实现心源与造化的大融合。

故而,中国美学缘在构成论注重顺应万物、“见素抱朴”、“以天合天”、“目击道存”,要求文艺审美创作者走进自然山水之中,以自然万物为撞击自己心灵、激发审美创作欲望和冲动的重要契机,为产生灵感兴会的渊薮,心游目想,寓目入咏,即事兴怀。老子说:“知其雄,守其雌。”(二十八章)“弱之胜强,柔之胜刚。”(七十八章)“致虚极,守静笃。”“归根曰静,是曰复命。”(十六章)在老子看来,自然万物、宇宙天地都是运动变化的,这种运动变化又是循环反复的,“道”的构成性

① 陈鼓应:《老子注释及评介》,中华书局1984年版,第168页。
② 冯友兰:《中国哲学史》上卷,中华书局1992年版,第219页。

特点,就是要使自然万物运动变化发展到它的极致。而所谓自然万物运动发展的极致,也就是向静的方面的复归,是“复归其根”、“复归于朴”。这实际上也就表明,宇宙自然中在动与静的关系上,动是暂时的,静才是根本,故而老子贵柔主静。老子认为,“道”的构成态势也就是自然,大地自然都是由“道”所生成,并由“道”所构成而变动不居,周而复始,自在自由的。

人道中体现天道。郭简认为,“天型成人,与物斯理”、“天生百物,人为贵”(《语丛三》),即人和万物均是天所生,来源相同,也有相同之理。但人毕竟是人,是万物中的贵者,具有区别于万物的、人之为人的独有之质。人道之中既有和万物同理的天之道,也有人所独有之道,“人之道也,或由中出,或由外入”(《语丛一》),人道既是从天而入,也是人身固有。所谓“道者,群物之道”(《性自命出》)不存在天有天的道,人有人的道,而是一个道。因为人和天是合一的。“性自命出,命自天降。道始于情,情生于性。始者近情,终者近义,知情者能出之,知义者能入之。”(《性自命出》)人的本性出自命,命源自天。人道本于天道,构成于天道。天道即自然素朴之道。人道从自然素朴之道构成而来,最终归结于天道。因此,审美活动的要旨就在于遵循宇宙自然、社会人事自在自为的构成态势,让自己的心灵遍及万物,与天心相通,与万物一体,进而达成“天人合一”,“万物皆备于我”的“真”、“朴”构成域,直觉地体悟到宇宙、自然深处活泼泼的生命韵律,从而实现人生与精神的自由与自在。

第五节 “化”与“化生”

“化”是贯穿中国古代哲学、美学的一个重要范畴。中国传统美学认为,“道”(气)是宇宙万物的最初形态,世间万物都是由“道”(气)自明地给出与存在性显现,是“与天地共生”、“淡然无极”、“道”(气)构成万物的构成态表征为“化”。因此,在中国美学范畴里有很多都是由“化”所构成的范畴,如化生、化合、化育、化物、化感、化元、化化等,这些范畴总是天然淳朴、恍惚而来,都来自于一种构成域。这种构成域,在审美创作层面来,是通过“化”来实现的,在审美心理层面讲,是通过澄心静虚、心游目想,顺应自然,直观体悟得到的。

中国美学之“化”之域的构成要求文艺创作追求一种缘在构成域而非仅仅停留于“美”的层面。在审美者方面,推崇心与物、情与景、意与象的相交相融,人完全融入审美对象之中物我不分,在“化”之域的创构方面则推崇自然天成。其审美特色是在一种大化流行中感受到宇宙万物的生生不息,“行到水穷处,坐看云起时”、“感时花溅泪,恨别鸟惊心”的一种纯粹的自然之美。清代石涛在《石涛画语录》中称自己的画是“搜尽奇峰打草稿”,并能够“以一画测之,即可参天地之化育”。应该说,石涛的“一画”也就是打破混沌的“一化”,也只有通过这动态的“一化”,才能使万物“化生”、“化合”。

作为范畴,“化”最初见于《周易》。《周易·系辞传》云:“天地氤氲,万物化醇,男女构精,万物化生。”①“氤氲”、“化醇”、“化生”是《周易》中所提出的关于中国哲学基本特征的最具有代表性的观点,即认为人和自然界的万物都是由阴阳二气氤氲化醇与化生而来。作为一个美学范畴,“化”内容丰富而复杂。在美学层面上,“化”可以导出“化生”。这里旨在从对“化”范畴导出的“化生”审美范畴作一分析。

一

所谓“化”,古字为“匕”。《说文》云:“匕,变也。”徐灏解释:“匕化古今字。”《说文解字》释“匕”云:“变也,从到人。”又云:“上匕之而下从匕谓之化。”这就是说,从字形构造看,“化”字的构成是一个正立的人和一个倒立的人,两个互“到”人、变化人,相倒背之形,一正一反,以示变化,指事物形态或性质的改变。可见,就原初义看,“化”就是“变化”的意思。《周易·系辞传》云:“知变化之道。”虞注云:“在阳称变,在阴称化,四时变化。”荀注:“春夏为变,秋冬为化,坤化为物。”《礼记·乐记》云:“和故百物化焉。”《荀子·正名》云:“状态而实无别而为异者谓之化。”注云:“化者改旧形之名。”《国语·晋语》云:“胜败若化。”注云:“言转化无常也。”《吕氏春秋·察今》云:“因时而化。”《国语·晋语九》云:“雀入于海为蛤,雉入于淮为蜃。鼋鼍鱼鳖,莫不能化,唯人不能。”《礼记·中庸》:“动则变,变则化,唯天下圣诚为能化。”孔颖达疏云:“初渐谓之变,变时新旧两体俱有,变尽旧体而有新体谓之为化。”《荀子·七法篇》云:“渐也,顺也,靡也,久也,服也,羽也,谓之化。”《荀子·不苟篇》云:“神则能化矣。”《礼记·中庸》云:“变则化。”刘勰《文心雕龙·指瑕》云:“斯言一玷,千载弗化。”这里的“化”,应该指质变。“化”又引申为教行、迁善、融解、性质或形态改变等义,如变化、分化、教化、熔化、融化、潜移默化等,有改变人心风俗,教育的意思。《周礼·大宗伯》云:“以礼乐合天地之化。”《周易·乾》云:“善世而不伐,德博而化。”又有受感化、受感染的意思。《吕氏春秋·大乐》云:“天下太平,万物安宁,皆化其上,乐乃可成。”白居易《丘中有

① (唐)孔颖达:《周易正义》,《十三经注疏》,中华书局1979年版。

一士》之二云："所逢苟非义，粪土千黄金。乡人化其风，熏如兰在林。"李如篪《东园丛说·语孟说·瞽瞍底豫》云："夫人日与善人居，则不能不化而善，与恶人居，则不能不化而恶。"就汉语史看，"匕"字在甲骨文时代就已经存在。作为"化"，是女人做母亲生下来的孩子，可一变二或更多，亦可变女为男，指"人"的生育变化，所以说"化"又是女人的象征。《说文解字》释"化"云："教行也。"父母亲生下了孩子，也就将自身"化"为下一代，因而就要"教"。《吕氏春秋·士容》"淳淳乎纯谨畏化"注云："教也。"由此，"化"又引申为化声、化行、化诲、化雨、化作、化物、化气、化光、化向、化流、化俗、化服等。

正由于"化"象征女性，所以，从原初义看，"化"又为"生"、"生生"。《周礼·柞氏》云："若欲其化也。"注云："犹生也。""化"为生长、化育。《礼记·乐记》云："乐者，天地之和也……和，故百物皆化。"郑玄注云："化，犹生也。"董仲舒《春秋繁露·人副天数》："天德施，地德化，人德义。"秦观《论变化》云："变者，自有入于无者也；化者，自无入于有者也……是故物生谓之化，物极谓之变。"又指化生之物。《礼记·乐记》云："鼓之以雷霆，奋之以风雨，动之以四时，暖之以日月，而百化兴焉。""化"为生，所以"化"又为造化、"百化"，即生生不已的万物自然。同时，"化"又为生成宇宙万物的原初域"道"及其构成态势。《素问·五常政大论》："化不可代，时不可违。"《吕氏春秋·似顺》云："有知顺之为倒、倒之为顺者，则可与言化矣。"高诱注云："化，道也。"陈奇猷校释云："化者，日后必至之势。"陶潜《归去来兮辞》云："聊乘化以归尽，乐夫天命复奚疑?"权德舆《从事淮南府过亡友杨校书旧厅感念愀然》诗云："故人随化往，倏忽今六霜。"王夫之《读四书大全说·孟子·万章下》云："化自有可知者，有不可知者。如春之必温，秋之必凉，木之必落，草之必荣，化之可知者也。""化"又为融合、融化。《管子·形势》云："道往者，其人莫来；道来者，其人莫往。道之所设，身之化也。"尹知章注云："道者，均彼我，忘是非，故无来往之体。然道之所设，身必与之化也。"又为化元，即造化的本原。又为化化，化其所化，感化外物。《文子·守真》云："夫生生者不生，化化者不化，不达此道者，虽知统天地，明照日月，辩解连环，辞润金石，犹无益于治天下也。"《列子·天瑞》云："不生者能生生，不化者能化化。"张湛注云："不生者固生物之宗，不化者固化物之主。"宋祁《宋景文公笔记·庭戒诸儿》云："吾有大患者为吾有身，生生者不生，化化者不化，然其清净可以治人。""化"又为化生，即化育生长、变化产生。《周易·咸》云："天地感而万物化生。"葛洪《抱朴子·讥惑》云："澄浊剖判，庶物化生。"《资治通鉴·晋惠帝元康七年》云："阴阳恃以化生，贤者恃以成德。"纪昀《阅微草堂笔记·滦阳消夏续录三》云："此化生自然之理，非人力所能为。"又为化物，即化于物。谓被外物所同化。《礼记·乐记》云："夫物之感人无穷,而人之好恶无节,则是物至而人化物也。人化物也者灭天理而穷人欲者也。”孔颖达疏云:“外物来至,而人化之于物,物善则人善,物恶则人恶,是人化物也。”“化”又为感化外物、化育外物。《淮南子·俶真训》云:“夫化生者不死,而化物者不化。”高诱注云:“化生者天也,化物者德也。”《淮南子·本经训》云:“阴阳者承天地之和,形万殊之体,含气化物,以成埒类。”又为化育,化生长育。《礼记·中庸》云:“能尽物之性则可以赞天地之化育,可以赞天地之化育则可以与天地参矣。”《孔子家语·本命解》云:“群生闭藏乎阴而为化育始,故圣人因时以合偶。”苏轼《御试重巽申命论》云:“天地之化育,有可以指而言者,有不可以求而得之者。”郑燮《潍县署中与舍弟墨第二书》云:“夫天地生物,化育劬劳,一蚁一虫,皆本阴阳五行之气絪缊而出。”“化”又为化境,即自然精妙之境域,为最高的审美境域。王士祯《香祖笔记》卷八云:“舍筏登岸,禅家以为悟境,诗家以为化境,诗禅一致,等无差别。”陈廷焯《白雪斋词话》卷三云:“哀艳而超脱,直是坡仙化境。”

二

在中国美学,自然万物就是作为原初构成域的“道”氤氲生化的形态化呈现。而这个生化的流程就是化元、化化,化生自然、化其所化,化生长育、感化外物。老子云:“天下之物生于有,有生于无。”①“道生一,一生二,二生三,三生万物。”(四十二章)显然,这里的“一”指由“道”所生化而成的阴阳未分的混沌统一体,古代哲学家又称此为元气、太极;“二”则指由元气所分化而出的阴阳二气和天地;“三”指由阴阳二气相摩相荡、相生相养而成的和气。也就是说,“一”、“二”、“三”都属于生命美学中“有”的范畴。由此可见,在老子存在论美学中,化生“一”的“道”,就是化生“有”的“无”,“道”和“无”都属于同类同列的审美范畴。作为美的生命本体,“道”是幽隐无形的存在,是“玄之又玄”的“众妙之门”,它“无状之状”、“无物之象”,是高度抽象和不可感知的,故可以称之为无。但是,这并不意味着“道”是绝对虚无,它虽幽隐无形,可是“其中有象”、“其中有物”、“其中有精”,是真实美妙的生命存在,故可以称之为有。“有”与“无”统一于“玄之又玄,众妙之门”的“道”,于是,审美活动主体便可以“无”体悟“道”的奥妙,从“有”体验“道”的审美效应,以获得生命的微旨。

在老子存在论美学中,同“道”密切联系的是“气”。老子说:“万物负阴而抱阳,冲气以为和。”(四十二章)天地万物和整个宇宙世界是由阴阳二气交感化合生

① 陈鼓应:《老子注释及评介》,中华书局 1984 年版。

化所成的。对此,《淮南子·天文训》解释云:“道始于一,一而不生,故分而为阴阳,阴阳和而万物生。”应该说,无论是“一”或“有”,都是指“道”所生的阴阳混沌一体的元气。这种混沌的气生化为阴阳二气,阴阳二气和谐、协调、相适,才能相生相化,从而化生宇宙间的万事万物。

故《易传》提出“阴阳合德,刚柔有体”的命题,来揭示主体审美个性与审美意趣的差异及其形成原由。“阴阳合德”中的“阴阳”,指生成与化育万物的两种气;“德”则是指万物得之于“气”并使万物得以存在、发展的属性和功能。依照中国传统的宇宙意识,世界上的一切,包括自然、社会、人身,所谓天、地、人三才,均为阴阳二气交感化合的产物。诚如《老子》所说:“万物负阴而抱阳,冲气以为和。”“气”连绵不绝,充塞宇宙,施生万物而又不滞于物。大自然中的云光霞彩、高山大海、小桥流水、珠玉贝壳、花草鸟兽;社会生活中的仁义礼乐、政令农事、人情事态、歌舞战斗;“人”自身的滕理五脏、四肢百骸、生命机能、心性思维等等,都是由气化生化合,都包含着阴阳的属性。阴阳二气相互补充、相互转化,才能生育化合出万物。也正是由于阴阳二气的互待、互透、互转、互补,相互激荡,往返循复,从而构成万事万物生生不息的属性。在中国美学看来,宇宙大化的生命节奏与律动,人心灵深处的节律与脉动,都是源于阴阳二气的相互化合作用。这种“阴阳”之审美意识与审美观念渗透在自然美和艺术美的全部审美缘在构成域之中。正如孔颖达在《周易注疏》中所指出的:“天下之万声,出于一阖一辟;天下之万理,出于一动一静;天下之万数,出于一奇一偶;天下之万象,出于一方一圆;尽起于乾坤二画。”所谓“乾坤二画”,乃是指《周易》的阴交、阳交,就是阴阳,也即阴阳二气。“阴阳者,气之大者也。必谈阴阳者,天之气也。”万物是阴阳二气交感的产物,“人”亦是阴阳气化而生。《淮南子·天文训》云:“阴阳合和而万物生。”《精神训》云:“于是乃别为阴阳,离为八极,刚柔相成,万物乃形。烦气为虫,精气为失。”

即如周敦颐的《太极图说》所指出的:“无极而太极。太极动而生阳,动极而静,静而生阴,静极复动。一动一静,互为其根。分阴分阳,两仪立焉。是故易有太极,是生两仪。”阴阳二气交感,化生万物。万物生生,由此而变化无穷。而在中国美学,所谓阴阳混沌一体的元气,既为“道”所内在具有,又为道所生,故又为“一”。“一”所生化,则为阴阳二气;阴阳二气氤氲化合则为天地万物。因此,可以说整个宇宙世界、万事万物都为“道”所生、所化。由此,在中国美学,正是由于作为宇宙原初构成域“道”的作用,才有了充塞于宇宙之间,贯注万物,周流六虚,大化流行,生生不息的生命力量。即如韩非子所说:“道者,万物之所然也,万理之所稽也。理者,成物之文也,道者,万物之所成也。……稽万物之理,故不得不化,不得不化故无常操。无常操是以死生气禀焉。万智斟酌焉,万事废兴焉。天得之以高,地得之以藏,维斗得之以成其威。日月得之以恒其光,五常得之以常其位,列星得之以端其行,四时得之以御其变气:……万物得之以死,得之以生,万事得之以败,得之以成。"(《韩非子·解老》)道是万物的生命光辉成败、生死、盛衰的根本原因。它使万物周流不息,盈盈不衰,"不得不化";它给万物带来生命,使天、地、日、月、星以及世间的一切进入生灭、有无、盈虚的变化之中。而这所有生灭、有无、盈虚的变化,在中国美学,则为"化"、化生、化合、化醇、化物、化气。

三

"化生"又称为"气化"、"道化"。"道"(气)都是对宇宙本原,即"天下母"、"天下之大美"的称谓。在老子看来,"道"(气)是宇宙万物共同的本原,决定着万物自然的著变渐化与往来不穷。而"化"则是把这种幽微深远的生命本体在个体中呈现。古人就是根据"男女构精,万物化生"能繁衍后代直接推出天、地之交能化生万物之理。《周易》中有言:"一阴一阳谓之道。"老子中的"化生"以及周易哲学中的"阴阳"范畴都是以"观我生"、"观其生"(《周易·观》)为终极关怀。即对人生命的高度关注,把天、地、人一体的宇宙视为一个大生命系统,从而提出了"天地之大德曰生"、"生生之谓易"(《周易·系辞传》)的观点,要求通过直观领悟这个生命系统的"易道",即天道、地道,尤其是人道;它让我们倾听"道言",然后"言道",从而在人道与人事融会贯通中,求得天人之际和谐、人际和谐。因此,这里主要从生命哲学、美学的角度来谈论"化生"理论。

(一)"化生"审美意识的纵向发展

"化生"审美意识的初源要追溯到《周易》。《周易·系辞下》里解释损卦九三辞时提出:"天地氤氲、万物化醇、男女构精、万物化生。""氤氲"又为"絪缊",陆德明《经典释文》解释:"絪,本又作氤,同,音因。缊,本又作氲,纡云反。"李鼎祚《集解》引虞翻云:"天地交,万物通,故'化醇'。"孔颖达《疏》云:"絪缊,相附着之义。言天地无心,自然得一,唯二气絪缊,共相和会,万物感之,变化而精醇也。天地若有心为二,则不能使万物化醇也。"朱熹《本义》云:"絪缊,交密之状。醇,谓厚而凝也,言气化者也。"来知德《集注》云:"絪,麻线也。缊,绵絮也。借字以言天地之气缠绵交密之意。醇者,凝厚也,本醇酒,亦借字也。天地之气本虚而万物之质则实,其实者乃虚气之化而凝,得气成形,渐渐凝实,故曰'化醇'。"王夫之《内传》云:"絪缊,二气交相入而包孕以运动之貌。"高亨《大传今注》云:"絪缊借为氤氲,阴阳二气交融也。"这些说法尽管略有差异,但于"絪缊"则异曲同工。"氤氲"是指原始混沌之气。所谓"天地氤氲、万物化醇",是指天和地通过氤氲的"气"交合而生成万物。所谓“男女构精,万物化生”,则是指男女两性的精气融合,从而生成万物。《易传》认为,有天地然后有万物,有万物然后有男女,有男女然后有夫妇,有夫妇然后有父子,有父子然后有君臣。所以天地是万物、男妇、夫妇的始祖。在此,天地“化生”万物被表征为一个絪缊生生的动态流。这个流程中有许多环节,而且也有多种要素或对立成分的化合,从而构成了物自身的生生不息。古人理解万物生成的流程是直观地从男女交合繁衍后代的事实中推衍出来的。《周易》的这种思想为中国生命存在论哲学奠定了基础,影响了后来整个中国哲学。在中国历史上,不同时代的哲学家、美学家所面临的时代课题各不相同,但我们不难发现,他们的致思取向有惊人的相似性。在《周易·咸》中有云:“天地感而万物化生。”这里的天对阳、地对阴,这一阴一阳相交,天地万物就化生出来。“化生”范畴的内容,就是一种生命关怀。

进入子学时代,诸子百家无不以“化”作为宇宙万物产生的原动力、为生命生命生化流的中心议题。《庄子·大宗师》里有:“况万物之所系,而一化之所待乎?”所谓“一化”,也就是宇宙万物的生化流及其韵律。《管子·形势》里云:“道往者,其人莫来;道来者,其人莫往。道之所设,身之化也。”尹知章注:“道者,均彼我,忘是非,故无来往之体。然道之所设,身必与之化也。”正是这种恍兮惚兮的无来往之体的“道”,也就是“无”,是人的心灵所能把握的具体存在物,它是一种超越“人”的一切感知觉的感知觉。也正是因为道的这种独特性,它成为孕育生命的一个大母体。这种孕育性也被称为“化生”性,可见,“化”导生出来的“化生化育”是具有生命意义的。董仲舒在《春秋繁露·人副天数》中说:“天德施,地德化,人德义。”汉代王充在《论衡·自然》中说:“天地为炉,造化为工。”天地实为自然,“工”即是根本,也就是说“化”展示了大自然的生命韵律,又复现了天地、阴阳、刚柔等相对立的万物的化生化合。

魏晋南北朝是一个文学自觉的时代,人们的生命忧患意识再次突显。陶渊明《归去来兮辞》云:“聊乘化以归尽,乐夫天命复奚疑?”这里的“化”带有浓重的生命忧患意识,带有与天地同“化”的义域色彩。魏晋道教哲学追求得道成仙、长生不死,这其实也就是一种个体的生命关怀。葛洪《抱朴子·讥惑》云:“澄浊剖判,庶物化生。”也提出“化生”思想。

就其学理的脉络而言,宋明理学无疑是此前的中国生命结构哲学的逻辑展开和深化。程朱理学的核心范畴是“理”或者“天理”,实即仁义礼智的伦理规范。朱熹在《朱子语类》中说:“阴阳变化无穷,而物得因之以生。”强调世间万物都是因阴阳二气而化生。

(二)"化生"审美意识的横向发展

1. 儒家的"化生"

这里的"化生"思想主要涉及儒家著作《易传》中的生命美学。《周易·系辞传》云:"生生之谓易。"可以看出,"化生"应为《易传》的中心范畴,表征着宇宙万物的"生命生化动态流程"。对此,孔颖达曰:"生生,不绝之辞。阴阳变转,后次于前生,是万物恒生,谓之'易'也。"这其实表明的就是"易"为生命生化动态流程之道,所谓"生生不绝"、"阴阳变转"、"万物恒生",表征着宇宙万物生生不已的生命之流。中国美学的终极关怀是生命关怀,而"化生"范畴则生动地表征了这种生命关怀。《周易》作为儒家的代表作,以"阴阳"为宇宙之初,以"化生"作为万物生成的原初动力。从根本上来说,"阴阳"并非实体,而是一种生命生化动态流,这种阴阳二相对立的生命生化流,通过"化生"变成一种生命生命生化流。这种生命流是一种整合人在内的宇宙万物大生命的生生不已。在以"天人合一"思想为基础的中国美学,不是以"美"为自身艺术追求的最高目标,而是把缘在构成域作为艺术领域的最高追求。对缘在构成域追求其实质也是对生命的追求,也就是通过对个体生命的感悟达成对大宇宙生命的感悟。

《周易》以静态"阴阳"的生命生化流为说,但大千世界,无限宇宙却是一种动态的流行,循环往复,生生不已。这种静态向有节韵、节律的动态的转变是通过宇宙间的"大化"流行实现的。"阴阳化生"生命生化流由静态向动态的转化,是一种"公理式方法"的转化,或者是"准公理式方法"的转化。这种公理方法是一种自然而然、无为而自为的显现。"化生"审美意识是中国美学的润滑油,它使对立面相融相契。

2. 道家的"化生"

道家关注个体生命、贵生,是典型的个体生命美学。老子"道生一"的"生"就是"化生"之义。道的根基为一,一为原始气,气又分为二,即阴阳二气,阴阳二气相互作用又化生出世间的万事万物。《中和集·卷一》云:"形形相授,物物相孕,化化生生,奚有穷尽。"宇宙万物的这种循环是无穷尽的,这种无穷尽是因为物与物的相孕、形与形的相授,这种化化与生生之间,使宇宙流动生生不息,永不停息。在道家眼中,他们也相信宇宙的万物都是由"道"(气)化生而来的。无论是在道家还是道教的思维中,对"生"都有一种极大的崇拜。"生"给人一种积极的审美性,中国古代对"生"的崇拜也就是简单地对应为对"生殖"的崇拜,在道家的文献里,人之所以是万物之最灵,就是因为人也具有这种繁衍后代的生殖能力,把这种自然形态的"生",放在对宇宙万物的生之源的追溯就是"化生"。也就是能"万化生乎身,变在其中"。《说文解字》释"一"字条中有这样的表述:"惟物太极,道立于一,造分天地,化成万物。”太极也就是虚,但这个虚不同于绘画中的“虚实生白”的虚,而是一种“无”的呈现,按许慎的解释,万物的“有”,是由宇宙的“无”化生而来的,庄子在《至乐》篇中对万事万物生成的流程有其自己独到的论述,他说:“察其始而本无生,非徒无生也而本无形,非徒无形也而本无气。杂乎芒笏之间,变而有气,气变而有形,形变而有生。”就是说观察万事万物的本来原初状态并不是有形有体状,而是混沌,这种混沌也不是所谓的元气,而是在“杂乎芒笏之间”,混沌“化”为元气,元气变化为有形体,有形体又化生出宇宙的万物。“化生”这一范畴作为宇宙间万物生成的契机,不仅具有本体论意义上动态的化流程,而且在道家的文化视野中有其特殊的意义生成。庄子是道家的代表人物,他追求养生、逍遥、快乐。《庄子・至乐》云:“两无为相合,万物皆化生。”就是说,天与地无为而合和,便能促进万物的生长变化。道必然化生繁育着万物,运演着宇宙自然的无限和“生生不息”、“生生不已”以及呈现出有序且物质循环性的生命的流程,同时也无时无刻不在浩瀚无垠的空间中促动生命的化生能力,体现生之又生。“生生”运动节律之前是“无”,而“化生”的前提也是“无”,是在无迹“虚”中化生出“有”。化生是绝对的、无止尽的,化生既是实在的又是虚性的。其虚性就表现为在不化中显化,在不变中求变,虚实相生,有无相生,唐末道士谭峭《化书》中有这样的论述:“道之委也,虚化神,神化气,气化形,形而万物所以塞也。”进一步说明“道”作为万物的本体,必须在虚实同体之中才能显现出来,而这种显现的契机就是化生。生生与化化都是道之运行的根本。

“化生”作为一个美学的范畴具有其特殊性。它是一种动态的运动流程,是转化、变化、生成、化育。这种“化”的流程不是单向的,而是双向的,即自然向人以及人向自然的“化”。这种流程是一种自然的化化不息与生生不已。

第二章

审美缘在构成的心理态势

茫茫宇宙，浩瀚星球，万有大千，皆是审美缘在构成活动中的审美对象。同时，审美缘在构成是“心”与“物”、“情”与“景”的相互融合，在这种融合同一中，“物”的存在形式就是“心”。凡有“心”之皆有“物”，凡有“物”的地方亦皆有“心”。即“物”即“心”，“物”皆“心”。“心”“物”即一切，一切即“心”“物”。“心”纳百川，“心”中存有先天自在的秉性、灵气、素质、情性；还有后天的自为的人生、社会、自然、习俗、环境、文化等等方方面面的参与、见闻、经历、甘苦、兴趣、信仰、追求。所谓“物”，实乃审美者“心”目中之“物”，是社会生活、自然万物通过审美者“心”的一种缘在构成，也是一种感悟、体会与神会，于寓目、触目中的情投、意合、神会，是同感、同律、同韵。而要进入这种同构，则必须保持心灵的自由，营构清新纯净、静穆虚明的心理态势，进入所谓的“心斋”，心物冥合，“意在笔先”、“以全神气”；“物在灵府”，“默与神通”，才能使心物契合，物为心用，“得妙于心”，物与心融，“内营丘壑”，从而才能构成雄浑质朴、凝重典雅、萧疏清旷、雄杰伟丽、颖脱精微、坚凝丰茂、润泽华滋、骨力劲健、返虚入浑、天趣稚拙、风韵雅思的审美境域。因“心”而得，“心”入于境，搜求于“物”，神会于物，进而心物交融，情景交融，“外师造化，中得心源”。

第一节　“致虚”、“守静”

老子主张“致虚”、“守静”，取法自然，强调自然无为。受老子思想的影响，中国美学认为整个审美缘在构成流程是内缘己心，外参群意，随大化氤氲流转，与宇宙生命息息相通，随着心中物、物中心的相互交织，最终趋于天地古今群体自我一体贯融，一脉相通，实现心源与造化的大融合。故而中国美学强调“目击道存”，要求审美者走进自然山水之中，以自然万物为撞击自己心灵、激发审美创作欲望和冲动的重要契机，为产生灵感兴会的渊薮，去心游目想，寓目入咏，即事兴怀。

一

《老子》一书中,提到“静”字有十处。其中“清静”连用的一处。“守静笃”、“归根曰静,静曰复命”,意思就是要将“致虚”和“守静”都做得非常精湛,返回万物生命的本根。这叫作“静”,达到“静”才是“复命”。老子说:“静胜躁,寒胜热。清静为天下正”(四十五章),认为“静”能够克服扰动。“清静”才是“道”的本性,也是真正的最高境域。老子说:“不欲以静,天下将自正。”达到“静”的关键是“不欲”,即不起贪欲,清静无为,顺其自然,自然会达成真正的最高境域。《庄子·天地》篇云:“古之畜天下者,无欲而天下足,无为而万物化,渊静而百姓定。”意即古代之善于治理天下者,没有贪欲而天下能自足,任其自然而万物能自化,心如深池之水那样平静,百姓也就自然安定。《庄子·天道》认为圣人之静,“非曰静也善,故静也;万物无足以铙心者,故静也”。而更重要的是因为“天地之鉴也,万物之镜也”,“静”是玄鉴和衡量天地万物的方法和态势。《淮南子·原道训》称:“清静者,德之至也;而柔弱者,道之要也;虚而恬愉者,万物之用也。”将“清静”和“柔弱”作为道德的至要。在《精神训》和《说林训》中称“天静以清”,“水静则平”;《原道训》认为“人生而静,天之性也”,可以说,都是对老子“致虚”和“守静”思想的继承与发扬,都以“静”作为天地万物的构成态势和人的天性,强调柔静心态的重要,以“柔”象征生机与活力的充盈,以“静”为“根”、为构成宇宙万物的纯粹本原。老子认为,生成宇宙万物的“道”也就是“静”,其生成与构成宇宙万物的态势是自然而然。人道原本生成于天道,向往复归天道。天道即自然之道。人道从自然之道而来,最终归结于天道。因此,人要把握与体会到这作为宇宙万物的生命本原“道”,使人道归于天道,与天心相通,那么,主体就必须要“致虚”、“守静”、“潜心”,从一般世俗的心态转化到审美心态,忘欲忘知忘形忘世忘我忘物,从而才能使主体进入精一凝神、视而不见、听而不闻的自由自在的审美心境,也才能于心物交融、物我合一中获得审美体验,进入最高的审美灵境。

老子认为“道”与“气”是宇宙万物的生命本原,作为孕育自然万物的核心生机的“道”,“先天地生”,“可以为天下母”。它既是宇宙大化最精深的生命隐微,又是宇宙大化运行发展变化的必然及规律性,因此,也是审美体验所要追求的美与艺术生命的本原。同时,老子认为“道”又是“无”,是“无”与“有”的统一体。所谓“天下万物生于有,有生于无”,所以“无”是最高的境界。当然,“道”既然是“无”与“有”的统一体,就绝对不是完全的“虚无”,它是“其中有象”,“其中有物”,“其中有精”,“其中有信”。“象”、“物”、“精”、“信”是真实的存在,但又是有限的，而“虚无”、“静”，即“道”，才是最高的、绝对的美。其表现特征为空灵、自然、无为、无限。审美活动中要生成并显现这种宇宙之美，就必须“致虚”、“守静”、“绝圣去智”、“无知无欲”，在“虚静”的心灵自由中，超越有限的、具体的“象”，而体悟到“道”——这种宇宙生命的精深内涵和幽深旨意，并进入极高的自由境界。此即司空图所谓的必须“超以象外”，方能“得其环中”，进入宇宙的生命之环。

关于自然万物的生命属性，老子指出“夫物芸芸，各复归其根”、“复归于无极”、“复归于朴”。在老子看来，“道”和天地万有之间，只不过是一与多、无与有的关系，道因自身的圆满丰盛而创生天地万物，天地万物则因自身的贫乏有限而要求回归于作为生命本原的道体之中，这就是“归朴返真”、“复归其根”的流程。而这种循环往复，没有止息的复归又是自在自为、自然而然的。春秋代序、日出日落、花草树木、鸟兽虫鱼、江河湖泊、白云舒卷、春风轻拂等等，都不需要人为的因素而自由自在地运动变化、生生不息。故而，审美活动中，主体只有效法自然，自然无为，才能使自己与自然浑然一体。

正是基于这种审美态度，中国古代艺术家在把握和体验自然万物时，总是采取老子道法自然、无为而为、淡泊恬静的审美态势，往往以自然山水为艺术灵感的渊薮，从而形成一种人对宇宙时空的依赖与人与自然万物和谐的氛围，走进山林，在山泉林野、荒木乱石中寻找自己的生活乐趣和寄寓自己的情怀；在齐物顺性、物我同一中泯灭彼此的对峙，自然无为，主客体之间显现出相亲相和、休戚与共的关系。同时，保持自由自在的心境，让心灵自由徜徉，人对外部世界、对自然万物，始终保持着一种精神上的自由，在主体虚静空明的审美心境中，自然万物与人自由地认同，人自由地驾驭、吐纳万物自然。故而，受老子取法自然、自然无为、顺应物性、“无为而无不为”思想的影响，拥有“审美型”智慧的中国人可以顾念万有，拥抱自然，跃身大化，有时竟达到“我见青山多妩媚，料青山见我应如是”、“相看两不厌”，物我同一、物我两忘的地步。

既然如老子所说，人与自然之间为“道”所生化，是“天人合一”，“以类合之，天人一也”，天地人皆为同类，都出于“道”，那么，天人之间也就自然是息息相通的。由此，我们常常在中国古代文艺审美创作中发现一种人与自然万物相互感应、相互融合的现象，像李白诗中所描绘的那样，“相看两不厌，惟有敬亭山”（《独坐敬亭山》）。在虚灵空廓的审美静观中，“目既往还，心亦吐纳”（《文心雕龙·物色》），主体会摄物归心，客体也必然会移己就人，在主客运动中，最终臻万物于一体，达到与万物同致的境界。这种“天人合一”、“我”与“非我”的一体化，小宇宙与大宇宙的互渗互摄，表现在审美活动中，则形成了“情景交融”、“神与物游”、

“情往似赠，兴来如答”等一系列审美意境生成的审美意识。主体和客体的交感、情与景的交织、心与物的交游，可以创构出多种多样虚灵空活而又幽远深邃的审美境域。

可以说，正是受老庄宇宙意识影响形成的这种对大自然的亲密感、认同感，视大自然为可居可游的精神家园的审美观念，生成了中国人能够超越时空限制，以直觉的方式去接近自由生命的气韵律动，同时把不同情景、不同际遇下经验颤动的深层结构和全部幅度涵蕴在艺术审美创作兴感触发的魅力中的审美意识，从而直观地触及中国美学“道”境的缘在构成论的某些端倪。

“自然无心”，也就是中国美学所主张的虚静无为。缘在构成审美境域营构活动中这种强调随心适意，天机自动，把观物起兴作为激发审美冲动的重要契机和兴会到来的直接诱因，表现为对自然万物的委顺、亲和的自得心态，同中国人“静以体道”的传统思维模式分不开。受老子贵柔主静思想的影响，中国美学认为动生于静，又复归于静，静能明照一切，而尽烛天地万物的情状。虚静是天地自然之本。老子说：“夫物芸芸，各复归其根，归根曰静。”庄子说：“夫虚静恬淡，寂寞无为者，万物之本也。”（《庄子·天道》）动而归静，实生于虚，自然万物只有通过寂静才能呈现自己的形态，显示其美的本质特征。宇宙万物作为有形的运动变化的实体，最终依旧是要回复到“静”之中。与此相应，在审美缘在构成活动中，主体也只有保持虚静空明的审美心境，才能以静追动，以静制动，以静体静，以侔于天而从于天，与天为一，与物为一，达到与自然万物的相通相融，并把自己托付于整个宇宙大化，让自己的生命完全消融于万物自然中，领悟到宇宙自然的生命真髓和美的精义。老子说得好：“致虚极，守静笃。万物并作，吾以观其复。”庄子也说得好：“水静则明，烛须眉，平中准，大匠取法焉。……圣人之心静乎，天地之鉴也，万物之镜也。”（《庄子·天道》）郭象说得更为明确：“我心常静，则万物之心通矣。”（《庄子·天道注》）在中国美学看来，唯静，在审美缘在构成活动中才能掌握纷繁复杂、气象万千的大自然的动，并控制动，此即以静味动，静以体道。正如《管子·心术》所说：“是故有道之君，其处也若无知，其应物也若偶之。静因之道也。”要体认到宇宙自然中的生命意旨和美的精神，就应超越世俗、超越感官、超越智巧，“处若无知”，“应物若偶”，排除主观的成见，完全循因客观自然的运行变化规律，无所用意，猝然与景相遇，使心灵与万象相合，率意天成。中国哲人这种强调审美活动应以静制动，“静因之道”，“静以体道”，要求审美者在一种宁静自得的审美心理状态中直观宇宙人生妙谛的审美思想，为历代美学家所提倡，世代相循，逐渐积淀并潜藏于中国人的深层审美心理结构之中，形成中国人一种“静”的审美心态。

二

以老庄美学为主的中国美学静以追动，以柔克刚，自然无为的思想对中华民族的心理要素、民族性格和民族思想、传统审美观念具有根深蒂固的影响，为传统审美观念的根本特征。这种以“静”为美与“好静”的性格特征显然影响及“静以体道”的传统审美体验方式，促成其“目击道成”审美境域营构途径与审美境域营构流程中的自得心态的形成。此外，受老子贵柔观念的作用并积淀在中华民族思想心理结构中的尚“柔”心态，也影响着中国人审美活动中“静以待物”、“静因之道”、缘在构成审美体验方式及其审美心理状态的形成。鲁迅指出，尽管儒家“以柔进取”，道家“以柔退走”，但儒道两家都“尚柔”①。儒道两家都主张以柔克刚，强调心灵和谐宁静。这种思想自然会影响到中国人的思想心理结构，并扩大到审美心理结构和审美观念，从而形成中国美学所标举的触物起兴、遇景兴怀的审美缘在构成方式与自得心态。

必须指出，缘在构成审美境域营构活动中强调自得心态的重要，而这种自得心态也并非完全、纯粹地排除审美者的能动作用。宁静自由的审美心境使心灵获得真正的自得自适，从而才能在清空明静的心胸中涌起深层的活力，以“妙机其微”。即如曾巩在《清心亭记》中指出的：“虚其心者，极物精微，所以入神也。”“入神”，即体悟到自然万物的生命本原。中国美学这种静而自待、静以体道、虚心入神的审美缘在构成方式和注重由外物触发，感物起兴，即景兴怀的审美构成态势，用现代美学理论来阐释，实际上就是审美缘在构成活动中一种审美直觉心理状态的表现。换言之，即自得心态是缘在构成审美境域营构进入直觉体验的心态基础和前提性条件。王夫之说：“兴在有意无意之间……关情者景，自与情相为珀芥也。情景虽有在心在物之分，而景生情，情生景，哀乐之触，荣悴之迎，互藏其宅。”（《姜斋诗话》卷一）“天壤之景物，作者之心目，如是灵心巧手，磕着即凑，岂复烦其踌躇哉？”（《唐诗评选》卷三）这里所谓的“有意无意之间”，就是一种自得心态。并且，不难发现，这种自得心态乃是静中藏动，柔中蕴刚，暗含着审美者的能动作用。所谓“景生情”中的“景”，是指作为审美对象的自然万物为“天壤之景物”，而“情生景”中的“景”则是审美者通过“目击”“即目”的审美活动在其脑海中生成的审美意象，是主体之“情”与客体之“景”的相互应合，是“哀乐之触，荣悴之迎，互藏其宅”。要达到情景合一，心物合一，“景物”与“心目”合一，使天人应合同构，审美者必须具备并保持“有意无意之间”的自得心态。同时，主客体之间还存在着

---

① 《鲁迅全集》第 6 卷，人民文学出版社 1973 年版。

一种默契,作为审美者的个人有哀乐之兴,而作为审美对象的景物则有荣枯之象,因而始能于毫不踌躇的刹那"磕着即凑",相互凑泊。

受老庄美学作用而形成的中国美学缘在构成审美境域营构活动中这种于"有意无意之间"感物起兴以获得心解妙悟的方式,和禅宗美学主张的世尊拈花、迦叶微笑,用自己的直觉观照,当下顿悟清净本性的参禅相通。所谓"禅道惟在妙悟,诗道亦在妙悟","惟悟乃当行,乃为本色"(《沧浪诗话·诗辨》),一旦悟入,豁然开朗,"信手拈来,头头是道"(《沧浪诗话·诗法》)。诗僧惠洪《题珠上人所蓄诗卷》说:"余于文字,未尝有意,遇事而作,多适然耳,譬如枯珠,无故蒸出菌芝。"这也就是所谓的"天机自动",一出本心,皆出自心灵的自然要求。禅宗美学主张以"无心"的直觉体验去参悟"道",在感性中获得心灵的超升,既超升又不离感性,此即所谓"悬解"。禅是一种明心见性的功夫,它的本体是"真如",或曰"佛性",可以体验冥契,而不可以思维求,不可以知性解,不可以语言取。禅宗美学所谓的参禅悟道,其实是一种"无目的的合目的性"行为。和缘在构成所主张的"兴在有意无意之间"相同。禅与缘在构成审美活动之所以能够在对大自然的仰观俯视中当下顿悟,获得宇宙的生命意旨与美的精义,就在于天地万物本身是无目的性、无意识的。水流花落,鸢飞鱼跃,其本身都是无意识、无目的、无思虑、无计划的。也就是说,它们都是"无心"的,然而,就在这种"无心"中,在这种无目的性、无意识中,却可以深悟到那冥冥之中使这一切所以然的宇宙"大心"、大目的性和"大美"。并且,审美者只有通过"致虚"、"守静",保持"无心"、无目的性、无意识的心境,才能参悟这蕴藉于自然万物中的"大心"、大目的性和"大美",让"道"如其所是而"存"。

第二节 "清静"

中国美学一直把"清静"看作一种审美缘在构成心理态势。就美学意义而言,"清静"或谓"清静"之心态既是一种原初构成态又是一种最高审美境域。这种视"清静"为原发生构成态,经过升华,在更高的层次上又复归于"清静"的观点,体现了中国美学的基本精神,即天道生生不已,周流不居。"美"的构成也是如此,既生气流荡,生生不穷,处于永不停息的创造和革新之中,同时又周匝无垠,是一个完整的、充满生机与活力的有机构成境域,圆融无碍、周而复始。

在中国美学史上,"清静"一直被看作为一种审美构成境域和最高审美诉求,所谓"诗以清为主"(《耐冷谈》卷三)、"诗家清境最难"(《诗筏》)。正因为"清"之境域难以构成,因此,才成为历代美学家极力推崇的一种审美构成和审美意趣域。

一

“清静”之“清”的含义是纯净、寂静、明白、廉洁、单纯、点检等,如清楚、清醒、清净、清白、清醇、清淡、清高、清廉等等。“静”是与动相对应的,是指安定、没有声息等,如安静、沉静、平静、清净、静穆等等。构成“清静”境域的心态与途径则是道家所标举的自然而然、清净无为,回归到最初的纯粹构成本源“道”,保持“清静”自然之心,没有一点人世尘埃的污染,悠闲超脱而清净高洁,从而才能在“无常”的世界中求得“常清静”,构成虚静之境域。就其原初的美学意义来看,所谓“清静”,就是“虚静”。作为一种无功利、超功利的纯粹的审美构成境域,“清静”说最早是由老子提出来的。老子主“静”。他认为“静为躁君”,“静胜躁,寒胜热,清静为天下正”。在老子看来,“静”是“根”,是“命”,是生命的纯粹的原初构成域。他说:“夫物芸芸,各复归其根。归根曰静,是谓复命。”①(十五章)又说:“致虚极,守静笃。”只有达成“虚极”“静笃”,才是真正还原到生命的原初,也就是还原到纯粹构成本源“道”。正由于“虚”、“静”是“根”,是“命”,是生命的纯粹的原初构成,所以他认为“清静为天下正”,“重为轻根,静为躁君”。(二十六章)他认为,在“归根”、“复命”中,必须控制好自己的情绪,保持无欲无为的心态,才能达到“静胜躁,寒胜热”的境域。以“静”胜,“不欲以静,天下将自正”(三十七章)。为什么呢?他形象地比喻道:“牝常(恒)以静胜牡,为其静也,故宜为下。”(二十三章)这种“归根”和“复命”式的“静”,究竟是怎样的审美构成态呢?老子对此进行了追问。他说:“载营魄抱一,能无离乎?专气致柔,能如婴儿乎?涤除玄鉴,能无疵乎?”(十章)这里的“营魄抱一”“专气致柔”“涤除玄鉴”,深刻而又具象地揭示了“清静”这种绝对纯净的审美构成境域像“玄鉴”一样纤尘不染的特点。庄子继承和发展了老子的“清静”思想,提出著名的“心斋”说。他说:“气也者,虚而待物者也。唯道集虚。虚者,心斋也。”所谓“心斋”,就是指一种纯而又纯的审美构成态。只有达成这种构成态,才可以全性,才可能明察,才可以使意志处于绝对的自由,才可以排除外物、内情的干扰,“瞻彼阕者,虚室生白,吉祥止止”②(《人间世》),才会感到四堵皆空,视有若无,进入大道和至美境域。在老子“清静”说的基础之上,庄子把“虚静”从本体论层面进一步扩大到人的精神境域,成就在他所设计的

---

① 陈鼓应:《老子注释及评介》,中华书局 1984 年版。

② (清)郭庆藩:《庄子集释》,中华书局 1978 年版。

理想人格上:“真人”与“至人”是其理想人格境域的完美统一。由“清”与“静”所构成的“清静”境域既是道家哲人所追求的一种原初纯粹境域,又是中国传统文艺审美创作的审美诉求和构成境域。在中国传统文化中,“清静”境域的构筑不仅是文艺审美创作的美学追求,而且展现了文艺审美创作主体的人生境界、人格修养的原初构成境域。所以说,“清静”也就是“虚静”。中国传统文艺审美创作原初的构成态势就是“清静”,这与道家哲人的“虚静”观殊途同归。

就其具体内容而言,所谓“清静”,一是指审美创作主体原初构思心态的“清静”,二是指作品意境构成境域的“清静”。道家虚静观在中国传统文艺审美创作中体现为以下三种境域。

(一)收心去欲

在道家哲人和中国文艺理论家看来,“体道”与审美活动进行的关键一步是“清静”心境的构筑,因此首先必须收心去欲,回归原初的“清静”,而收心去欲则是回归原初的“清静”的前提条件。所以,中国传统文艺审美创作极为强调去欲以静心的重要性。在这方面,古代许多哲人都深切地认识到它的重要性,把审美体验时“心”的虚静作为审美境域构成的首要条件。

在中国美学,“清静”或谓“虚静”,意谓“澄心端思”,澄怀净化,忘知虚中,就是进入一种无视无听、寂寞无为的构成境域。苏轼《送参寥师》云:“欲令诗语妙,无厌空且静。静故了群动,空故纳万境。阅世走人间,观身走云岭。咸酸杂众好,中有至味永。诗法不相仿,此语当更清。”处静方能观动,虚心才能纳物,虚静之境,在杳冥寂寞中,“离形去知”、“无视无听”、“目无所见,耳无所闻,心无所知”(《大宗师》)。清代词人况周颐云:“人静帘垂,灯昏香直。窗外芙蓉残叶飒飒作秋声,与砌虫相和答。据梧冥坐,湛怀息机。每一念起,辄设理想排遣之。乃至万缘俱寂,吾心忽莹然开朗如满月,肌骨清凉,不知斯世何世也。斯时若有无端哀怨怅触于万不得已,既而察之,一切境象全失,唯有小窗虚晃、笔床砚匣,一一在吾目前。此词境也。”①“每一念起,辄设理想排遣之”,此即老子所谓“致虚极”;“乃至万缘俱寂”,此即老子所谓“守静笃”。在中国古代美学家看来,只有通过致虚守静,达成离形去知、空明澄澈的“清静”构成态,审美者才能放逐思虑、息机冥怀,进入心灵“忽莹然开朗如满月”、丰富情思不能自已地无端自来的佳境,于是审美意念便自然从中生发:“吾苍茫独立于寂寞无人之区,忽有匪夷所思之一念,自沈冥杳霭中来。吾于是乎有词。”②由此可见,去欲是静心的前提,只有守静才能寡欲,

① (清)况周颐:《蕙风词话》,人民文学出版社1960年版。

② (清)况周颐:《蕙风词话》,人民文学出版社1960年版。

寡欲方能清心,因为清心而消除种种心理屏障,使自己的心呈现出以虚静为体的"道",从而使艺术家的生命力得到自由解放,在审美创作中出神入化,运用自如,使玲珑澄澈的心灵突破"物"与"我"的界限,和幽深远阔的宇宙意识与生命情调相互契合,进入"应会感神"的境域。因此我们说,收心去欲是中国传统文艺审美创作中回归"清静"之心所达到的第一层境域。

(二)物我两忘

庄子在《齐物论》中多次提到"物化"或"物忘",这是一种主客两忘的境界。物我两忘是"去欲"的"清静之心"消除了种种障碍,使生命力得到自由解放,从而泯灭了物我界限,使主体与客体在反复移情互渗流程中实现人的物化与物的人化,使达到天地与我并生、万物与我为一、天人合一与道同化的境界。

"物我两忘"对于艺术家来说是审美创作构思中构成"清静"境域必经的途径,它从更深层次体现了艺术家自我的精神与物之精神相结合的程度。"物我两忘"既是一位艺术家在文艺审美创作必须体验的艺术经历,也是一位艺术家自身心态构筑所需具备的基本条件之一。但要做到"忘"并非易事,它需要一种功夫,需要一种锤炼,它是以"清静为体"之心"应会感神",与物契合构成的结果,非一般人所能达到,如果一位艺术创造者在对万物进行观照时没有泯灭物我界限,仍有个中分别,就无法纯净自己的精神,无法完成自我超越,最终无法进入最高审美境域——"大美"、"大音"。"物我两忘"可以说是"清静之心"通向"大美"、"大音"境域的构成态势,也是虚静之心所体验到的第二层境域。

(三)"大美"、"大音"

"天地有大美而不言。"①庄子认为,所谓"大美"即"天地之美"、"天道"之"美",也就是说,"大美"即"道"。"大美"既是各种美的本源又是各种美的归结,它是最高的、统帅一切的美,又是构成众"美"的原初本原。在中国文艺审美创作领域,"大美"即可等同于老子所追求的"大音"境域,可以说,"大音"是中国音乐艺术特有的"清静之美"。

所谓"大音希声",最美妙的音乐是无法用听觉来直接感触的,它必须用"心"、"道"去感悟;反过来说,能用听觉直接把握而无须心灵沟通的音乐绝不是最美妙的音乐;道家"大音希声"的真谛在于超越听觉感受,摆脱听觉束缚,直接用"心"悟"道",用"心"听"音"。

首先,在文艺审美创作中的心理状态方面,中国传统美学要求"心"静,静而能体"道",静而能构成"美",静便能构成"大美"。不过,真正构成"大美"的关键还

① (清)郭庆藩:《庄子集释》,中华书局1978年版。

在于“心”的构成态势——有一颗“清静之心”；“心静”而能“神静”，“神静”才能进入“虚静”的境域，通过这样的构成途径才能构成“大美”。

其次，在艺术意境的审美诉求方面，中国传统文艺审美创作追求“虚、远、逸、静”，这种美学追求也充分葆有道家道教“虚静”观的特色。中国传统文艺审美创作中的“虚、远、逸、静”是文艺创作以技进乎道的结果，它以道家道教之“道”，以“大美”为其精神构成态势，以“虚、远、逸、静”为其最终构成域。

最后，在艺术家的人生境界和人格修养方面，道家“清静”观更为中国传统艺术家提供了理想的心态构筑境域。

综上可见，中国道家和中国传统文艺审美创作虽然属于两种不同的文化范畴，但它们尚自然、崇清净的审美意趣却共同体现了中国民族文化的自身特点。两者虽然有不同的出发点，前者是宗教，后者是文艺，但是最后都归结于人之心，要求在人心上做功夫，强调“内省性”，以敞亮本心，还原自然的心性，以“清静”为最原初的构成势态，这是对两种不同思想文化归趋的总结和概括。

二

就美学意义而言，“清静”之“清”，或谓“清”之域突出地呈现出一种构成态势。据载，清代诗人殳梅生曾以诗稿请张云璈作序，其友人问殳诗品格如何，张称许之，说：“清才。”友人问：“如斯而已乎？”张云璈回答说：“子何视清才之易耶？古今来言诗者曰清奇，曰清雄，曰清警，曰清丽，曰清腴，等而上之曰清厚，等而下之曰清浅，厚固清之极致，而浅亦清之见端也，要不离清以为功。非是虽才气纵横，令人不复寻其端绪，则亦如刘舍人所云采滥辞诡，心理愈翳者矣。大都造诣所极，平奇浓淡，人心不同如其面，有未可执一例以相推，而先以清立其基，虽李杜复起，吾言当不易也。”（《简松草堂文集卷五》《殳梅生诗序》）认为“清厚”之境是“清”态势“之极致”，作诗应“先以清立其基”。后来李联琇对此作了进一步阐释，指出：“诗之境象无穷，而其功候有八，不容躐等以进。八者：由清而赡而沈而亮而超而肆而敛而淡也。至于淡，则士反其宅，水归其壑，仍似初境之清，而精深华妙，有指与物化、不以心稽之乐，非初境所能仿佛。东坡《和陶》其庶几乎？顾学诗唯清最难，有集高盈尺而诗尚未清者。未清而遽求赡，则杂糅而已矣。甫清而即造淡，则枯寂而已矣。”①在这里，他将诗歌的审美境界划分为八等，“清”既是最初的原发生之态势，又是最高之构成境域；只有由“清”之境缘构，循序渐进才能构成

① （清）李联琇：《好云楼初集》。

"淡"、"静"之境,这种"淡"、"静"之心态,或谓"清静"之态势,看"似初境之清",但却"精深华妙,有指与物化、不以心稽之乐,非初境所能仿佛",乃是更高的审美构成态势。这种视"清"为原发生态势和最高的构成态势之"淡"、之"静",经过升华,在更高的层次上又复归于"清",或谓"清静"态势,体现了中国美学的基本精神,即天道生生不已,周流不居,美也是如此,既生气流荡,生生不穷,处于永不停息的创造和革新之中,同时又周匝无垠,是一个完整的、充满生机与活力的有机整体,圆融无碍、周而复始。最能体现中国美学天道生生不已、周流不息这种基本精神的,是禅宗青原惟信禅师所提出的著名的"三般见解",他说:"老僧三十年前来参禅时,见山是山,见水是水。及至后来,亲兑知识,有个入处,见山不是山,见水不是水。而今得个休歇处,依前见山只是山,见水只是水。"①青原惟信在这里所表述的是禅体验中三个必不可少的流程,既是转迷入悟的三个阶段,也是由生命(真我、真心、本来面目)被遗忘到生命觉醒的三个阶段。而这三个阶段又周流圆融,回环反复。众所周知,禅宗所标举的参禅悟道,就是要根除妄心(分别心)而领悟和把握圆满具足的真心(直觉心),见到父母未生以前的本来面目,或者说,把被遗忘的生命唤醒。在禅宗看来,由于人们后天形成的妄心(分别心)作怪,由于本身圆满具足的生命与真心被遗忘,因而用一种"连眼"来看待宇宙万物,以致所看见的事物只能是事物色相,这种色相是虚幻不实的。只有换眼易珠,把生命与真心唤醒,用一双"迷眼"来看待宇宙万物,才能见出事物本来圆洁自在的面目与法性,虽然这事物的本来面目是"性空无相"的,然而它毕竟是不生不灭而真实存在的。因此,同样是"见山是山,见水是水",但开悟前后的两种心境是不可同日而语的,开悟前乃是生命,即真我、真心、本来面目被遗忘的心境,开悟后则是生命,即真我、真心、本来面目已觉醒的心境。青原惟信正是用悟道前"见山是山,见水是水"与悟道后"见山只是山,见水只是水"来比况开悟前后的心境。同时,我们从其"见山是山,见水是水"——"见山不是山,见水不是水"——"依前见山只是山,见水只是水"的描述中,可以看到禅宗"禅"境界缘发构成中往复回旋、逐层展开的缘构历程。是真心——妄心——真心的首尾相衔、开阖尽变、周转不息、往复回环,圆圈似的参悟解脱流程。而"禅"之境则在这原发的时间,在过去、现在与未来的相互交媾中生成。正如百丈怀海所云"一切色是佛色,一切声是佛声",这个完全疏离于具体时空背景的个体化的山水其实只是观者参悟的心相。这一直观的心相,保留了所有感性的细节,却不是自然的简单摹写,它是心与物象的缘发构成,具有美学上的重要意义。

---

① (宋)普济:《五灯会元》,中华书局1984年版。

正由于“清”或谓“清静”之态势的构成性使然，所以“清”或谓“清静”之态势具有极大的开放性。它可以和更多的词结合起来，以构成新的意象系列。如魏晋时期《宋书》、《梁书》、《世说新语》等史册典籍中表征人为官品行端方，奉公守法的有“清正”“清公”“清廉”“清恬”“清谨”“清约”“清严”；表征为人超尘拔俗，不同凡流，如“清傲”“清真”“清退”“清慎”“清静”“清正”“清节”“清和”“清望”等；表征人的风神气韵之美好，如“清令”“清雅”“清畅”“清俊”等；表征艺术的清真天然之美，如“清工”“清新”“清约”“风清骨俊”“清典可味”等。

“风骨”，基本含义就是“风清骨峻”，由此形成一群以“清”为骨干的派生概念，如清典、清铄、清采、清允、轻清、清省、清要、清新、清切、清英、清和、清气、清辩、清绮、清越、清靡、清畅、清通等。特别值得注意的是，刘勰常用“清”来评诗，如《文心雕龙·才略》称曹丕“乐府清越”；《文心雕龙·时序》称“简文勃兴，渊乎清峻”；《文心雕龙·声律》称“诗人综韵，率多清切”。除《文心雕龙·才略》篇外，“清”字用得最多的是《文心雕龙·明诗》。论作家则“嵇志清峻，阮旨遥深”，“平子得其雅，叔夜含其润，茂先凝其清，景阳振其丽”；论作品则“张衡《怨篇》，清典可味”；至论诗体，首倡“四言正体，则雅润为本，五言流调，清丽居宗”，确立了五言诗的风格理想。曹丕论诗赋的审美特征曾独标“丽”字，陆机附以“清”而成“清丽”，以为文章美的共同标准，刘勰又将它从“文章”中剥离出来，独归于诗，遂使清在诗中的地位得以确立。稍后钟嵘在《诗品》中十七次用“清”字，构成的词有“清刚”“清远”“清捷”“清拔”“清靡”“清浅”“清雅”“清便”“清怨”“清上”“清润”，与刘勰相映成趣，共同表征了南朝诗学以清为主导的审美倾向。

三

“清静”或谓“清静”态势的这种构成性与开放性的形成是多种因素作用的结果，它和地域的、社会的与文化的作用分不开。仅就中国传统文化来看，其中老子提出“道”论与其“得一而清”、清静无为的虚静淡泊、返朴归真的人生理想，就起着不可低估的作用。所谓“道”论，是先秦时代的中国哲人，特别是道家哲人提出的一种思想。“道”先于自然万物，为自然万物纯构成的本源，是“道”论中最重要、最基本的含义。老子说：有一个浑然一体的东西，它先天而存在。无声无形，杳冥空洞，永远不依靠外在的力量，自身不停地循环运行，可以称之为天下万物的母体。我不知道它的名称，把它叫作“道”，再勉强给它起名叫作“大”。道之所以被命名为“大”，是因为其无边无涯。道不止于大，又能不分昼夜地运行不息，故又可谓之“逝”。其愈逝愈远，无法穷尽其源，故又可谓之“远”。但虽远至六合之外,无穷无尽,却始终未尝离“道”,仍然依“道”不断发生构成,故又可谓“反”。“反”表明境域的构成绝不依靠任何现有的存在者。这是老子对“道”这种构成域的全面描述,它构成天地万物,具有时间和空间的无限性。作为万物构成本原的道,它生成宇宙自身所固有的生命力和创造力。换言之,“道”是一切生命的总源泉总生机,万物发生构成于“道”,又内含着“道”而得其生命之常。所以老子以最崇敬的心情讴歌大道,他赞叹说:道不可见,但却不亏不盈,永无穷尽。它是那样渊深啊,好似万物的宗主,它不露锋芒,超脱纠纷,含蓄着光耀,混同于垢尘。是那样的无形无象啊,似亡而实存。我不知道它是从哪里产生的,但却知道它出现在上帝之先。正是基于此,老子指出,“道”是生命能量的总体与万物的本原,世界上最伟大的力量莫过于“道”,它就是大自然的造化之力。最终,老子将万物自然与宇宙人生纯粹构成境域“还原”到“道”。

在老子看来,作为万物发生构成本原的“道”,不能说它有,因为所谓境域就是在终极处的发生构成,所有的现成存在性都不能达到本源境域。“道”不是现成的物,无形无象;又不能说它无,不能说它可以独立于万事万物而“生出”万事万物,因为它缘于有而成就有,所以老子指出“有”与“无”“同出而异名”以构成异彩纷呈的动态世界。所以“道”体是无,“道”用是有,“道”是无与有的统一,两者同出而异名。他说:无,是天地的原始;有,是万物的根本。所以应当从无形无象处去认识道的微妙,从有形象处去认识万物的终极构成境域。因此,作为大道本体的“无”,也就是“道”,是宇宙最原始的构成境域,此原始之构成境域并非绝对的空无,它朦朦胧胧、浑然一体,其中包孕着生成天地万物的基因,这就是“精”。西汉时期的道家学者曾经比喻说,老子之“道”就像一个鸿卵一样。鸿卵看上去什么也没有,既没有头又没有尾,既没有翅又没有腿,可是包孕着鸿的一切;“道”看上去什么也没有,既没有天又没有地,既没有人又没有物,可是却包孕着天地人物的一切。老子说:“道”这个东西,没有固定的形体。它是那样的惚恍啊,惚恍之中却有形象。它是那样的恍惚啊,恍惚之中却有实物。它是那样的深远暗昧啊,深远暗昧中却涵蕴着极细微的精气。这极细微的精气,非常具体,非常真实。从古至今,它的名字不能废去。根据它,才能发现万物的源起。我何以知道万物最初生成的状况呢?基础就在于此。也就是说,“道”这种东西虽然恍惚不清,好像什么也没有,但实际上有“形”、有“象”、有“精”。这个“精”就是构成天地万物的基因。正因为内蕴着构成天地万物的基因,所以“道”才可以生成天地万物。当然,这个生成宇宙万物的“道”并非我们现实生活中的事物,而是纯粹境域之“道”,它超越了人类一切感官的知觉作用,这就是老子说的“不可致诘”(即不可思议)。有了“精”这个基因,老子就可以设想道生成天地万物的程序了。道,看起来什么也没有,所以可称为无。说它是无,那只是相对于天地万物而言的,而不是说它不存在。它是一种无形无象、无分无界、朦胧不清、浑然一体的东西。正因其无分无界,浑然一体,所以可称其为“一”。这样一来,“一”就从“无”中生发了出来。老子把这个流程称为“道生一”。这个“一”,指出是阴阳未分之前混沌一体的宇宙。它与“无”字虽然只是一字之差,却体现了“道”的这种纯境域性。这个混沌未分的宇宙,“其中有精”,在自我的构成之中,逐渐生成为阴阳二气,老子把这个流程称为“一生二”。“二”就是阴阳。阴阳间的对话交流,犹如强大的动力,激活并构成了宇宙间的“精”,从而生成天地,生成了人类,他们与道并存,老子把这个流程称为“二生三”,所谓“三”,即指天、地、人三才。宇宙间有了这三种东西,万物得以发生构成,即通过阴阳运动生成新的统一体后,生化出世界万物,老子把这个构成式称为“三生万物”。在对道生化天地万物的构成式做了描述之后,老子总结说:“万物负阴而抱阳,冲气以为和。”他明确指出,天地万物皆内涵阴阳,阴阳二气又在冲和之气中相构相成,相互召唤,万物亦在冲和之气中氤氲摩荡、化生化合。从无形无象最原始的境域的道,生化构成气态宇宙,生化构成固态天地,乃至形形色色的物体;其发生构成的根本缘在便是阴阳两种元素的相激相荡。在整个宇宙发生构成生成的各个层次上,阴阳间的交流对话是万物生成、生命构成的活力,“道”则是先于任何现成状态的最本源构成、通达万有的终结本源,其构成与最“边缘”境域是密不可分的,因此,老子把它形容为“玄妙之门”。

概括而言,作为天地万物原构成境域的道,具有三大特征:第一,从哲学发生构成论的角度上看,老子的道非常强调一个“生”字,指出道乃是生成万物的总根源,道具有能生而又不被生的永恒不息动力。这种重生的观念,深刻地影响了道家和道教,成为道家、道教学说的核心学说之一。如《庄子·大宗师》曰:“(道)自本自根,未有天地,自古以固存;神鬼神帝,生天生地。”《管子·形势解》曰:“道者,扶持众物,使行生育,而各终其性命者也。”《淮南子·原道训》亦说:“夫太上之道,生万物而不有,成化象而弗宰……待而后生,莫之知德;待而后死,莫之能怨。”后来的道教正是遵循老子的教诲,高扬重生的理念,成为老子学说忠诚的弘扬者。第二,从哲学发生构成论的角度,老子的道论突出一个“通”字,指出宇宙万物相互依存,“自身的缘构发生”的境域就是道,万物最终构成于道,道虽然无形无象,却是万物存在的普遍根据,因为它无所不在,无所不通。《庄子·渔夫》曰:“道者,万物之所由也。”扬雄说:“道也者通也,无不通也。”(《扬子·法言》)王弼曰:“道者,无之称也。无不通也,无不由也,况之曰道,寂然无体,不可为象。”(《论语释疑》)道教《灵宝天尊说大通经》云:“大道无象,故内摄于有。真性无为,故外不生其心。如自然,广无边际,对境忘境,不沉于六贼之魔。居尘出尘,不落万缘之化。致静不动,致和不迁,慧照十方,虚变无为。”一切物象皆由滞而成,道通而无滞,故可以为物象之本,它不是“迹”,而是所有“迹”;它“无象”“无为”,故可以“摄有”,可以称为“虚变”、“无为”。总之,在道家哲人看来,“道”是天地万物的纯粹构成境域,天地万物都是由“道”发生构成的,都从“道”那里构成自己的形体和性能,所以它们的本性和“道”是一致的,它们的行为都以“道”的自身缘构为构成式。那么,“道”的构成式是什么?是自然,亦即自然而然,他说:“域中有四大,而居其一焉,人法地,地法天,天法道,道法自然。”(二十五章)老子的这句话具有双重意义:其一在于突出“自然”,其二在于规范域内。在道家哲人看来,大化流衍,旁通弥贯,但是追究其终极构成境域,则只能是“道”本身。“道”本身是有无相生、动静相成、阴阳相合的发生构成,是永恒的实在和无限的生命本体。它融化在天地万物的构成存在、生化流行之中,规定着社会和人生的一切发生构成;大化迁易,莫不是“道”的造化伟力所致。万物万化,只是一道。老子说:“道生一,一生二,二生三,三生万物。”“道”是天地自然的原构成境域,主宰着一切存在事态的构成与存在,道虽无形、无名、惟恍惟惚、虚无空廓,但存在事态的最终构成却来自于它,天下一切事理情尽皆由此而生。而作为天地万物的纯粹构成境域的“道”,其构成态势则表征为“清”。老子云:“天得一以清。”(三十九章)“天”即自然,“一”即“道”;这就是说,天或谓自然还原为最原初的纯构成境域,则呈现为明澈清纯的态势。老子云:“孰能浊以静之徐清,孰能安以久动之徐生。”(十五章)这里,老子又将清与静相连,是指人的心灵空虚澄明,这是一个转义,乃从“道”的存在状态(虚静无为)推演而来,“清静”蕴含着用自然之自在本性来规范人生理想的道家旨趣。可以说,“清静”就是自然之自在本性,也就是“静”。老子说:“大成若缺,其用不敝。大盈若冲,其用不穷。大直若屈,大巧若拙,大辩若讷。躁胜寒,静胜热,清静为天下正。”(四十五章)王弼注云:“静则全物之真,躁则犯物之性。故惟清静,乃得如上诸大也。”所谓“大成”、“大盈”、“大直”、“大巧”、“大辩”等诸“大”都是人生的终极期待,而要实现这些“大”则必须以“清静”为最原初的构成势态。这样,“清静”就被赋予了一种形而上的本原性意义。

第三节 “有无相生”

中国传统美学强调“意境”的诗性精神和诗意的呈现方式。因此,传统美学缘在构成论注重诗性的感悟,注重对这种感悟的诗性传达。如果说西方美学注重的是言说的稳定性、确定性和逻辑性,那么,中国传统美学意境说则注重言说的心灵性、游移性、模糊性和点悟性。这种点悟直观以诗性的方式体现时，则倾向于意境营构的诗意性和开放性。它以意境构筑的姿态强调意境构筑的张力和弹性，追求意在言外。《周易·系辞上》因之释为“言不尽意”，认为“书不尽言，言不尽意”。老子则指出：“知者不言，言者不知。”“故常‘无’，欲以观其妙；常‘有’，欲以观其徼。”当意境的直觉直观性及其对意在言外的推崇以意境构筑的方式体现时，则倾向于诗性呈现的空灵性和精粹性。它以“诗意点悟”的姿态向自然“还原”。这就是钟嵘所说的“文已尽而意有余”。这里所强调的是，用语言说出“在场者”，但其目的是让此“在场者”不仅指涉它自身，同时还指涉“不在场者”，并因此使之显现并“到场”。因此，可以说，传统美学的意境构筑方式是中国美学特有的言说方式和思想方式，是道家美学“有无相生”论的生动体现。

一

老子说：“天下万物生于有，有生于无。”①显然，在老子看来，比较起“有”来，“无”似乎是更根本的存在。那么，“有”和“无”的本旨究竟是什么呢？“有”和“无”在老子哲学中具有非常重要的地位，如何理解“有”“无”问题直接关系到正确把握老子之“道”的关键。

从老子对“道”的形上思考来看，“道”既是“有”，也是“无”，“故有无相生”（二章）。就《老子》全书而言，“有”与“无”是在“道”中统一的。“道”之缘在构成是有其自身的规定的，是“有”到“无”，“无”中生“有”，“天下万物生于有，有生于无”。（四十章）“道衝而用之或不盈。”（四章）“衝”乃“盅”，《说文》：“盅，器虚也。”引申为“虚”，也就是空无。盈，读作逞，《文选·思玄赋》李善注引《字林》：“逞，尽也。”实借为罄。《说文》：“罄，器中空也。”“不罄”，也就是不空，亦即“有”，又从“无”到“有”。从“有”到“无”又从“无”到“有”，是“有”“无”相生、相构，生生不息的流程，“道”亦有生化构成一切生命的活力。宇宙万物之生成必然要从最原初的无形无状之形而上的“道”往下落实到有形有状的天地万物，这个生成流程就是：“道生一，一生二，二生三，三生万物。万物负阴而抱阳，冲气以为和。……故物或损之而益，或益之而损。”（四十二章）所谓“一二三”，《说文解字》云：“一，惟初太始，道立于一，造分天地，化成万物；凡一之属皆从一；弌，古文一。”王弼注曰：“万物万形，其归一也。何由致一？由于无也。由无乃一，一可谓无？已谓之一，岂得无言乎？有言有一，非二如何？有一有二，遂生乎三。从无之有，数

① 高亨：《老子注释》，河南人民出版社1977年版。

尽乎斯,过此以往,非道之流。故万物之生,吾知其主,虽有万形,冲气一也。""道"是"有""无"的自本自根、自生自成。作为宇宙万物构成本原的"道",是最真实、最高的存在,是万物构成之本域,舍弃了它,就没有其他一切的"道"。因此,作为宇宙生命本原的"道",是一切"道"中最根本的"道"。它决定着其他一切"道"的特性,是诸"道"的总生机总源泉。

对于宇宙生命本原的"有"与"无"相生构成之"道",《老子》一书中有较为详尽的描述。老子说:"有物混成,先天地生。寂兮寥兮,独立而不改,周行而不殆,可以为天下。吾不知其名,强字之曰:'道'。"(二十五章)在这里,老子把作为宇宙生命构成本原的"道"描述为现存形态的自然宇宙存在之前的某物,说"有物混成",认为它是浑然一体的东西,无声无形,"寂兮寥兮",然而却独立永存,循环运行而不息。老子认为,这种还不知其名的东西,就是宇宙的生命本原,老子把它称为"道"。在这个意义上,老子的宇宙生命本原并非是超时空的,而是存在于特定时空中的,"先天地生",是先于现存宇宙这个时空的,并且,由于宇宙生命本原本身的运动变化,而使它成为生成现存宇宙时空的起点和开端。

老子又在多处描述了"道"这一宇宙生命本原的"有"与"无"相生构成、浑然一体的性质。他说:"视之不见名曰'夷',听之不闻名曰'希',搏之不得名曰'微'。此三者不可致诘,故混而为一。其上不皦,其下不昧,绳绳兮,不可名,复归于无物。是谓无状之状,无物之象,是谓惚恍。迎之不见其首;随之不见其后。"①这也就是说,"道"是看不见的,故称之为"夷";它又是听不到的,故称之为"希";它又是摸不着的,故称之为"微"。这三者的形象无从描述,是浑然一体的,上面不显得光亮,下面也不显得阴暗,绵绵不绝而不可名状,一切的运动都会还原到最初那种不见物体的状态。这是没有形状的形状,不见物体的形象,可以把它称作"惚恍"。迎着它,看不见它的前头,随着它,看不见它的后面。老子在这里把"道"描述为一个超验的存在体,即不是人的感官所能把握的具体存在物,它超越了人类的一切感知觉。"道"的这种浑然未分、天地未开之前的浑然物的性质是:"道之为物,惟恍惟惚。惚兮恍兮,其中有象;恍兮惚兮,其中有物。窈兮冥兮,其中有精;其精甚真,其中有信。"(二十一章)作为本体的"道"的性质是"恍兮惚兮"的,然而,这种幽隐而未形的宇宙生命本原,其中又"有象"、"有物"、"有精"而且还"有信"。作为宇宙生命本原,"道"既是"无",即"不可名,复归于无物",又是"有",即"其中有物"。这种既是什么又不是什么的东西,即无物之象、谓之惚恍的东西,与现实世界一切有形的事物相比,它就是"无"。因为你把它看成是实在的某物,

---

① 高亨:《老子注释》,河南人民出版社 1977 年版。

即具有客体性质的有形物，那就不是“道”，它就不能充当天地之母，而这种意义上的“无”，也不是虚无，而是一种存在的存在方式。它不是当下的存在，但是当下存在的生命本原。正是在这个意义上，老子提出：“天下万物生于‘有’，‘有’生于‘无’。”（四十章）“‘无’，名天地之始；‘有’，名万物之母。”（一章）老子以“无”来指称“道”，是因为它并不是人的感官所能把握的。然而这个幽隐无形的道又潜藏着巨大的力量，蕴含着无限之“有”，并且，这个“有”表明无形的“道”与天地万物之间存在一个中介，而这个中介则表明“无”向天地万物的生成流程。由于有这样一个流程，一个超越性的、作为宇宙生命本原的“道”就与具体的生动的有形世界密切地联系起来了。

二

应该说，老子的这种认为宇宙的生命本原是“有”与“无”相生构成之“道”的思想，是和其阴阳生命学说与古代的生殖崇拜意识分不开的。原始社会，氏族部落为了生存竞争的需要，非常看重人的繁衍和生长，并由此而萌生对生殖力的崇拜意识。生殖崇拜意识有女性和男性之分，女性为阴，男性为阳。《黄老帛书·称》说：“凡论必以阴阳太义。天阳地阴，春阳秋阴，夏阳冬阴，昼阳夜阴。大国阳，小国阴，重国阳，轻国阴。有事阳而无事阴，信（伸）者阳屈者阴。主阳臣阴，上阳下阴，男阳女阴，父阳子阴，兄阳弟阴，长阳少阴。”老子所谓的“道”，最初就建立在对女性生殖力认知的基础之上，再进一步将这种女性生殖能力推而广之，用来表述整个宇宙的创生流程，于是形成了“道”这一范畴。《老子》书中常用女性生殖器或母体形容“道”。如“谷神不死，是谓玄牝，玄牝之门，是谓天地根。緜緜若存，用之不勤”（六章）。“玄牝”即女性生殖器，所谓“谷神”，用现代语言来说，就是女性生殖之神，“谷”，空谷，是女性生殖器的形象化代表物。人人都生于母亲，老子认为整个宇宙万物亦是从玄牝之门中生出的，故玄牝之门成为天地的根源。宇宙的玄牝之门是生生不息、永无穷尽的，故“緜緜若存，用之不勤”。老子说：“道可道，非恒道；名可名，非恒名。无名，万物之始；有名，万物之母。”①女性的生殖流程，母体是可见的，婴儿也是可见的，但“谷神”，即“阴”的力量，也就是女性生殖的力量则是无形的，不可视听，无法感知，是无比巨大的。宇宙的生殖流程，原初之母体不可见，因为它是非有，天地万物可见，而宇宙的创生能力亦不可视听，无确定形象可把握。这种宇宙的原初母体和创生能力便是“道”，它没有实体性，只

① 高亨：《老子注释》，河南人民出版社 1977 年版。

能通过不断的创生流程体现自身的伟大作用，故为万物之始。所谓“始”：《说文》云：“始，女之初也。”《尔雅》云：“胎，始也。”可见“始”的本义就是指女子怀孕之初，即结胎之时，婴儿从无到有。推之于宇宙，无形无象之原初母体中即孕育着天地万物的萌芽，故曰“无名，万物之始”。结胎既成，初无分化，五官五脏四肢渐次萌生发育而成。将这种生育流程推之于宇宙的生衍，即由“无”成“有”，初为混沌，天地万物渐分而生成。人之胎珠，宇宙之混沌初体，皆可为“有”，于是就用“有”来名之，而为后来人物之源，故曰：“有名，万物之母。”老子喜欢借用女性、母体一类词语来称谓“道”这一宇宙自然与人类的生命本原，都是因其万物生成论受女性生殖流程启迪的缘故。老子说：“道冲，而用之或不盈，渊兮似万物之宗。”（四章）所谓“冲”，意指虚空，“道冲”即道体虚空，受启于女性生殖器的中空特征。据宋兆麟《原始的生育信仰——兼论图腾和石祖崇拜》介绍，四川省盐源县前所崖石上有一个石洞，名叫“打儿窝”，传说是巴丁拉木女神的生殖器。① 永宁的摩梭人把格姆山腰的山洼视为女性生殖器，左所的摩梭人把泸沽湖西部的一泓水视为女性生殖器②；中国云南的佤族地区也将一岩洞称为“出人洞”，当地人传说人类都是从这个洞中走出来的。③ “出人洞”是放大了的女性生殖器。其特征是“冲”，而能源源不断地生人。由于道之生物无穷，故云“用之或不盈”，其渊深之妙，含孕之富，成为万物的宗祖。“道之为物，惟恍惟惚。惚兮恍兮，其中有象。恍兮惚兮，其中有物。窈兮冥兮，其中有精。其精甚真，其中有信。”④“恍惚”，似有若无。“窈冥”，深远暗昧。“其中有象”、“其中有物”，在有无迷离之际，蕴含着具象的事物，虽非现实的存在，而有潜藏的存在。“其中有精”，其中含藏着生命的微小原质。这里明显是借用女性的生殖来描述宇宙的起源。任何个体的人，本来是不存在的，他之所以能从无中诞生出来，皆因母体具有创生的能力，含有下一代生命的原质。推而论之，现存的天地万物本来是不存在的，之所以能够陆续出现，就在于非有本“无”的原初世界里，本来就含有现存世界的种子或原质或因素，所以“无”才能过渡到“有”，形而上之道才能转化为形而下之物。老子指出：“天下有始，以为天下母。既得其母，以知其子；既知其子，复守其母，没身不殆。”（五十二章）显而易见，这里就是用女性生殖原理来说明道与万物的关系及得道的重要性。道与万物是母子关系，得其母方能知其子。这里的“天下有始，以为天下母”，即是老子所

① 见《史前研究》创刊号，1983 年版，第 131 页。

② 杨学政：《达巴教与东巴教比较研究》，云南社科院宗教研究所编：《宗教论稿》，云南人民出版社 1986 年版，第 156 页。

③ 赵国华：《生殖崇拜思想》，中国社会科学出版社 1990 年版，第 294 页。

④ 高亨：《老子注释》，河南人民出版社 1977 年版，第 27 页。

谓的“有名,万物之母”。

因此,可以说老子美学中所谓的“道”既是“有”,又是“无”,是在有与无之间。从历时性而言,无在先,有在后,无中含有,道即是含有之无。从共时上说,道有体用,道体为无,道用为有,道是体用一元、有无结合的。老子所说的“无名”指作为万物之始的非有的原初状态,所说的“有名”,则指混沌未分的存在,万物所从出者。故老子强调只有保持无任何欲念的清静虚明的心境,才能体验到道的玄妙本性。老子说:“此两者,同出而异名,同谓之玄。玄之又玄,众妙之门。”两者指无名与有名,道是无名与有名的统一,深奥不可测度,故谓之玄;太深远太精妙,故谓玄之又玄。宇宙之神奇变化都是由此而生成的,故谓众妙之门。老子说:“有物混成,先天地生。寂兮寥兮,独立而不改,周行而不殆,可以为天地母。吾不知其名,强字之曰道,强为之名曰大。”(二十五章)这里说的先天地生的混成之物,即指宇宙初生、尚未分化时的“有名”世界,是无向有过渡的最初阶段。因它又是混沌统一的,故云“独立”;因其入有,故可强为之名曰道曰大。老子说:“道生一,一生二,二生三,三生万物。万物负阴而抱阳,冲气以为和。”这里所说的道是指“无名”之道,即最早的非有世界。道所生出之“一”指独立而不改的“有名”的混沌世界。“一生二”,是指混沌世界分化出天与地。“二生三”,是指天地交合,阴阳二气相激荡而生成冲气。“三生万物”,冲气通过阴阳的激荡、氤氲而形成天下各种事物。宇宙万物的这种生成流程归结起来就是一句话:“天下万物生于有,有生于无。”(四十章)老子说:“视之不见名曰夷,听之不闻名曰希,搏之不得名曰微。此三者不可致诘,故混而为一。其上不皦,其下不昧,绳绳不可名,复归于无物。是谓无状之状,无物之象,是谓惚恍。迎之不见其首,随之不见其后。”(十四章)这是从共时上讲道体的超形象性。王弼对此深有所得,注曰:“无状无象,无声无响,故能无所不通,无所不往。”“欲言无邪?而物由以成;欲言有邪?而不见其形,故曰无状之状、无物之象也。”“无形无名者,万物之宗也。”就王弼的理解来看,有以无为本,万物以道为本,所以说道是万物的深层生命力之所在,而万物万象则是道的具象化表现,道与万物是本质与现象的关系,而本质是不能被感知的。老子又说:“大道汜兮,其可左右。万物恃之以生而不辞,功成而不有,衣养万物而不为主。”(三十四章)这里强调“道”的自然本性,万物的生成离不开道,但是“道”并非有意志力和占有欲的上帝,它自然而然地生物养物,不受任何意念的支配。故而老子强调指出“道恒无为而无不为”(三十七章),道不妄为不强求,遵从自然,顺乎自然,万物自生自长自成,各安其性,各得其所。道在无形之中生养和成就万物,这是一种自觉自然的没有痕迹的内在作用,故老子说:“道者,万物之奥。”(六十二章)道还不止是宇宙原初状态和万物的生命本原。老子论道,不单在于它的无形无象,更在于道能无中生有；不单在于道规定着万物的本质，更在于道能促使万物健康地生长发育。如果道仅是万物的生命本原，那么宇宙无物而无道，无时而无道。《老子》中讲“得道”（三十八章）、“有道”（四十六章）。老子说：“昔之得一者。”（三十九章）作为“一”的道，有“混而为一”（十四章）、“圣人抱一”（二十二章）。总之，老子的“道”是指宇宙的总源泉和总生机，是创生的能量，不是被创生的物体，是发展的动力，不是发展着的万有。“道”意味着不断地创造，蓬勃地发展，它是内在的永恒的活力。在老子看来，宇宙万物来源于一个统一的不是“在”本身，而是“在”的“缺席”的非现存世界，不靠上帝鬼神，不靠其他任何外力，自己在不停地运转，不停地分化，不停地催生，不停地向前，它的动能是自己所固有的，用之不尽的。这种动能即是“道”。不能说它有，它是非物，无形无象，看不见摸不到；又不能说它无，它的力量伟大，赋予万物以生命，人们时刻能感受到它的存在。这是老子观察女性生殖功能所受到的启悟，他把“道”看成是生养天地万物的自然母体的造化之力，正是这种永恒的自然的力量造就了一个五光十色的生气勃勃的世界。这个世界中每一件事物的正常存在和发展，都是禀受了道的一部分活力，失去了活力，就要趋向衰亡。故而，老子说：“昔之得一者：天得一以清，地得一以宁，神得一以灵，谷得一以盈，万物得一以生，侯王得一以为天下正。其致之也，谓天无以清将恐裂，地无以宁将恐废，神无以灵将恐歇，谷无以盈将恐竭，万物无以生将恐朿，侯王无以正将恐蹶。”（三十九章）道既是总源泉总生机，天地万有要健全地存在并发挥作用，必须从道那里获得应有的生命力，并能保持它。“万物得一以生”概括了道的生生作用，天之清，地之宁，神之灵，谷之盈，侯王之正，皆是它们正常的生命形态，皆因内含着生机。推而言之，万物失去生机便会瓦解毁坏，天将崩裂，地将震溃，神将止息，谷将涸竭，侯王将倾危。由此可知，道就是生命，也是美之所在。

三

同时，老子所论的表征为“有”、“无”一体之“道”的一个重要特征是“虚实”的统一。老子云：“道可道，非常道；名可名，非常名。无为，天地之始；有名，万物之母。故常无，欲以观其妙；常有，欲以观其徼。”（一章）一方面，“道”作为“天地之始”是“无”，它无形无象，“微妙玄通，深不可识”（十五章）。所谓“大象无形”、“无状之状，无物之象”（十四章），就是对“道”的这一特征的具体说明。另一方面，“道”作为“万物之母”是产生有形万物的本体和根源。就此来说，“道”又是“有”。所谓“道之为物……其中有象……其中有物……其中有精”（二十一章），就是对"道"的这一特征的具体说明。在无形的"道"中包孕着丰富无穷的有体有象的形形物物,"道"不是绝对虚无的存在,"道"是有无的统一、虚实的结合。老子认为,有无虚实诸因素之间又存在着一种相互依存、相互利用的辩证机制。老子云:"有无相生,难易相成。"(二章)"实"、"有"离不开"虚"、"无",对立因素的相互依赖和作用,是"道"发挥作用的真正奥秘。老子云:"三十幅共一毂,当其无,有车之用。埏埴以为器,当其无,有器之用。凿户牖以为室,当其无,有室之用。故有之以为利,无之以为用。"(十一章)车轮、盆子、房屋等物之"用",在于中间的"空无"。事物的作用在于有与无的统一,不可只有"有"而无"无";而"无"也必须有赖于"有"而存在。在老子看来,有无虚实的统一是宇宙万物化生运行发挥作用的根本。这种思想完全适用于艺术,并揭示了艺术创作的基本方法和艺术作品的基本特征。对于创作,"虚实结合"是一种极重要的方法。这一方法要求作家创作时不对对象的外在形貌进行细腻精确的摹写,而是选取最突出的特征,以精炼的语言,简洁的线条,进行典型的勾勒概括,在组合意象时,故意取出一些联系环节,使作品在整体上呈现出一种虚空,从而使作品显得更富于空间性、容涵性和内容的丰富性。"虚实结合"在我国古代诗歌、小说、绘画、书法、戏剧、园林设计等艺术的创作中被广泛使用。如《陌上桑》对罗敷的容貌美不作直接描写而留下一片空白,非但不影响罗敷容貌美的表现,反而效果更佳。作者以"虚"处理的方法未使罗敷的容貌美定型化,从而为不同读者按自己的理想标准对罗敷之美进行"完型"提供了广阔想象空间。古典小说的创作也同样需要"虚实结合",《三国演义》中"温酒斩华雄"是著名例证。古代绘画中的重意重神,而不计较光影色彩,以富于表现力的线条勾勒景物轮廓,而在画幅中留出大片空白;古典戏剧中人物的象征性动作;书法创作的疏密布置;园林设计的"借景"等,都是运用"虚实结合"的艺术方法,从而取得了"虚实相生,无画处皆成妙境"(笪重光《画筌》)的艺术效果。

"有无相生"、"虚实结合"也是艺术作品的基本特征。绝对"空无"无法构成作品,而毫无"空无"的"厚、重、实、有"也不为真正的艺术品所接受。真正优秀的作品无不是"有无虚实"的有机结合,无不体现着"有之以为利,无之以为用"和"无味"之"味"乃"致味"的相生相成、相化相合关系。马致远的著名小令《天净沙·秋思》尽管只罗列几个名词,却表现出了充满哀伤悲凉情怀的旅人的无限愁思。《琵琶行》中"此时无声胜有声"的精彩诗句,淡淡七个字,表现出了声无而情意有余、令人回味不尽的音乐境界。这些作品无不是以实见虚、以有限之语表现无限之情。

"道"以"无"与"虚"而见其"奥妙"。在艺术中,正是虚处空白才为读者留下了广阔的"体味"空间,从而引发读者产生渺远无限的想象和情思,获得丰富的审美享受。中国古代艺术家之所以特别钟爱“意在言外”、“韵外之旨”，鄙弃“言尽意尽”、“一览无余”；崇尚“清空”、“空灵”与“韵味”，厌恶“质实”、“板滞”与“淡而寡味”，其主要原因即在于此。

“虚实结合”是中国古代美学、文艺学的一贯主张。钟嵘提倡诗歌“文已尽而意有余”。姜夔主张书法“疏密停匀为佳”。董其昌要求绘画“实虚互用”。王骥德提出：“剧戏之道，出之贵实，而用之贵虚。”计成认为：“夫借景，林园之最要者也。”而“虚实结合”艺术原则的哲学基础和最初源头，是老子的“有无”相生相成论与“无中生有”说。

这种开放性和张力性还表现在古人对“意境”的讨论和不同描述之中。在中国古代美学思想中，“意境”又被称为“境界”或“境”。对“境”的概念有种种提法。例如：以艺术门类分，有诗境、词境、画境之说；以所达到的审美境界分，则有神境、胜境、奇境、极境、真境、实境之谓；以意境创构来分，又有初境、拓境、凌境、写境、造境之称，林林总总，不一而足。对意境含义的解释、阐述则更是说法不一，人人言殊。之所以出现这种现象，原因就是提出与运用“意境”的总是从接受者的角度来表明自己对“意境”的体知，受到开放性和张力性的影响。同时，他们对“意境”的描述也往往只用极精炼、极隽永的开放性语言点出其深远的审美内涵，以启迪接受者去领悟其精微、含蓄的意旨，填补其空白。例如司空图所描述的二十四种诗品，黄钺的二十四种画品等等，有人就认为其实这些分别所根据的就是所造意境的不同。因此，可以说，历代对意境的不同表述，使意境的开放性和张力性得到丰富和增强。

意境实现中的这种开放性和张力性指向无限与永恒。费汉源认为山水画有三远：高远、平远、深远。又说：“深远最难，要使人望之，莫穷其际，不知为几千万重。”（《山水画式》）李日华则认为画有三次第：“一曰身之所容。凡置身处，非邃密，即旷朗，水边林下，多景所凑处是也。二曰目之所瞩。或奇胜，或渺迷，泉落云生，帆移鸟去是也。三曰意之所游。目力虽穷，而情脉不断处是也。”（《紫桃轩杂缀》）“不知为几千万重”与“目力虽穷情脉不断”正好形象地表现了艺术“意境”张力的无限性。

应该说，“意境”的这种开放性和张力性是有其历史渊源的。它萌发于老子“有无相生”的思想。老子说：“天下万物生于有，有生于无。”“常无，欲以观其妙。”如前所说，所谓“妙”，作为一哲学范畴，它体现着“道”的永恒与无限。只有达到“无”的境界，才能“观其妙”。可见，这里的“无”就表现出一种开放性和张力性。同时，中国古代美学“言不尽意”的思想也影响着这种开放性和张力性的形成。“书不尽言，言不尽意”；“盖理之微者，非物象之所举也。”事物的精微玄妙之处，只能通过意会，不能言传。语言的表达功能是有限的，而事物的精义则是没有穷尽的，难以言传的，它为接受者所开放。

第四节 “阴阳氤氲”

审美境域的缘在构成与“阴阳氤氲”的作用分不开。中国美学所有重要的审美意识，都没有脱离《周易》的影响。研究《周易》与中国美学之间的承接关系，对准确把握中国美学及其生长于其中的美学思想与精神，具有重要的意义。其中，作为中国美学最基元的“阴阳”细缊、生化、构成思想更是秉承于《周易》。可以说，“阴阳”的细缊、激荡、生化、构成是《周易》的核心思想，所谓“一阴一阳之谓道”、“阴阳不测之谓神”，在中国美学思想中，处处体现着“阴阳氤氲”、“生化构成”的审美意识。

雅斯贝尔斯在《历史的起源和目标》中指出：“人类一直靠轴心时期所产生的思考和创造的一切而生存，每一次新的飞跃都回顾这一时期，并被它重燃火焰，……轴心期潜力的苏醒和对轴心期潜力的回归，或者说复兴，总是提供了精神的动力。”①作为中国美学轴心期的杰作，《周易》在中国历史上长期被崇奉为“群经之首”和“大道之源”。《周易》所表述的自然哲学、人文哲学等思想，无不影响到中国美学的方方面面，可以说中国美学所有重要的思想与理论，都没有脱离《周易》的“思考和创造”，都离不开《周易》提供的“精神的动力”。研究《周易》与中国美学之间的承接关系，对其思想“潜力的苏醒”和“潜力的回归”，以及准确把握中国美学及其生长于其中的美学思想与精神，具有重要的意义。其中，作为中国美学最基元的“生化”构成思想更是秉承于《周易》。可以说，“阴阳”的生化构成是《周易》的核心思想，所谓“一阴一阳之谓道”、“阴阳不测之谓神”②，在中国美学思想中，处处体现着“阴阳”、“生化”构成的思想。“阴阳”、“生化”被用以说明自然万物的化生化合与审美构成、生化及生态场的建构。因此，从《周易》阴阳思想入手研究中国美学的生化理论，对准确把握中国美学审美缘在构成思想具有重要意义。

---

① （德）雅斯贝尔斯：《历史的起源与目标》，华夏出版社1989年版，第14页。

② 《周易》。

一

“阴阳”为《周易》的基本范畴，并且，通过“阴阳”确立了一种极具中国特色的生化哲学思想。这种生化哲学思想既可以呈现群体生命的生化构成流，也可以呈现个体生命的生化与构成流。《周易》是通过卦爻符号及其筮辞的话语以“立象尽义”、“系辞尽言”的。《周易》的经文承袭商代神学龟卜，从观念形态实现了从龟卜到蓍筮的转变，体现出“象数”与“义理”的区别。《礼记·曲礼上》曰：“龟为卜，策为筮。”古时“卜”用龟甲，“筮”用蓍草。就其特征而言，“龟，象也；筮，数也”①。龟卜的特征是“象”，蓍筮的特征是“数”。八卦符号阴阳爻来自于龟卜裂纹。《周易》非常注重“象”，所谓“天垂象，见吉凶”，“象”是“天”，即神的意旨的表现。甲骨刻辞奇偶以象阴阳，按奇偶、阴阳成卦，就是对阴阳八卦象数的模仿。应该说《周易》的这一转变，为“阴阳”化生说的阐释开辟了广阔的空间。

为了阐明宇宙自然“阴阳”生化构成流的“义理”，《周易》采用了六十四卦，通过其卦名和卦辞以及爻题和爻辞来呈现宇宙自然间万事万物的化生构成流。这六十四卦又是由八个基本卦象构成，即乾、坤、震、巽、离、坎、兑、艮，此基本八卦作为符号，又分别表征着宇宙自然间的天、地、雷、风、火、水、湖、山等自然现象，而这些基本卦象符号又是由“乾坤”，即“阴阳”两爻构成的。

在《周易》中，三阳爻为乾卦，表征天，三阴爻为坤卦，表征地。作为阴阳表征的乾坤二卦在《周易》中具有高于其他卦象的独特意义，可以说，《周易》之卦象的演变、义理的推演，都是以乾坤，即“阴阳”二卦为基元的。《周易·系辞上》云：“《易》与天地准，故能弥纶天地之道。”又云：“乾坤成列，而《易》立乎其中矣。乾坤毁，则无以见《易》。《易》不可见，则乾坤或几乎息矣。”孔子亦言：“乾坤，其《易》之门邪。”②“乾坤”二卦，即“阴阳”二卦是出入《易经》的门户，是《易经》六十四卦的根本，为基元中的基元，其他卦象，都是“乾坤”即“阴阳”二卦化生而来。阴阳相荡、化生化合、生生不息，构成自然万有。如《周易·说卦》所言：“乾，天也，故称乎父。坤，地也，故称呼母。震一索而得男，故谓之长男；巽一索而得女，故谓之长女；坎再索而得男，故谓之中男；离再索而得女，故谓之中女；艮：三索而得男，故谓之少男；兑三索而得女，故谓之少女。”即八卦之震、巽、坎、离、艮、兑六卦，皆源自乾坤二卦的相交，而六十四个卦象，又是八卦的两两相合，故可以引申理解为

① 《左传·僖公十五年》，《春秋左传集解》，上海人民出版社 1977 年版。
② 《周易》。

天地之间万事万物的生成、化生化合，包括男女、父母、上下、牲畜、作物、色泽等，均源自于乾坤天地之气。《周易·系辞下》则对这一义理表达为："天地絪缊，万物化醇。男女构精，万物化生。""乾知大始，坤作成物。"正是基于万物化生于天地之气这一命题，万物才蕴含了与天地共同蕴育转化的自然规律，以乾坤二卦演变出的六十四卦所携带的信息与征象，才会与人类生命、社会生活的发生发展规律交融契合。同样，这也是《周易》中众多的哲学命题如天人一体、顺时化生化合得以确立的前提。

在《周易》看来，"阴阳"就是构成宇宙万物的基本元素，六十四卦所有卦象的化生化合均可以归结为"阴阳"的化生化合。宇宙自然间万事万物的化生化合，都应该归结为"阴阳"元素的激荡氤氲、感应构成，世间万物的生成发展与化生化合，都是由阴阳所作用。阴阳之间的聚散氤氲、相感相化，影响着宇宙万物的构成。如乾坤天地是相对存在的，二者一上一下，表明阴态，而后爆发，以声火呈现，转化为阳，其卦象之上为两阴爻，下为一阳爻，由上到下，表征阴转化为阳的流程与现象；巽卦表征风，风以其动之性，应属阳，故上以两阳爻为象，但风吹至人体，却有凉感，又为阴性，故下以一阴爻为象，表征阳可以转化为阴。坎卦本为水，其卦象为两阴爻中夹一阳爻，表征阴中有阳；离卦表征火，其卦象为两阳爻中含一阴爻，表征阳中有阴，即阴阳之中又有阴阳，或言阴阳是相互包含的。兑与艮：分别表征湖泊与山岭，二者分别源自地壳的凹陷与隆起，是彼此互依的，因此兑卦上为阴爻，表湖泊之面为阴水之性，下为两阳爻，言其以山之凸现为基础；艮卦上为阳爻，表山岭凸起之形状，属阳性，下为两阴爻，表山之形成源自湖之阴凹。借此表达阴阳的互根性。可见，"阴阳"间的氤氲转化、生长消息、相对相待、互根互源、相转相化与相互包含，决定着宇宙自然间万事万物的消息盈虚、化生化合、生长构成。

应该说，《周易》确立"阴阳"为宇宙天地生化的基本元素的思想对中国美学的影响是极为深远的，既是中国美学传统的重要基因，也是今天重构现代具有民族特色思想的原初本源。在中国美学中，"阴阳"一词的出现频次是非常高的，谈阴阳、谈生命、谈气化、谈构成化合，无一不涉及"阴阳"的氤氲聚散，将生命活动置于"阴阳"化生化合间去体认，从天地的结构、规律、属性与关系去感悟生命活动乃至阴阳的内涵和关系。显而易见，生长于中国美学土壤的中国美学思想自然也深受《周易》中这种思想的影响，并将"阴阳"的化合氤氲作为其思想的重要内核。

受《周易》的影响，生成于中国美学土壤的中国哲学与美学思想同样将人类的生命活动，置于天地之间来看待，认为所有的生命，均是源自天地之气的相合，如《素问·宝命全形论》说："人以天地之气生，四时之法成。""夫人生于地，悬命于天，天地合气，命之曰人。""在天为气，在地成形，形气相感，而化生万物。"等等，都强调指出人的生命都化生于源于天地之气，人的生命活动具备与天地，以及天地化生的自然万物某些相同甚至相近的属性，包括人与自然万物相同的规律、相同的结构以及彼此的通受关系。此即《素问·阴阳应象大论》所谓的"阴阳者，天地之道也"，"清阳为天，浊阴为地"，"积阳为天，积阴为地"，"天地者，万物之上下也"，从天地的运行特性、天地阴阳的属性来体知人体、体知阴阳，是中国哲学与美学思想从《周易》中所承接的重要智慧元素和"精神的动力"。

二

就《周易》经文看，并没有"阴阳"二字。从文献材料上看，《周易》与阴阳概念的结合，可以追溯到战国时期。《庄子·天下》述及儒家六礼时，云："《易》以道阴阳。""阴阳"二字，在文字学上，原是分别指云蔽日而暗及太阳之明照而言。① 至春秋时期，老子提出"万物负阴而抱阳，冲气以为和"②，以为万物由阴阳二气构成，于是"阴阳"才成为重要哲学范畴，而其对《易》的解释也产生了很大的影响。在我国，阴阳概念早在殷商和西周时就广泛流行；阴阳二字作为矛盾对立的概念连在一起使用，起码应当上推至周初，《尚书》云："论道经邦，燮理阴阳。"③这里的"阴阳"二字有很大概括性，既指自然界和人的矛盾关系，也指人与人之间的矛盾关系。所以，这二字把宇宙间的一切矛盾关系都包括了。这已不只是一个政治概念，已非常接近哲学的范畴。同时，在《周礼》中，阳为男人，阴则为女人。与女人有关礼节叫阴礼，与男人有关礼节叫阳礼。在《周礼》中，阴阳也指两种不同类型的气。如："占梦，掌其岁时观天地之会，辨阴阳之气。"（《春官宗伯下》）"日至之景，尺有五寸，谓之地中，天地之所合也，四时之所交也，风雨之所会也，阴阳之所和也。"（《地官司徒第二》）所谓"阴阳之所和也"之"阴阳"，指的就是阴阳之气。这也即《周易》中"二气感应以相与"的"二气"；这里的"阳"，也即《周易》中"乾龙勿用，阳气潜藏"的"阳气"。

《左传》和《国语》中也描述了不少有关"阴阳"生化感应的现象。比如：《国语·周幽王二年》伯阳父云："幽王二年，西周三川皆震。伯阳父曰：'周将亡矣！夫天地之气，不失其序；若过其序，民乱之也。阳伏而不能出，阴迫而不能烝，于是有地震。今三川实震，是阳失其所而镇阴也。阳失在阴，川源必塞；源塞，国必亡。

① 邝芷人：《阴阳五行及其体系》，文津出版社 1992 年版，第 8 页。
② 高亨：《老子注释》，河南人民出版社 1977 年版。
③ （唐）孔颖达：《尚书正义》，十三经注疏本，中华书局 1979 年版。

夫水土演而民用也。水土无所演,民乏财用,不亡何待?'"①在伯阳父看来,之所以发生地震,其原因是阳气受阴气压抑,造成"天地之气""失其序",从而引发山川剧烈变动。显然,这和《周易》中提到的"阴阳相薄"(《说卦传》)、"阴凝于阳"(《文言》)、"二气感应"(《咸》)相似,都是"阴阳"的盈缩转化,感应生化、相转相薄、周旋无尽。不过,需要指出的是,在《左传》、《国语》中,凡是提到"阴阳"感生化合的地方,虽然也有以"阴阳"符指社会人事领域的,如范蠡有关战争的那段话:"阳至而阴,阴至而阳;日困而还,月盈而匡。古之善用兵者,因天地之常,与之俱行。后则用阴,先则用阳;近则用柔,远则用刚。后无阴蔽,先无阳察,用人无艺。……阳节不尽,不死其野。……尽其阳节,盈吾阴节,而夺之利。……阳节不尽,轻而不可取。……阴节不尽,柔而不可迫。"②这里,"用阴",指使用比较隐蔽的方法,"用阳"指使用明显的大胆进攻的方法;"阴蔽"指退避不动,畏缩不前;"阳察",指过于显露;"阳节"指刚强之气;"阴节"指人的柔弱气度。这段话中的阴阳概念不仅是指自然现象,还涉及战争的战略战术和士气的高低强弱。这是阴阳概念在军事领域的具体运用。但总的说来,大多还是以"阴阳"来符指自然万物的化生构成流。由"阴阳"为"化机",从而"化始"、"化生"、"化成"。"阴阳"仍是万物生命的源泉。如:"古者,太史顺时土,阳瘅愤盈,土气震发……阳气俱蒸,土膏其动。……阴阳分布,震雷出滞。土不备垦,辟在司寇。"③《左传·僖公十六年》云:"阴阳之事,非吉凶所在也。吉凶由人……"《襄公二十八年》云:"今兹宋、郑其饥乎?岁在星纪,而淫于玄枵,以有时灾,阴不堪阳。"《昭公元年》云:"天有六气……六气曰阴、阳、风、雨、晦、明也。分为四时,序为五节。过则为灾,阴淫寒疾、阳淫热疾……"《昭公四年》,申丰云:"其藏冰也,深山穷谷,固阴冱寒,于是乎取之。……其藏之也周,其用之也遍,则冬无愆阳,夏无伏阴……"④《国语》:"气无滞阴,亦无散阳,阴阳次序,风雨时至……"⑤等等。因此,可以说,《周易》的"立天之道,曰阴与阳"、"一阴一阳之谓道"的"阴阳"化生构成思想除了受其本身"观象立意"思维方式的影响之外,还应该是对《左传》与《国语》以及之前"阴阳"观念的化通和提升。

道家的创始人老子也提出"阴阳"化生构成自然万物的思想,指出:"道生一,

① (春秋)左丘明撰、鲍思陶校点:《国语》,齐鲁书社 2005 年版。
② (春秋)左丘明撰、鲍思陶校点:《国语》,齐鲁书社 2005 年版。
③ (春秋)左丘明撰、鲍思陶校点:《国语》,齐鲁书社 2005 年版。
④ 邝芷人:《阴阳五行及其体系》,文津出版社 1992 年版,第 8 页。
⑤ (春秋)左丘明撰、鲍思陶校点:《国语》,齐鲁书社 2005 年版。

一生二,二生三,三生万物。万物负阴而抱阳,冲气以为和。"①所谓"一"是指天地鸿蒙未开之前的混沌之气,"二"则为天地,"三"应该是指阳气、阴气、和气。在老子看来,宇宙间的万事万物都"负阴而抱阳",任何事物包含"阴阳"这对基本的生命元素,并受其作用而化生化合。不难看出,老子的这种"阴阳"观念和《周易》"一阴一阳之谓道"的观点非常相似。表明在"阴阳"观上,儒道两家的看法是一致的。这点从《大戴礼记》的《曾子天圆》篇中也可以得到证实。该篇通过曾参之口记载了孔子的一段重要言论:"天道曰圆,地道曰方,方曰幽而圆曰明。明者吐气者也,是故外景;幽者含气者也,是故内景,故火日外景,而金水内景,吐气者施而含气者化,是以阳施而阴化也。阳之精气曰神,阴之精气曰灵;神灵者,品物之本也,而礼乐仁义之祖也,而善否治乱所由兴作也。"在这里,孔子指出,"天"以精气的化生化合、循环复杂的运动为其规律;地以千差万别、各有其特殊职能的事物的存在为规律。天道和地道,一动一静,一明一幽,一圆一方,一吐气一含气,一施气一受气,一阳一阴。各不相同,而又缺一不可,互相支持。在这里,孔子提出"精气"是世界万物化生化合的本原,为"品物之本"。同时,在孔子看来,精气还分"阴"分"阳",精气之"阳"为"神",精气之"阴"为"灵"。精气是"品物之本",那么作为精气基元的"阴阳"当然应该为"品物之本"。精气及其基元"阴阳"不仅为世界万物化生化合的本原,而且也是化生构成社会礼乐制度和道德规范的根源,是社会治乱的根本出发点。老子认为"万物负阴而抱阳",孔子也认为"气"和"道"有"阴阳",显然,在有关"阴阳"化生构成宇宙万物的看法上,儒道两家是相同的。

三

"阴阳"相互依存、相互转化是宇宙间万事万物化生化合的构成特性,当然也应该是审美境域缘在构成的特性。所谓"一阴一阳",就是又阴又阳,即有阴就有阳,有阳就有阴,阴可以变成阳,阳也可以变成阴。"阴阳"间化生构成万物活动的神妙莫测。所谓"阴阳不测之谓神"。宇宙间万事万物的化生化合一方面有规律可循,有规律则有确定性,这叫作"常",也称为"道";另一方面,又存在着变数,具有偶然性和不确定性,这叫作"神"。所谓"神无方而易无体","神"即神妙不测。也就是说,"阴阳"构成生化万事万物的活动是无固定的方向和体制,变动不居,周流六虚;上下无常,刚柔相易,难以预料的,此即"不可为典要,唯变所适"②。王夫

---

① 高亨:《老子注释》,河南人民出版社 1977 年版。
② 《周易》。

之称之为变动不居,“不主故常”(《庄子·天运》)。其宗旨是反对以固定不变的模式观察事物的化生化合。在我们赖以容身的浩渺宇宙,唯一不变的就是变动。宇宙世界,万物自然,任何刹那皆居变动之中。变动亘古不变,变动川流不息。

同时,由于宇宙间万事万物的化生化合是生生不已、永无止息的,所以才有一切事物常新的呈现。所谓“日新之谓盛德”。熊十力说:“生生者,万有皆以一瞬之间,舍其旧而生新。是改换也。”(《乾坤衍》)也就是说,生生为化生、变化。宇宙间万事万物的变易总是生生相续,新新不停,永无止境的。生生不息、日新月易才是宇宙天地间最大的德行,生而又生,不断有所创造,才称得上变易。由于阳变阴合,不主故常,所以万事万物永远处于运动和化生化合的流程,百川流动而不息,万物昌盛而不匮,日月光明而永放。惟其日新,方能富有一切。此即王夫之《周易外传》所说的“推陈致新”,“推故而别致其新”。如果只“守其故物而不能自新,虽其未消,亦槁而死。故曰日新之谓盛德”(《思问录·外篇》)。

并且,受“阴阳”观念的影响,审美境域的呈现还体现出刚柔相济的特性。由于宇宙万物间有“阴”有“阳”,“阳”为“刚”,“阴”为“柔”,从而促使宇宙间万事万物表现出“刚”“柔”的特性。“阴”“阳”相互生化,“刚”“柔”相互推移,所谓“刚柔相推而生变化”①。也就是说宇宙间万事万物的化生化合的根源在于其内部对立双方的相互作用。《周易·系辞上》说:“刚柔相推,变在其中。”又说:“天地细缊,万物化醇;男女构精,万物化生。”在中国美学,刚柔、天地、虚实、动静、聚散、清浊,都指阴阳,宋代张载则称之为“二端”。如其《正蒙·太和》所说:“造化所成,无一物相肖者,以是知万物虽多,其实一物无阴阳者,是以知天地变化,二端而已。”二端即指阴阳相互推移。并且,张载还在此基础上将其阐发为“一故神,两故化”。如他在《横渠易说·说卦》中指出:“一物两体者,气也。一故神,两故化,此天之所以参也。两不立则一不可见,一不可见则两之用息。两体者,虚实也,动静也,聚散也,清浊也,其究一而已。”这里所谓的“一”指阴阳合一;“两”指阴阳推移;“神”即指气化的本性神妙莫测;“化”应该指气化的流程没有穷尽。王夫之阐发张载的这一观点,以“太和细缊之气”解释“道”本体的内涵,以“细缊”解释阴阳二气相互蕴涵、相互交感而化生万物,并在《周易内传·说卦》中称这种交感化生为“细缊无间之妙用”。在《周易内传·系辞下》中,他指出:“细缊,二气交相入而包孕以运动之貌。”认为审美原初构成域的“道”,即太极,其自身具有化生构成流的本性,乃宇宙间万事万物化生化合的根源。中国美学思想中的这些阴阳构成生化观的主要内容既是一种境域缘在构成识见,又是一种审美智慧,渗透到中华民族的审美

---

① 《周易》。

意识之中,成为中国美学思想解释宇宙万物以及审美境域构成的思想学理渊源。

可以说,正是受《周易》阴阳生化思想影响,在中国美学看来,在审美境域缘在构成流活动中,作为审美对象的万事万物中"阴阳"两个相互对待的基元总是相互依存,相互渗透,阳中有阴,阴中有阳。就美学意义而言,宇宙万物的发生构成流中没有孤阴孤阳之物,也没有纯阴纯阳之事,"阴阳"既相互交通又相互感应。即如《周易·系辞上》所说:"夫乾,其静也专,其动也直,是以大生焉。夫坤,其静也翕,其动也辟,是以广生焉。"这里所谓的"静也专"之"专",读作抟,即抟聚。"静也翕"之"翕"即合闭。也就是说,"乾"的构成性之所以为大生,是因为其静时处于抟聚状态,动时则伸直。"坤"的构成性之所以为广生,是因为其静时处于合闭状态,动时则辟开。生动地呈现出作为纯阳的"乾"中蕴藉着阴静的基元,而纯阴之"坤"也蕴藉有阳动的基元。又如《周易·文言》所说:"坤至柔而动也刚,至静而德方。""坤"符为"阴",其性柔顺而静止;刚健则为"乾"的德性,属阳。也就是说,作为柔静的表征,"坤"中包含有"乾","乾"中有"坤","柔"中含"刚","刚"中含"柔","动"中隐"静","静"中藏"动"。这是"阴阳"既相依存又相渗透的突出呈现,有阳就有阴,有阴就有阳。在中国美学,"阴阳"二气是相互交感的,或者阳显而阴隐,或者阴露而阳藏,所以八卦卦象的化生化合总是相互推荡,不拘于一象,此即又阴又阳。并且,宇宙间万事万物的生成和构成,始终受阴阳细缊聚散的作用,阴阳间总是相互对待、相互发动、互为根基、互为导引,"阳以阴为基","阴以阳为倡","阳中之阴","阴中之阳"。如邵雍所指出的:"阳不能自立,必待阴而后立,故阳以阴为基。阴不能自见,必待阳而后见,故阴以阳为倡。阳知其始而享其成,阴效其法而终其劳。"①就宇宙间万事万物的构成来说,阴阳指事物具有的对立性能,所谓"阳得阴而为雨,阴得阳而为风,刚得柔而为云,柔得刚而为雷";"天得地而万物生,君得臣而万化行,父得子、夫得妇而家道成"。② 自然界和人类的社会人事生活都是由阴阳对立构成。这也就是所谓的"一阴一阳,天地之道也,物由是而生,由是而成也"③。宇宙间万事万物生化构成流既是阴阳相生,又是阴阳相化、相去、相竭。"阳生阴,故水先成。阴生阳,故火后成。阴阳相生也,体性相须也。是以阳去则阴竭,阴尽则阳灭。"④阴阳相生,体性相成,缺一不可,去掉一方,另一方也就枯竭而毁灭了。即使是阳类或阴类事物,其阴阳成分也不是单一

---

① (宋)邵雍:《观物外篇》,《邵雍集》,中华书局2010年版。

② (宋)邵雍:《观物外篇》,《邵雍集》,中华书局2010年版。

③ (宋)邵雍:《观物外篇》,《邵雍集》,中华书局2010年版。

④ (宋)邵雍:《观物外篇》,《邵雍集》,中华书局2010年版。

的，而是阳中有阴，阴中有阳。例如，天气其性为阳，主动，但其形质为静；地体其性为阴，主静，但其体质为动。“阳中之阴，月也，以其阳之类，故能见乎昼。阴中之阳，星也，所以见乎夜。”①朱熹将其解释为“阴阳交易”，“阳中有阴，阴中有阳，便是阳往交易阴，阴来交易阳”。②（卷六十五）他强调指出，天地万物，阳中有阴，阴中有阳，阴阳是相互对待的。所谓“交易”，即阴阳交感，也即对立面相互渗透。据此，朱熹又提出阴阳各生阴阳说：“一物上又各自有阴阳，如人之男女，阴阳也。逐人身上，又各有血气，血阴而气阳也。如昼夜之间，昼阳而夜阴也。而昼阳自午后又属阴，夜阴自子后又属阳，便是阴阳各生阴阳之象。”③万事万物各分阴阳，一事一物又各有其阴阳，阴中有阳，阳中有阴，阴阳交感对待，此即“阳中之阴，阴中之阳，互藏其根之意”（卷七十七）。互藏其根即阴阳交感。互藏，意味着阴阳互相蕴涵。这样，便充分论证了阴阳交感的复杂性，认为对立面是由许多层次构成的，不能将分阴分阳、阴阳对待简单化，所谓：“静中有动，动中有静，静而能动，动而能静，阳中有阴，阴中有阳，错综无穷是也。”（卷九十四）

总起来说，受《周易》阴阳构成化生思想作用，中国美学思想以“阴阳”化生化合为解释审美境域构成的重要学理依据，将审美境域的发生构成看作是“阴阳”对立互动和化生的缘在构成流程，认为在审美境域构成流活动中，从审美视域看，作为审美对象的天地万物都处于动态的境地，其运动总是对立双方互为化生、流转无穷而又相化生充，在均衡与和谐的状态中得到发展。此种审美境域缘在构成方式所追求的是，阴阳对立双方在流转流程中的渗透和化生，即所谓“互以相成”，以达成更高层次的和谐境域。这种审美境域缘在构成方式，充分体现了中国人的审美智慧和审美诉求，具有极为浓烈的本土的民族特色。

---

① （宋）邵雍：《观物外篇》，《邵雍集》，中华书局 2010 年版。

② （宋）黎靖德编：《朱子语类》，中华书局 1986 年版。

③ （宋）黎靖德编：《朱子语类》，中华书局 1986 年版。

第三章

审美缘在构成的境域

审美缘在构成论主张通过“观物取象”、感物起兴与反身而诚、尽心尽性的心物交融互补，而目击道存、“寓目辄书”。因此，缘在构成审美活动中，审美者仰观俯察，盘桓绸缪于外物之中，在万有大千的撞击下，创造出融凝物我的审美意境，为内在情感寻得感性化的载体。“寓目”、“目击”是“以心为主”，重在“道存”，超越物之实而与道合一，只有坚持“寓目”出发，才能在观物中得道，以感性的物象凸显心灵，以物为起点，据物驰思，借物写心，寓目辄书，即景成咏，以虚静空明的心胸“与道冥同”。心与物交互融合，“自见”、“自闻”，心灵从有蔽到无蔽地敞开，内观与外观合一、“万物与我为一”，去物、去知、去为，忘己、离形。听之以气，随气而行，乘物游心，出入六合，上下古今，独与天地精神往来，以体验生命的深邃。物我、情景一体，自本自根，自发自生、自在自足、自造自得、自尔自生、自然自造，自足圆通。有无一体，相生相济，相反相成，生生不息，自身存在的本真得以呈现，敞开自己，显现自己，直指感性现象本身，从而物物无碍、事事无碍地任物自由兴现。青山自青山，白云自白云，青山、白云自是圆足，虚灵生动，“山水即道”、“山水即天理”，“即目”、“所见”、“直寻”，以寓目的“当下美”为准的，把“一触即觉，不假思量计较”以“显示真实”义，视为审美活动的极致，各然其所然、各美其所美，当下如如。于不期然而然中，冥于大化，齐同物我，与道合一。

第一节　与“道”合一

中国美学非常看重人生。认为人与自然万物是同体同构的，视人与天地自然如一大生命。作为中国美学的重要组成，道家美学思想认为作为宇宙自然生命本源的“道”既是生命的基础，生命活力的源泉，也是美所由生成的根本所在。由此出发，缘在构成论推崇“与‘道’合一”的审美境域。

作为中国美学的重要组成，道家美学思想认为作为宇宙自然生命本源的“道”

既是生命的基础、生命活力的源泉,也是美所生成的根本所在。可以说,道家美学思想就是人生生命活力的颂歌,就是生命美学、人生美学。其突出特点就是鲜明的人文关怀和人生诉求,在境域构成方面则主张"与'道'合一"。

一

在中国美学史上,把社会、人和人生问题提到极高的地位并且对人生进行审美探究的,道家美学的首要人物老子应该算是第一个。在老子看来,社会、人和人生与宇宙自然是一体的,只是宇宙自然演化流程中的一部分,都由"道"所生成。所谓"道生一,一生二,二生三,三生万物"①。老子认为,"道"是先天地、人生、社会而生的,是宇宙间万事万物生成的纯粹原初态。

虽然在老子以前,也有人提到"道",但是"道"并没有上升到哲学的高度。如记载《左传·昭公十八年》郑国子产中说道:"天道远,人道迩,非所及也,何以知之?"子产在这里说到的"天道"和"人道"显然应该是形而下意义的,并且他只重视"人道",并不重视"天道"。而老子的"道"则应该具有形而上的意义。在老子那里,生成"一"、"二"、"三",并由此而生成"万物"的"道"是最高、最真实的存在,是宇宙自然生命构成的纯粹原初本源。宇宙万物都原生并构成于"道"。"道"的存在是自在、自由、自然、自明的,也是无限的。"道"作用并蕴藉于宇宙自然的化生化合、变化构成之中,并且对人生及其审美境域的构成变化起着至关重要的作用。宇宙自然的化生化合都是由"道"所决定的,宇宙间自然万物化生构成、变化莫测,都是"道"生成宇宙万物态势的呈现而已。老子向人们生动地描述了作为生命和美的本源的"道"的呈现态:"道冲而用之或不盈,渊兮似万物之宗,挫其锐,解其纷,和其光,同其尘。湛兮似或存,吾不知谁之子,象帝之先。"②朱谦之注解说:"神耶帝耶?此世所称生杀之主,而道独居其先。道者疑似之间,若不知其谁子;然而自本自根,未有天地自古以固存之。"③生成宇宙万物的"道""自本自根,未有天地自古以固存之"。在老子这里,天地间没有"神"的存在,所谓"神"仅仅是"道"的一种构成态。"道"才是万物生命构成的本源。即如胡适所指出的:"老子的最大功劳,在于超出天地万物之外,另假设一个道。"④

---

① 陈鼓应:《老子注释及评介》,中华书局1984年版,第75页。

② 陈鼓应:《老子注释及评介》,中华书局1984年版,第75页。

③ 朱谦之:《老子校释》,中华书局1984年版,第21页。

④ 胡适:《中国古代哲学史》,安徽教育出版社1999年版,第52页。

作为生成宇宙万物,为“天地”之“母”的“道”是“先天地生”,其存在态势是“混沌”、“独立”、“周而复始”、运行不殆的。所以老子说:“有物混成,先天地生。寂兮寥兮。独立而不改,周行而不殆,可以为天地母。吾不知其名,字之曰道。强为之名曰大,大曰逝,逝曰远,远曰反。故道大,天大,地大,人亦大。域中有四大,而人居其一焉。人法地,地法天,天法道,道法自然。”蒋锡昌按:“天地自道而生,故道可以为天地之母也。”①“道”之所以“为天地之母”是由于“天地”都由其所“生”。“道”先天地就存在,是天地万物之母,但由于不知道它的名字,所以把它勉强命名为“道”②。老子说:“万物负阴而抱阳,冲气以为和。”在老子看来,天地万物都是由“道”所化生的,“道”为“一”,而阴阳二气又为“一”所生,天地万物又由阴阳二气所生,“一”是万物之始,然而“一”又是由“道”所生的,因此“道”是万物之源,万物皆为“道”所生。老子说:“道生之,德畜之,物形之,势成之。是以万物莫不尊道而贵德。道之尊,德之贵,夫莫之命,而常自然。故道生之,德畜之,长之育之,亭之毒之,盖之覆之。生而不有,为而不恃,长而不宰,是谓玄德。”③对此,蒋锡昌解释说:“‘道生之’言道生万物也。无道与德则不能生畜;不能生畜则物固不能形,势亦无所成,是以万物莫不尊道而贵德也。”④老子又说:“谷神不死,是谓玄牝。玄牝之门,是谓天地根。绵绵若存,用之不勤。”⑤因为“道”是宇宙万物生化的母体,所以老子称之为“玄牝”。老子所谓的“道”,既然是万物之源,当然也是善与美之源。《韩非子·解老》:“道者,万物之所以然也。道者,万物之所以成也。”⑥“道”之所以是万物之源,乃是因为它是生命之源。应该说,在老子由生“一”而生成“万物”意义上的“道”是道家美学的最高范畴,也是中国美学的重要范畴。

在道家美学看来,“道”有五大基本审美特性:第一,作为万物之母,“道”具有一种纯粹超然的地位。同时,“道”既是历时的,也是共时的。“道”是天地万物、人与社会人生一体共存的生命本源,为万物之“宗”,万物的发生构成赖“道”而得以实现。所以老子说“道冲而用之或不盈,渊兮似万物之宗”⑦。第二,“道”的属性是自由、自在的。“道”自然无为而无不为,它生养万物而不私有,成就万事而不

---

① 蒋锡昌:《老子校诂》,成都古籍书店 1988 年版,第 168 页。
② (三国魏)王弼:《老子道德经注》,《诸子集成》本,中华书局 1957 年版,第 55 页。
③ 陈鼓应:《老子注释及评介》,中华书局 1984 年版,第 75 页。
④ 蒋锡昌:《老子校诂》,成都古籍书店 1988 年版,第 168 页。
⑤ 陈鼓应:《老子注释及评介》,中华书局 1984 年版,第 75 页。
⑥ 王先慎:《韩非子集解》卷六,上海书店 1996 年版,第 67 页。
⑦ 陈鼓应:《老子注释及评介》,中华书局 1984 年版,第 75 页。

恃功,不过是自然化生而已,故老子说:“道法自然。”老子第三十七章说:“道常无为而无不为。侯王若能守之,万物将自化。化而欲作,吾将镇之以无名之朴,无名之朴夫亦将无欲。无欲以静,天下将自定。”第五十一章说:“道生之,德畜之,物形之,势成之。是以万物莫不尊道而贵德。道之尊,德之贵,夫莫之命,而常自然。故道生之,德畜之,长之育之,亭之毒之,盖之覆之。生而不有,为而不恃,长而不宰,是谓玄德。”道生育万物,是万物的本源,但它是无目的、无意志的,完全是自然而然的,正是因为它的无为使它无所不为。第三,“道”具有超越性,它既是超验的,但又是真实存在的。作为宇宙万物的生命本源,道无形无象,不可感知,以潜藏的方式存在,玄妙无比,不可言说,只能意会。《老子》第十四章说:“视之不见名曰夷,听之不闻名曰希,搏之不得名曰微。此三者不可致诘,故混而为一。其上不皦,其下不昧,绳绳不可名,复归于无物。是谓无状之状,无物之象,是谓惚恍。迎之不见其首,随之不见其后。执古之道,以御今之有。能知古始,是谓道纪。”第二十一章说:“孔德之容,惟道是从。道之为物,惟恍惟惚。”老子把道描述成恍恍惚惚,是我们看不到、听不见、闻不着的,是超验的,但作为宇宙万物的生命本源,道又是实有的,它无所不在,谁也不能须臾离开它,违背了道就要失常。“道之为物,惟恍惟惚。惚兮恍兮,其中有象,恍兮惚兮,其中有物。窈兮冥兮,其中有精。其精甚真,其中有信。自古及今,其名不去。以阅众甫。吾何以知众甫之然哉?以此。”道虽然是超验的,但是老子强调其中“有物”、“有精”、“甚精”、“有信”,是真实的存在。第四,“道”是不断运动着的。老子说:“有物混成,先天地生。寂兮寥兮。独立而不改,周行而不殆,可以为天地母。吾不知其名,字之曰道。”早在天地形成以前,道就独立存在,不停地运动。第二章说:“天下皆知美之为美,斯恶已;皆知善之为善,斯不善已。故有无相生,难易相成,长短相形,高下相倾,音声相和,前后相随。是以圣人处无为之事,行不言之教。万物作焉而不辞,生而不有,为而不恃,功成而弗居。夫唯弗居,是以不去。”“道”作为宇宙万物的生命本源,它推动着宇宙万物的化生化合、化化不已,生生不息,在这一流程中它进行着相反相成的矛盾运动和返本复初的循环运动,一切矛盾的事物都是相反相成的,它们在相反对立的状态下互相依存并互相转化,事物的运动变化遵循着这一态势,周而复始。“万物并作,吾以观复。夫物芸芸,各复归其根。归根曰静,静曰复命,复命曰常。”万物蓬勃生化、化化不已,生生不息,循环往复;万物纷繁茂盛,都要返回“道”之静的本根,这是宇宙万物运动变化、化生化合中的态势,万物都要遵循这一态势。老子所谓的“道”就是宇宙万物自然的生命本原。道本身就具有强大的生命力与创造力。老子把宇宙看成一个大的生命体,在这个生命体中宇宙万物之间的关系是紧密联系着的,它们遵循着一定的态势,归一于“道”。由此,审美活动中则必须达“道”、与“道”和一，以体“道”、味“道”。

二

应该说，以儒道两家美学思想为主要构成的中国美学一直都非常关注人和人生问题，所有观点都是围绕着人和人生问题而展开论述。其美学思想总是以人为中心，基于对人的生存意义、人格价值和人生境域的探寻和追求的，旨在说明人应当有什么样的精神境域，怎样才能达到这种精神境域，具有极为鲜明和突出的重视人生并落实于人生的特点。但是相比较而言，儒家的人生美学主要是要求人如何提升自身的修养和人格价值，以及基于此所建构的人生境域；重视人对家庭、社会的责任，崇尚发奋图强、百折不挠的审美精神，呈现出鲜明的阳刚之美。而道家的人生美学思想与儒家的人生美学思想却有所不同，主要要求人应该效法自然，顺应自然的生化、化化不已，生生不息，燕处超然，保持内心的虚静，无为而无不为；可以说，道家美学是主静、主柔的，呈现出一种阴柔之美，而不同于儒家美学的阳刚之美。同时，在审美境域构成方面，道家美学思想追求一种与“道”合一、天人合一的境域，要求要顺应自然的生化、化化不已，生生不息态势，要保持内心的虚静澄明，像水一样柔，利万物而不争。道家的人生美学思想对当今的人在人生追求、人生设计与审美诉求、审美情趣指向等方面是非常有益的。

就其主要内容看，道家美学推崇的是一种与“道”合一的审美境域。要达成与“道”合一域，老子认为必须保持清净纯真的心态，要自由“自然”，顺应万物自然的生化、化化不已，生生不息态势，从而天人合一，返璞归真，达到无为而无不为，进入与道合一的境域。具体说来要想达成与“道”合一的境域必须做到以下几点：

首先，必须营构成“利而不害，为而不争”的审美心态，要以柔克刚。道家美学认为，审美活动的目的，是审美者通过澄心静虑，心游目想，通过顺应自然、自由自得、直观感悟，直觉体悟，通过“归朴返真”、“以天合天”、“和光同尘”、“由己”“返身”“归朴”“还原”到“道”之域，以与“道”合一，从而达到真力弥满、万象在旁、掉臂游行、“超脱自在”、顿悟人生真谛的审美境域，从中体验自我，实现自我。而要达成这种境域的构成，作为审美者则必须排除杂念，超越一切人世间的利益纷争，构筑出一种清心寡欲的心境，从而才可能与作为审美对象的自然万物情景相生、即境缘在，兴到神会。老子说：“天之道，利而不害，圣人之道，为而不争。”①（五十五章）这就是说，宇宙自然的运行态势，是有利于万事万物的周行不殆，而对其没

① 陈鼓应：《老子注释及评介》，中华书局 1984 年版，第 75 页。

有损害,社会人世间生化、化化不已,生生不息的规则,是施为而不争夺。就社会人生而言,所谓“利而不害”,就是指人应该为此社会的审美生态,在对待人与人的关系上,应该先天下而后自己,做事不能只考虑个人的得失。所谓“为而不争”,则是指不能一味地去追求名利、欲望这些东西,要保持内心的虚静澄明,做到无为,虽是无为但却无所不为。“利而不害”是达成与“道”合一最基本的也是必须营构的心态;而“为而不争”是人生的理想域,也是最高的审美境域。用老子的话说,就是“少私寡欲”。《老子》第十九章说:“见素抱朴,少私寡欲,绝学无忧。”所谓“少私寡欲”就是不要过多地去考虑自己的利益,不要一味地去追求金钱、名利、欲望这些东西,要保持纯朴的内心,以柔克刚,以弱胜强。《老子》第七十六章说:“草木之生也柔脆,其死也枯槁。故坚强者死之徒,柔弱者生之徒。是以兵强则灭,木强则折。强大处下,柔弱处上。”老子以草为例,告诉我们生长的事物是柔弱的,但它们生机勃勃;没有生命的事物是僵硬的。老子还说如果兵强则灭,木强则折。从这些我们不难看出老子是主柔的,他提倡以柔克刚,以弱胜强。老子还以水为例。天下间水是最柔弱的,但是它却能把坚硬的石头滴穿。“利而不害,为而不争”、柔以克刚的心态体现在审美境域营构活动中,在审美者方面则推崇心灵的柔和谦逊之美,保持淳朴的本质,超凡脱俗、飘逸淡远、朴拙冲淡、自然天成。在与“道”合一之域的创构方面则推崇无心偶合、自然天然;其审美特色是平淡而不流于浅俗,澄淡朴洁。唐代司空图在《诗品·典雅》中云:“玉壶买春,赏雨茅屋。坐中佳士,左右修竹。白云初晴,幽鸟相逐。眠琴绿阴,上有飞瀑。落花无言,人淡如菊。书之岁华,其曰可说。”这里所描绘的就是一种淡雅闲适、悠然澄明、空灵渺远、莹洁疏朗的和澄淡朴洁之境域。大味必淡,大音必希、大道必朴。故而,与“道”合一之境域所表现出的“质朴自然”审美风貌中的“朴”,应该意指冲和、宁静、闲适、淡远,是淡而意韵幽长、渐远而至无穷;是平淡萧疏,冰痕雪影、乌迹山廓渐远渐无的清澄平淡之境;是淡中见浓、淡中见深,朴中现真、朴中体道,是浮云卷舒、孤鸿轻逝、空灵淡远、纯真古朴。

其次,必须保持“清静无为,顺其自然”境域构成态势。这是道家美学的中心思想,也是道家美学最为重要的思想之一。老子说:“夫物芸芸,各复归其根。归根曰静,静曰复命。复命曰常,知常曰明。不知常,妄作凶。”(第十六章)老子认为,道的特性就是虚静,虚静是自然万物本来的面貌,万物是由道产生的,它最终又复归于道。既然自然万物的本源是虚静,那么就只有通过虚静,自然万物才能呈现它自己原本的形态,最终才能复归于虚静,所以审美者只有保持内心的虚静,才能去体合自然万物,才能进入对生命本源的观照,进入最高的审美境域。审美者怎样才能保持内心的虚静呢?审美者要保持内心的虚静就必须要顺应自然,顺应宇宙万物自然而然的化生化合态势，不妄为，这样就能无为而无不为。

道家美学思想所推崇的与“道”合一境域营构中的自然无为并不是要人不积极努力，任凭上天的安排。这里的“清静无为，顺其自然”是一种纯真质朴的心灵境域构成态势，是要顺应自然的生化、化化不已，生生不息，切入“道”生成自然万物、运行不殆的生命韵律，与宇宙大化的生命运动相切相合、相生相化。而在道家美学思想看来，“清静无为”、纯真质朴心态的营构必须还原到人的自然天性，即“素”、“朴”之心。所谓“见素抱朴”，就是“显现其素朴自然的心性，保持其质朴纯真的天性”；童心、赤子之心、婴儿之心淳朴、质朴，是理想的原真、朴素之域。因此，老子说：“专气致柔，能如婴儿乎？涤除玄鉴，能无疵乎？”（十章）“为天下溪，常德不离，复归于婴儿。”（二十八章）“含德之厚，比于赤子”（五十五章）。老子认为结聚精气，使之柔顺，需要达到婴儿的状态；高尚的道德永远都不会消失，会回复到婴儿时的状态；含德深厚的人就如同刚出生的婴儿。老子之所以认为婴儿状态是最理想的境域，也是人生的最终追求，是因为婴儿的内心是纯净、剔透的，保持着天然的本性。庄子继承了老子的这一思想，提出了神人、真人、至人境域，推崇外生死、超利害、齐物我等一系列观点。他在《大宗师》中说：“古之真人，不知悦生，不知恶死；其出不䜣，其入不距；翛然而往，翛然而来而已矣。”古时候的真人，不知道去享受所谓的荣华富贵，不害怕死亡，他们过着无拘无束的生活。老子和庄子都认为人不能被世俗欲望这些东西束缚，如果一个人的贪念、欲望太强烈了，他就会被这些东西束缚住，他的心就会被禁锢，无法得到清静。人应该把世俗欲望这些东西通通抛弃，燕出超然，保持内心的虚静澄明，跃身大化，以天合天，心灵潜入自然万物的内核，与“道”相融，与之合一，达到天人合一的最高审美境域。因此，可以说，道家美学追求的是心灵和精神的自由，老子提出的复归婴儿，就是要求人们摆脱世俗欲望的束缚，进入至乐、至高的境域，达成“与‘道’合一”审美域。

可见，在审美缘在构成视域内，其原初显现、本真存在、当下顿悟态势中的构成，以及目击道存、寓目辄书、相即不二的审美意识，其存在澄明的敞开状态和诗思合一的生命体验境域，“义海宏深，微言浩瀚”。这种缘在构成域应该是生命终极意义的呈现，是一种缘在构成状态，处在“日日新，又日新”的动态之中。这是一种非现成的识度，它既非创造论的，亦不是决定论的，而是缘起构成的。

第二节　目击道存，触景成咏

在“老庄哲学“天人合一”、人与自然都由“道”、“气”所化育，同源同构宇宙意识的作用下,中国美学强调人必须与天认同,认为人与自然、本质与现象、主体与客体浑然统一的世界中,人始终处于核心的地位。同时,受道家"以天合天"、"以合天心"以及"乘物游心"审美意识的影响,中国美学非常推崇一种借助刹那以求永恒的审美境界达成途径,即袁守定所说的"触景感物,适然相遭,遂造妙境"(《占毕丛谈》卷五《谈文》)和恽格所说的"灵想之所独辟"(《南国画跋》)。概括地说,也就是以老庄美学为主的中国美学所经常标举的"目击道存"与"应物斯感"的"道"境缘在构成论。

一

"目击道存"说是由庄子借孔子之口提出来的。《庄子·田子方》云:"仲尼曰:'若夫人者,目击而道存矣,亦不可以容声矣。'"郭象注云:"目裁(才)往,意已达,无所容其德音也。"成玄英疏云:"目裁(才)运动而玄道存焉,无劳更事辞费,容其声说也。"王先谦集解引宣颖曰:"目触之而知道在其身,复何所容其言说邪?"可见,所谓"目击道存"之"道",即构成宇宙万物纯粹本原之"道",而"存",就是"道"如其所是之"存"。"目击道存"则是说通过"道"境的缘在构成可以直观感觉体悟至为深微精妙的"道"。道不远人,天机在目,目到心亦随之,即目击道存之义。如老子论"大音"、"大象",庄子论"天籁",莫不是强调"道"境的缘在构成与直觉感悟、内心体验。老子要求"涤除玄鉴",强调洗清杂念,摒除妄见,返自观照内心的本明,所谓"圣人不行而知、不见而明"(十七章),重视内在直观自省。庄子推崇的"心斋",更是如此。所谓"无听之以耳而听之以心,无听之以心而听之以气。……气也者,虚而待物者也。唯道集虚,虚者,心斋也"(《庄子·人间世》)。徐复观以为,通过"心斋","忘掉分解性的、概念性的知识活动,剩下的便是虚而待物的,亦即是徇耳目而内通的纯知觉活动,即是美地观照"。这种缘在构成的审美境域恰如明镜照影、不将不迎,孤心自现而历历空明。庄子曰:"圣人之心静乎,天地之鉴也,万物之镜也。"(《庄子·天道》)审美境域的缘在构成须心如明镜,以虚灵静现万物,方能冥契世间万有,洞彻宇宙根源。

"目击而道存"缘在构成的例子在《庄子》一书中很多,如庄周观鱼,得鱼之乐;庖丁解牛,技近乎道;还有梓庆削木、轮扁斫轮等,皆超脱世俗、功利,超越逻辑、认知,身与物化而心与道通,卒归于忘怀一切、超乎万有之自由境界。以老庄美学为主的中国美学认为引发审美活动的契机是"感物心动",强调"情以物兴,物以情观"(《文心雕龙·诠赋》),要求审美者必须以当下的观物为审美体验活动的起点,走向自然,去感物起兴,使"天人合发",从而于我与物、主体与客体的相通相应中领悟到天地之精神、造化之玄妙。可以说，由感物使当下之“景物”与审美者之“心目”“磕著即凑”而达到的心境相合、情景相融、意象相兼，是以老庄美学为主的中国美学努力追求的一种审美极致。它既体现出“道”境的缘在构成中审美者进行心灵化加工的双向儒道同构的精神活动；同时又规定着审美者心理时空的构筑必须以当下景、眼中物触发情志，直观外物，自然兴发，瞬间即悟，以进入“以天合天”、“以合天心”的审美境域，并深切地体验到审美对象中所蕴藉的生命之“道”，从而在审美缘在构成活动中举重若轻地营构出审美意境。这种营构审美境域的途径也就是庄子所说的“目击道存”(《庄子·应帝五》)。

应该说，“目击道存”中所谓的“道”和“气”相同，就是老子所谓的“道生一”中的“道”，是万物生命的本原。它主宰着自然万物、宇宙天地和人的生命与存在，体现着宇宙的活力和生机。老子说：“道冲而用之或不盈，渊兮似万事之宗。”“道”气化流行，生生不息。在审美缘在构成活动中，审美者只有走向生活，走进自然，以目观眼见为感发审美冲动的重要推动力，于遇景触物的瞬间，促使兴会爆发，迅速沉潜到自然宇宙与社会人生的生命底蕴中，用心灵拥抱整个宇宙，去体悟那总是处于恍惚窈冥状态的生命本原之“道”。目击之，心入之，神会之，从而始可能容纳万物，辨识万物，综合万物，进而从整体上把握到“元气未分”、“气化流行，生生不息”的“万物之宗”，以进入物我合一的亲和、陶然、温馨的审美境域，也即天人源自“道”又归于“道”的天人合一的最高境界。在这种审美境域中，人的心灵自得自由、自适自在地“逍遥”于天则之中，深刻地体验到人的心灵的高蹈和对人生真谛的突然悟解。应该说，这也正是中国美学所标举的“顿悟”的一种表现形式，是乘兴随兴，自得自在，豁然廾朗的审美极境。

二

“目击道存”中的“目击”，又称“即目”、“寓目”、“应目”，就是要求审美缘在构成活动应遇景起兴，即目兴怀。它强调直接的审美感悟，注重具象的感悟呈示，重视具有强烈感知效果的审美体知或审美感兴。认为对审美对象的“目击”式审美感悟，以及通过此而滋长的生机勃勃的审美意象是营构审美境域的直接源泉。唐代大诗人王维在审美创作活动中就喜欢采用这种方式。如他从“目击道存”、遇物兴怀中就获得过这样的佳句：“中岁颇好道，晚家南山陲。兴来每独往，胜事空自知。行到水穷处，坐看云起时。偶然值林叟，谈笑无还期。”(《终南别业》)在这里，人与自然相招相引，相感相应，相亲相和；审美主体徜徉于山水烟霞之间，独来独往，悠哉游哉，怡然自适。徐增在《唐诗解读》中说：“右丞中岁学佛，故云好道。

晚岁结庐于终南山之陲以养静。既家于此，有兴每独往。独往，是善游山水人妙诀……随己之意，只管行去。行到水穷，去不得处，我亦便止。倘有云起，我即坐而看云起。坐久当还，偶遇林叟，便与谈论山间水边之事，相与流连，则便不能以定还期矣。”应该说，“随己之意，只管行去”这种随缘自适、任运自在的审美态度正好揭示了以老庄美学为主的中国美学所主张的“目击道存”审美境域营构中物沿耳目、临景结构的审美特征。

“目击道存”审美境域的营构活动特别注意从日常生活的细微小事中得到审美启迪，从对自然万物的悠然游览中获得超然顿悟，其审美心态突出地表现为一种自得性。它强调无心偶合，不期然而然。王羲之《兰亭诗》说：“仰观碧天际，俯瞰绿水滨。寥闲无涯观，寓目理自陈。大矣造化工，万殊莫不均。群籁虽参差，适我无非新。”天地自然中，作为审美对象的山水景物，变化无穷，万象罗列，美不胜收，既有高山峻谷，千峰万嶂，晴岚烟雨，激流飞瀑；更有杜鹃红艳，春兰幽香，松鸣泉笑，山鸟啼啭。它们或给人凌云劲节慨当以慷之思，或给人以春意盎然、心旷神怡之想。步入自然山水之中，或“仰观碧天”，或“俯瞰绿水”，放眼落霞云海，以眼与心去追寻美的踪迹，探求美的造型，体悟美的韵律和节奏，领略美的风致和情味，“寓目理自陈”，通过直观，以揭示自然景物中所蕴藉的宇宙生命的微旨。可以说，这里的保持自由随兴的心境与自然的节律相一致，纵目游心，从而获得“适我无非新”的审美心理表现状态，就呈现为一种自得性。

应该说，自得心态能使审美者于心物相感、情景相合的瞬间，沉潜到宇宙自然的底蕴，把握住生生不已、大化不息的自然万物的脉律。只有与自然一体，才能使“理自陈”，以体悟到万物自然的生命微旨，使“适我无非新”。程颐说：“天地人只是一道也。”(《河南程氏遗书》卷十八)朱熹说：“天即人，人即天”，“天人本只一理”。(《朱子语类》卷十七)从物与心的关系来看，中国美学认为，宇宙便是我心，我心即是宇宙，故“能尽我之心，便与天同”(《陆九渊集》卷三十五)。如王守仁所说：“人者，天地万物之心也。心者，天地万物之主也。心即天，言心则天地万物举矣。”(《王文成公全书》卷六)人的心即是天，人心与天可合为一体。“夫人者，天地之心，天地万物本吾一体也。”(《王文成公全书》卷二)“盖天地万物与人原是一体。”(《传习录》下)人本是自然的一部分，受天地灵气的作用，使人成为自然万物中最有灵气和智慧者而为“万物之主”。审美体验活动中，要领悟天地万物间生命的意味，人就得回归自然，让自我溶于自然万象的生灭化迁之中，与自然合而为一，随自然万物的自由生息而冥合自然中所蕴藏的生命之根——“道”。陶渊明《饮酒》诗其五云：“采菊东篱下，悠然见南山。山气日夕佳，飞鸟相与还。此中有真意，欲辨已忘言。”这里表现出的就是一种自由自得的审美心态。诗人以一种空明澄静的审美心境，逍遥闲放，无为自得，因景物的偶然触发，而使蕴含于心灵深处的情愫如泉水般自然溢出，朴实真纯，给人以强烈的审美感染力。故张戒指出："'采菊东篱下，悠然见南山'，此景虽在目前，而非至闲至静之中则不能到。此味不可及也。"（张戒《岁寒堂诗话》卷上）苏轼指出："渊明意不在诗，诗人以寄其意耳。'采菊东篱下，悠然见南山'，则来自采菊，无意望山。适举首而见之，故悠然忘情，趣闲而累远。此未可于文字、语句间求之。今皆作'望南山'，觉一篇神气索然。"（见周紫芝《竹庄诗话》引）只有在"至闲至静"、"悠然忘情"的"无意"自得、任运自适的审美心态中，凭借一种明澈、睿智、迅捷、灵敏的目光和心灵，于刹那间化入自然万物生气流动的韵律中，才能捕捉到自然万物的生命之美和转瞬即逝的诗意的灵感，并使之化为永恒。可以说，正是在对审美实践活动进行总结中，以老庄美学为主的中国美学才提出"目击道存"来规定审美缘在构成活动应通过触物兴怀、瞬间顿悟追求一种刹那以见永恒的审美极境。"目击"中所谓的"击"，具有瞬间的触动、感发、直寻的意思，是天然自得、"触物有感"。即如许印芳《二十四诗品跋》所指出的，是"比物取象，目击道存"。它强调的是无心任性中，"随其成心而师之"，由所见之物触发主体的生命意识，引起心旌摇动，此也即所谓"兴于自然，感激而成……应物便是"①；是"我初无意于作是诗而是物是事适然触乎我，我之意亦适然感乎是物是事，触先焉，感随焉，而是诗出焉"（杨万里《诚斋集》卷六七）。也正是由于"触先焉，感随焉"，决定了在"目击道存"审美境域的营构活动中，不是我感物，而是物来感我，注重保持审美自得心态，由物起兴、睹物兴情的传统审美境域缘在构成方式。

"目击道存"所强调的这种随其所见，任兴而往，由物感触，忽有所悟，从而由心物两交、情景两契中完成审美境域缘在构成活动，以构筑出天然空灵审美境域的审美方式，看似以动追静，动以入动，实质上仍是以静追动。在这种审美境域营构活动中，徜徉漫步于自然万物中的审美主体，形态虽处于行动之中，其审美心境却是空明澄澈、无为自在的，"适然感乎是物是事"，"感激而成"的整个审美缘在构成活动流程中都显出一种"兴于自然"，如陶渊明所谓的"云无心以出岫"，"无心的遇合"，似行云流水般自然自得的审美心态。

---

① （唐）皎然：《文镜秘府论·论文意》，人民文学出版社 1980 年版。

第三节 “诚”之自明审美域

存在论现象学或现象学直观方法强调意义“自明地给出”,只有从这种看待事物及研究对象的原发生成方法和态度出发,存在论现象学中所谓的“现象”、“本质”、“直观”、“明见性”、“绝对的所予物”等等才具有新意。就存在论现象学言,“现象本身”或“事情本身”一定是绽放生成着的或被生成着的。换言之,任何“存在”从根本上都与境域中的“生成”、“自明”或“明见”不可分离,显现者总是自明地给出其存在依据。而这里的关键在于,此“自明地给出”对于存在论现象学来说只能或首先意味着在活动中的当场呈现。对此,胡塞尔解释说,事物“是在这些体验中构成着自身”,“就是在这些现象中这样或那样地显示自己”。[①] 所谓事物的“构成”乃是存在“显示自己”。由此,也可以看出,“自明地给出”应该是“现象”以及所有内在超越者的存在方式。“自明地给出”表征了事物构成的原发性和当场性。由此,在存在论现象学看来,终极只能活生生地呈现在人的现世生存之中,而不能被在任何意义上现成化。在这个问题上,中国美学的核心思想与其是一致的。作为中国美学追求的人的存在性显现境域,或谓纯粹性、终极性境域的“美”,就其实质上看,只能是现代存在论所谓的“自明地给出”域。也正因为此,对中国美学所推崇的“诚”范畴以及由“反身”、“自成”所构成的“诚”境域也只应在原初构成和“自明”的意义上来理解。这种由“诚”范畴所规定的“诚”审美域必须经由原初纯粹致心性的澄明,达成于“自我”。

一

由儒家美学为主要构成的中国美学以“诚”为基元范畴。“诚”就是“真实无妄”和“诚真实在”。“诚”不仅是“天之道”,而且亦为人之本心本性,故而人应当还原自有本性,如其本来所是。戴震解释说:“诚,实也。……善之端不可胜数,举仁义礼三者而善备矣;德性之美不可胜数,举智仁勇三者而德备矣。曰善,曰德,尽其实之谓诚。”[②]“诚”为“善之端”,并由此以绽放生成人的“德性之美”。由此,

---

① (德)埃德蒙特·胡塞尔:《现象学的观念》,倪梁康译,上海译文出版社 1986 年版,第 16 页。

② (清)戴震:《孟子字义疏证》,《戴震集》,上海古籍出版社 1980 年版,第 319 页。

从价值论美学的视域看,“诚”主要是指审美境域构成态势的真实无妄、诚实不欺,它既是一种人生品格的呈现,也是人生审美境域的表征。在此意义上,“诚”为诚实、真诚、真实。《周易·乾》云:“闲邪存其诚。”孔颖达疏云:“言防闲邪恶,当自存其诚实也。”《礼记·学记》云:“今之教者,呻其占毕,多其讯,言及于数,进而不顾其安,使人不由其诚,教人不尽其材。”孔颖达疏:“诚,忠诚。”《列子·汤问》云:“帝感其诚。”《论语·子路》云:“诚哉是言也!”《礼记·大学》云:“诚于中,形于外。”《韩非子·说林上》云:“巧诈不如拙诚。”《汉书·赵广汉传》云:“行之发于至诚。”由此义域生发出来,“诚”的审美价值构成域表征为诚恳、诚朴、诚实、诚挚、诚笃、诚切、诚信、诚心、诚明、诚正、诚至、诚厚、诚真、诚纯、诚洁、诚笃、诚朴、忠诚、至诚、拙诚、真诚等。

就后一种层面看,应该是“诚”原初语义域的引申。“诚”的原初义就是真心、本性。即如朱熹所说:“诚,实也。”①“诚者,真实无妄之谓,天理之本然也。”②“诚”为“本然”。“本然”即自然、本真与自是、天性。这就是说,“诚”乃是人的本然之心、本然之性,就是人的本心本性。上升到美学思想,可以说,“诚”就是原初“真实无妄”、“本然”的审美自明域。就这种纯粹美学意义看,“真实无妄”、“诚真实在”,不仅是“天之道”,而且是“人之道”,为人之本心本性的“诚”又含蕴“天人合一”的意旨,表征着天与人之间的互动,强调了人应当还原自有本性,如其本来所是。

由此,作为美学范畴,“诚”又涉及宇宙间包括人在内的万事万物的生成问题。并且,在此意义上,“诚”遂与“道”通。《中庸》说:“诚者,物之终始。”宇宙万物皆生成于“诚”。“诚”的呈现如天地之无私,生育万物而不求报,只是自然而然,因此“不诚无物”。对此,《中庸》又说:“诚者,天之道也;诚之者,人之道也。”“诚”生“天”生“地”,既是“天之道”,又是“人之道”,为宇宙间万事万物生成与构成的原初。可以说,正是基于此,周敦颐指出:“大哉乾元,万物资始,诚之源也。”③“乾道变化,各正性命,诚斯立焉。”④“诚”是天地万物发生构成的本然态势,亦即天地万物固有之自在本然属性。所以,张载说:“天所以长久不已之道,乃所谓诚。”⑤“义命合一存乎理,仁智合一存乎圣,动静合一存乎神,阴阳合一存乎道,性与天道合一存乎诚。”“性”与“天道”的合一之所以原本于“诚”,在于“诚”原本就发自于

---

① (宋)朱熹:《四书章句集注·中庸章句》,中华书局 1983 年版。
② (宋)朱熹:《四书章句集注·中庸章句》,中华书局 1983 年版。
③ (宋)周敦颐:《通书·诚上篇》,上海古籍出版社 2000 年版。
④ (宋)周敦颐:《通书·诚上篇》,上海古籍出版社 2000 年版。
⑤ (宋)张载:《正蒙·诚明》,《张载集》,中华书局 1978 年版。

天、指向人的天人统一之“道”,而所谓“道”也是天人合一之“道”。“诚”之所以实现天与人的合一,是因为“诚”就是天所以长久不已之“道”,就是神化不已、聚散不已的“道”。这一为宇宙万物原初之“道”,是“不得已而然”,“真实无妄”的。“真实无妄”是“诚”的本性,也就是“道”的本性。因而,从“道”来看,“诚”也就表征为“四时行,百物生”,“日月相推而明生,寒暑相推而岁成”,所以说,“性与天道不见乎小大之别”。对此,朱熹说:“诚是自然底实,信是人做底实。故曰:诚者,天之道。”①陈白沙说:“夫天地之大,万物之富,何以为之也?一诚所为也。盖有此诚,斯有此物,则有此物,必有此诚。”②胡五峰说:“天道至诚,故无息;人道主敬,所以求合乎天也。”③宇宙万物的化生化成,都基于“诚”,“资始”于“诚”。就生成“天”“人”,即宇宙自然的“道”而言,其本性自由、自在,自然、天成,生天育地,长养万物。因此,可以说,“道”的这种自由本性也就是“诚”的本性。就人而言,“诚”乃人之本然,为自然之真我,本源之心。人依天地之道而顺其法则以修身合道,是其所是、自其所自、存其所存、道其自道,所以说“诚”为“五常之本,百行之源也”④,为“天道”,也为“人道”,是人以及社会,包括审美活动与审美诉求生成的本然与原初域。

王夫之说:“诚也者,实也,实有之,固有之也。无有弗然,而非他有耀也。若夫水之固润固下,火之固炎固上,无所待而然,无不然者以相杂,尽其所可致而莫之能御也。”⑤“诚”为真实存在,为宇宙万物之“固有”,“而非他有耀”,“无所待而然”、“无不然者以相杂”。可以说,正是基于“诚”为天地自然之本然,为“天道”“人道”,生天生地生人,为“天所以长久不已”生成之原初域,体现了“道”的本性,所以无论从哪个方面看,“诚”境域都是自身成就自身,自身引导自身,其表征都是自由自在,自然天成。正是在此意义上,由“诚”与“道”生成的人与万事万物皆本性自然,因此中国美学主张审美境域构成必须“无思无虑”、“无处无服”、“无从无道”,以洗尽尘滓,独存孤迥,敞亮本心,从而回归人的本然、固有的自然属性,还原到人自然的心性,以顺应自然。《中庸》指出:“诚者非自成己而已也,所以成物也。”对于如何由成己而成物,《中庸》指出:“唯天下至诚为能尽其性,能尽其性,则能尽人之性。能尽人之性则能尽物之性,能尽物之性则可以赞天地之化育。”就是说,自心之“诚”必呈现为外在行为,外在行为将不断发扬光大;一旦发扬光大,

---

① (宋)朱熹:《四书章句集注・中庸章句》,中华书局 1983 年版。

② 《陈献章集》,中华书局 1987 年版,第 57 页。

③ 《胡宏集》,中华书局 1987 年版,第 28 页。

④ (宋)周敦颐:《通书・诚上篇》,上海古籍出版社 2000 年版。

⑤ (明)王夫之:《尚书引义・洪范三》,中华书局 1982 年版。

便能感化他人,化育万物。这也就是"诚"境域绽放生成流的生动呈现。

同时,从纯粹原初义看,"道"就是"诚","诚"就是"道",就是"天之道",就是"人之道也"。"道"与"诚"是相通相同的,都是生成自然万有的纯粹原初域。作为纯粹原初域,自明、自成是"诚"与"道"的本性,由此,才可以说"诚者自成也,而道自道也"。就是说,纯粹原初域自身是不证自明的,是信实的,是不会有悖于自身的;纯粹原初域也是原发生成的。作为纯粹原初域,"诚"、"道"是自我显现,自我启示,所以说"诚者物之终始,不诚无物"。纯粹原初域是自有原发的,构成宇宙万物,所以说"诚者非自成己而已也,所以成物也。成己,仁也;成物,知也。性之德也,合外内之道也,故时措之宜也"。作为纯粹原初域,"诚"、"道"生成与构成世界万物,创成了万有。此即所谓"成物"与"至诚无息"。

依照"诚"范畴的规定,在缘在构成审美活动中,人只有尽心、尽性、尽意,从而才能还原到纯粹原初域。因此,尽心、尽性、尽意,也就是用心灵诚真的还原态势,"自成"、"成物",即与"道"合一。而"反身而诚"、"诚自明"也就是以心灵诚真的还原态"反身"、"归朴"以"体道"、"合道",达成"赞天地之化育"的"至诚"审美域的生动呈现。

"诚者自成"是还原自身的诚真,还原纯粹原初的纯真本心本性。此即《大学》所谓的"所谓诚其意者,毋自欺也"。"诚"就是"道","道"就是"诚","率性之谓道"。"率性"、"天命之谓性"的"性"为原初"天性"、本心本性。纯粹原初的"天性"是纯真的,与人的本性是同一的。人自然而然地顺应自己的本心本性,这就是"诚",所以说"诚者,天之道也"。而"天性"的"性"又可以理解为"道成"之性,天所赋予的"性"是诚真完美的"性"。其呈现态势为绽放生成。就是说,"诚自明",就是"率性",就是"道"。此即"天命之谓性,率性之谓道"。"诚"是本然、本心、本性,因此,"诚"就是自然。故而,在中国古代,无论是儒道美学还是佛教禅宗,都把人的"诚",以及由"至诚"而达成的"尽性"、"尽人之性"、"尽物之性",进而"赞天地之化育"的"自然"自由境域作为最高的审美境域。如孔子所标举的"从心所欲不逾矩",就是一种由"诚",而与天地万物合一的审美自由境域,是本然和自然的宇宙与人自然之真我与本源之心的生动绽放呈现。而孟子则更是认为人之至诚纯真的本性乃是人心的本来属性,所以"尽其心,知其性也。知其性,则知天矣"①。尽人之心,还原到原初至诚纯真的本性,体人之道,才能知天、事天,所以人生的最高追求,就是要回复本心,使人性与天性合一,从而达到"上下与天地合流",而万物皆备于我的自由完美的审美境域。

---

① 《孟子·尽心上》。

二

人应真诚“如其所是”、自然而然地生活，要还原真我，从自身生命的真谛中求自由，应该资始“诚”以“自明”、“自成”，促使“诚”去蔽绽放澄明。由此，体现了作为“天地万物之灵”、以“诚”为本然的人与动物的不同。动物是如其所是地生存，但那不是自由，必须“自明”，即“意识到”自己在如其所是地生活，才是自由自然的境域。此所谓“意识到”，就是“诚者自成”。“诚”是本心、本性的“自明”，是本己的、原本的，去他者化的，不是他者要你“诚”，而是“诚自明”。自由自然就是你对自己如其所是的生活的“觉悟”。所谓“如其所是”，就是在自身的存在性显现中合乎本性地生活。所以，你得既意识到自身存在的本性，又意识到实现这种自身存在本性的现实。二者缺一不可。所以，孔子强调“仁者爱人”，认为“为仁由己”，“求仁得仁”。应该说，“为仁由己”，也即“诚者自成”、“而道自道”。“诚”与“仁”都应该是对人“纯粹至善”本性本心的一种称谓，是人之本。所谓“诚”、“仁”皆“由己”、“自成”、“自明”，即它不是外在注射到人的内心，也不是通过外在的耳提面命让人获得。“诚”是“由己”“自成”、“自明”的，是自己澄明完成的，是自我纯粹原初的本性本心存其所存的“自成”；“而道自道也”。“道”的周行不殆是由己自行的，即如水流花开、草长莺飞，又如日月星辰在宇宙中的自运自行。“诚”与“仁”都是人自我本心本性的呈现，是自我肯定、自我尊重、自我实现与自我心性的自由澄明。

“诚者自成”、“为仁由己”，“诚”“仁”都是由“己”“自明”而及人及物，要求从“己”做起，“诚”明于“内”。因此《中庸》指出：“诚者自成也，而道自道也。诚者物之终始，不诚无物。是故君子诚之为贵。诚者非自成己而已也，所以成物也。成己，仁也；成物，知也。性之德也，合外内之道也，故时措之宜也。”“诚”是天地万物之自然状态与人心性之自然状态的表征。宇宙间万事万物自然而然地生成就是“诚明”的生动呈现。“诚者物之终始，不诚无物”，万事万物都必须自始至终保持“诚”的自然构成态。而所谓“合外内之道”则是说人只要存心养性，使个体人格达成“诚”的境域，那就与天地万物相生化、相契合，从而进入“参天地之化育”的人生审美至域。“诚”是天人交相融一的契合点，对天地万物而言，它是本然属性，是万物之所是；对人而言，“诚”是人原有而后失去或被遮蔽之本心本性，只有通过自我修持，即“求放心”、去蔽的流程，才能使之重新澄明，而一旦人绽放“诚”之本心本性，使之呈现澄明态，则人与天地浑然一体，合内外之道，从而进入人与天合的审美域。因此，所谓“诚者自成”，“而道自道”，也即“美者自美”。

“诚”是原初本然之心。“诚自明”，则是诚其所诚、自其所自、明其所明。“诚者自成”，人的本心本性之“诚”是“自明”、“自成”的，是一种澄明与敞亮，是自然而然的。这在中国美学又称之为“成性”、“存存”。《周易·系辞上》云：“成之者性也。”“成性”关系到自我与他者的关系以及人与自然万物的问题。自我与他者的关系以及对待自然界万物的态度问题能不能解决，又关系到人能不能“成性”的问题。所以“成性”，便蕴涵着发自内心深层对万物的爱，对万物的义务的旨意。所谓“天命之谓性，率性之谓道”。“天命”就是自然，“人”的生命的获得是自然而然的；“率性”是说“人”的生命存在、生命存在的态势是自然而然、随心随意的，人性得之天道，人性与天道有一致性，故率此而行则可近于道。二程解释说：“万物各有成性存在，亦是生生不已之意，天只是以生为道。”①所以《周易·彖传》云：“天地之大德曰生”、“生生之谓易”。“生”就是自然万物的本性，天只以生为道，生生不已的永恒生命精神就是“善”，也就是美。“道”生天育地，化养构成万物，皆以自然至诚之真意而演化，人是万物中最有灵性的，人有知有识，故能修道、行道、悟道、体道、得道。“道”由人显，“道”乃人的生命之本，是一切生命和存在的源泉，是一切变化中永恒不变的因子，普遍地存在于宇宙万物包括人的生命和生活中。人在“道”中，“道”在人中；人不离“道”，“道”不远人，“道”就在我们的生命和生活中，是不可以须臾而离的。人不能失去“道”，就像鱼不能失去水一样。“道”和我们每个人的生命和生活的密切联系，是人在现实生活中生存发展的根基，人依天地之道而顺其法则以修身合“道”，不违逆自然，故兴衰成败之机皆在自己之心态行为。就此意义而言，“道”，就是“诚”。自然之“道”依其真诚不变的运化，成育万物，从始至终无为而秩序不乱，故曰“诚者物之终始”。假如自然之“道”失去“诚”之本性，则会五行失调，阴阳无序，而至星体运行迟速不定，轨迹莫测，由此，就不会有四季运行，昼夜交替，就会寒热无度，草木不生，就不会有人类世界的存在和发展。故《中庸》认为“不诚无物”。因此，中国美学所论之“诚”，并不是形而下的、某一行为的诚实。而是上升到形上的高度，为宇宙自然与人自身的本真呈现。中国美学推崇“诚”，强调“诚”，要求审美者修身正心，完成自身的品德修养，从而才可能在缘在构成审美活动中通过自身“诚”的澄明，以体合天地之“诚”，对天地万物之变化犹如对自身之了然，以达成天人融合为一的审美域。因此，《中庸》指出，“君子诚之为贵”。这就是说，“诚”是人自身高贵品性的呈现，为人的本心本性，为原初审美域。并且，作为原初审美域，“诚”是自明的，“诚”是人本心、本性的自然呈现，是没有任何他者意义的坦诚。犹如自然天道造化万物

① 《二程集·遗书》卷二上，中华书局1981年版，第29、30页。

而丝毫没有有为的做作。人的本性本心，即“诚”的自明，其意义还在于通过“诚自明”，以照亮宇宙间的万事万物，所以《中庸》说：“诚者，非自成而已也，所以成物也。成己仁也，成物知也。性之德也，合外内之道也，故时措之宜也。”对此，朱熹解释说：“诚虽所以成己，然既有以自成，则自然及物，而道亦行于彼矣。”①“诚者自成”，“自成”表达的是一个自然自由的自我完成的流程，即自己达成这一审美域。“自成”既不是对象，也不表现为本体，它是本体自身合目的性生成的呈现。“诚”之所以要“自成”，是因为“诚”就是按照自然而然的绽放生成流来生成万物，这也是“诚”最生动的体现。所谓“自成”，就是“不为”，就是“自明的显现”。“不诚无物”，万物必以“诚”为正。“自成”既然表明自我实现，那么就是自己肯定自己，自己成就自己，也就是“自是”、“自能”、“自尔”、“自正”与“自为”，从而任何一种现象之所以成为这个现象的原因，也即“所以然”，不在现象之外，而在它本身。现象作为存在者，其意义不在它之外，意义不能独立而存，它需要一个作为担当的存在者，如同实质不能单独而存一样。对个别现象来说是如此，对一切现象的总和来说也是如此，如果把天地当作一切现象的总汇，把“诚”看成天地万物生成的依凭和原初域，那么“诚”不是一个抽象的原则，独立自存在天地之外，而是自始至终都在其生成流中，天地之为天地，在于它有自己存在的依据，且这个依据就在自身；“诚”之为“诚”，在于它不是在它所依傍的对象之外凭空树立规则与“诚”路，而在于它在天地万物的生成流当中，使天地由此达彼，也就是“是其所是”。可以说，正是在这个意义上，《中庸》才强调“诚自明”。“诚自明”不只是“诚”自己绽放生成的问题，而且是“诚”的实质、根据就在自身。所以，以儒家美学为主的中国美学推崇的“诚”范畴，其“诚者自成”的思想是一种显明的存有论，既没有个别的本质存在于现象之外，也没有普遍的抽象本质存在。“诚者自成”，以真诚之道完成自己的身心修养就是“仁”，使万物得到生成与发展就是“智”。“仁”和“智”是人天赋的美的基元。“至诚”必然是仁德，仁者大人也，明至理，悟真宗之圣人也。成物，知之化也。诚诚相通乃是明理归源，与自然同体，参天地之育化，焉能不知也。参透天机，至简至易，都是至诚之天性，即生命构成之原初域，在己身之德化，即通畅无碍之显现，故《中庸》曰：“合外内之道也。”可以说，正是在“诚”域上，儒家学者建构了以“仁”为核心的人生美学体系。这也是儒家所提倡的“仁者爱人”即真诚互爱的仁爱精神在美学上的体现和要求。

---

① （宋）朱熹：《四书章句集注·中庸章句》，中华书局1983年版。

三

中国美学“诚”范畴标举“诚者自成”，认为人的本心本性是“自诚明”的思想与其对自由审美境域的追求分不开。在汉语中，“自由”的含义则是“由于自己”，而不由于外力，即“自己做主”。在儒家美学思想中，“自由”也就等于自在自然，顺情适性；“自然”就是“自己然也”，即“自己如此”。人本性自然，因此由儒家美学为重要组成的中国美学主张审美境域构成必须“无思无虑”、“无处无服”、“无从无道”，以洗尽尘滓，独存孤迥，敞亮本心，顺应自然，从而回归人的本然、固有的自然属性，还原到人自然的心性。

的确，在中国古代，无论是儒道美学，还是佛教禅宗，都把人生的“顺应自然”、如其所是境域作为最高的审美境域。如儒家孔子所标举的“求仁得仁”、“为仁由己”，就是一种与天地万物合一的自由境域，是完美和完善的宇宙在人生中的再现。孟子更是认为“诚”乃是人心的本来属性，认为尽人之心，知人之本心本性，才能知天、事天，以达成与天地之造化相生相合，而万物皆备于我的自由完美的审美境域。应该说，正是基于此，《中庸》才指出：“诚者，自成也，而道自道也。诚者，物之终始，不诚无物。是故君子诚之为贵。”“诚者，天之道也；诚之者，人之道也。”作为“天之道”，“诚”“其为物不贰，则其生物不测。天地之道也，博也，厚也，高也，明也，悠也，久也”。“不贰”就是专一，专一就是“诚”。所谓“生物不测”，意指天地化生万物，微妙莫测。“博”、“厚”、“高”、“明”、“悠”、“久”，都表征着天道的真实存在，即“诚”的生动呈现。其中的“悠”与“久”，又指天地变化不息。所以说“至诚无息，不息则久，久则征。征则悠远，悠远则博厚，博厚则高明”。而作为“人道”，“诚”则是人真我的呈现，“诚”而“自诚明”，谓之“至诚”。

在中国美学，只有作为“诚者”的“圣人”，始能够达成“不勉而中，不思而得，从容中道”的“诚”之审美域。要“不勉而中，不思而得，从容中道”，如其所是地自由地生活，要从生活中求自由，则应该“自为”、“自明”、“自成”。“诚”“由己”“自明”，是自然之真我与本源之心的还原，是自身心性的诚明。因此，中国美学把“诚”置于原初域，注重人内心世界的追求，把精神的高尚、充实看得比什么都重要，认为人的本心本性原是明莹无碍滞、廓然大公、寂然不动的，但由于人的贪欲和习俗观念的影响而被遮蔽。现实生活中人之道德沦丧，世风的败坏，无一不是人之“诚”性被遮蔽所致。缘在构成审美活动中，人若要进达澄明之境，就必须回复人之本然的“诚”心“诚”性，还原自然之真我与本源之心。所谓“自诚明”、“诚者自成”、“反身而诚”，就是强调原初自然之真我与本源之心的反观自明，强调自我提升、自我修养、独立人格对于“合道”，对于我之精神与天地之精神合流而为一，而达成万物皆备于我之审美域的重要性。要“外王”必然要“内圣”，要实现天人合一、人我合一，都要通过“内圣”，修养心性。所谓“自诚明”，就是强调内在“心性”的自明是照亮他者的前提。如何实现这种价值，是自己的事，不是别人的事，只能依靠自己，不能依靠别的什么力量。可见，中国美学“诚”范畴所涉及的“自诚明”，只能是自身“心性”的自为，而不是他为，是靠自己的躬身践履。在以儒家美学为主的中国美学，自我修养不是一个能不能的问题，而是一个为不为的问题，这就必须由“己”，从而才能去妄归真，反朴还淳，以超凡入圣，超圣入神，超神入化，与道合一，“自成”于“诚”之审美域。

由此，中国美学认为，“为仁由己”、“返身而诚”，通过“由己”“返身”，从而始能达成“超脱自在”、情景相生，兴到神会，顿悟人生真谛的审美境域，从中体验自我，实现自我。此即所谓“能尽我之心，便与天同”①，“尽人之性”，又“尽物之性”，“合内外之道”，“赞天地之化育，则可以与天地参矣”②。只有与天地合为一体，才能使人成为“随心所欲”、自在自然、任心由性、自我自觉的人，而进入自由的构成态势。在中国美学看来，所谓“诚自明”之“诚”，是一种能力、潜能。这种“诚”是原发于本心、本性的，是人自身存在的原初“诚”心、“诚”性的显现。所以，在儒家美学，所谓“本我”、“真我”，其实质就是“诚”。真正的、自身存在性显现的自由审美状态，也即“诚”的境域，就是“仁”的境域。因此，“诚”就是“仁”，“仁”也就是“诚”。

就中国美学看，“诚”自身就是一个“本我”、“真我”，一个切近“本我”、“真我”性的“本我”、“真我”。“诚”境域的达成以及“本我”、“真我”敞亮是自由与自然的。“诚”的敞亮与澄明是“天理之本然”，“人事之当然也”。③ 就存在论现象学而言，“诚”境域的达成对“本我”、“真我”的敞亮，是在不断的去蔽中实现的。“本我”、“真我”是在去蔽中敞亮、“自明”的。而“本我”、“真我”的敞亮时常就是一种遮蔽。作为敞亮的去蔽，在敞亮“本我”、“真我”时，又以另一种方式遮蔽了“本我”、“真我”。可以说，“诚”境域的达成就是“本我”、“真我”自身不断的敞亮与遮蔽，是敞亮与遮蔽流。所以中国美学认为“至诚无息”。“诚”的敞亮与遮蔽是“生生不息”的。如《中庸》所说：“不息则久，久则征。征则悠远，悠远则博厚，博厚则高明。博厚，所以载物也；高明，所以覆物也；悠久，所以成物也。”张载说：

---

① 《孟子·尽心上》。

② 《孟子·尽心上》。

③ （宋）朱熹：《四书章句集注·中庸章句》，中华书局1983年版。

"天地之气,虽聚散、攻取百涂,然其为理也顺而不妄。"王夫之解释说:"不妄者,气之清通,天之诚也。"①张载又说:"天不言而信,神不怒而威。诚,故信;无私,故威。"王夫之解释说:"气无妄动,理之诚也,无妄,信也。"②

四

"诚"是事物本身与本真,是事物自身之诚,为事物的自身显示,是事物与本身保持同一,是其所是,像本身那样存在。此在的展开状态既是此在处于去蔽状态,又是此在处于遮蔽状态。去蔽状态与遮蔽状态都属于此在的存在论特征。人的此在处于去蔽状态即是自由,人的此在的遮蔽状态即是非自由。在中国美学,"诚"的本质是自由,自由的本质就是"诚"。人的此在只有从其自身原初本真之"诚"中绽开出来处于澄明状态,人才能成其为人,达成于审美的自由域。因此,从此在的生存状态来看,只有处于去蔽状态,人才能澄明自身原初之"诚"并认同他者。"诚"之天人合一审美域只有在澄明中才是可能的。"诚"是存在澄明。本真的存在状态就是"诚者自成"的存在态势,为此在最原初的"真实无妄"和"诚真实在"现象,即此在生存态势。但是,此在通常和首先是处于非本真状态中,致使此在的沉沦和异化,导致"不诚"。"不诚"不是领悟和保持此在的敞开状态,遮蔽了事物的真相,所以说"不诚无物"。在这种状态中,存在者虽然呈现,却是以假的形态呈现,处于遮蔽状态,"此在在不真中"③。因此,按照"诚"范畴的规定,"诚"的"自明"、"自成"首先意味着存在自身的遮蔽与去蔽的对抗。只有存在的去蔽才能使此在获得澄明。"此在真中"。事物自身之"诚"就是事物与自身保持同一的状态,所以说,"诚者,天之道也"。同理,"诚"也是人自身之诚,也就是人与自身保持一种同一,以及这种与自身保持同一的态度,所以说,"诚者,人之道也"。这里的"诚",就是"人道"的显现,或谓是由"道"所生成与构成的"人"的一种构成态势,也是人如其所是的、自然而然地呈现出来的一种"在"的形态。以"诚"的形态呈现出来,同时以"诚"的态势对待事物,就是"人之道",所以说"成己,仁也;成物,知也。性之德也,合外内之道也",乃是《中庸》推崇"诚"范畴之立场和态度。"诚者,自成也,而道自道也。诚者物之终始,不诚无物。是故君子诚之为贵。诚者非成己而已也,所以成物也。成己,仁也;成物,知也。性之德也,合内外之道

---

① (明)王夫之:《张子正蒙注》,中华书局 1975 版。
② (明)王夫之:《张子正蒙注》,中华书局 1975 版。
③ (德)海德格尔:《存在与时间》,三联书店 2000 年版,第 260 页。

也。故时措之宜也。”(《中庸》)所谓“诚者物之终始,不诚无物”之“诚”,不仅是指人之“诚”,而且是指人以及天地万物像其本然那样的“在”,即在“此在的展开”状态中。人和自然万物在自身存在的基本特性上都是其所是,成其所成。缘在构成审美活动中,“诚者”尽心、尽性,保持人和自然万物的本然存在态势,就能既成就自己之可能,也成就物之可能。这就是《中庸》所谓的“诚者非成己而已也,所以成物也”。成就自己,必须还原于“诚”,成就万物也必须还原于“诚”。既可以按照人与自身同一的态度来对待自己,也可以按照人与外在于自己的他者的构成态势,达成“天人合一”审美域。这就是所谓“合内外之道也”。所以说,“唯天下至诚,为能经纶天下之大经,立天下之大本,知天地之化育。夫焉有所倚!肫肫其仁,渊渊其渊,浩浩其天。苟不固聪明圣知达天德者,其孰能知之”!“诚”为“宇宙人生之根本”,不仅是人之本性,也是天地之本性,是真正的、自身存在自由构成态的显现。在中国美学,处于这种自由构成态的审美者,往往将自然万物看成情趣流荡、圆满的和谐的生命流。这生命流开拓着人的心胸情怀,启示着美的奥秘。正所谓“我见青山多妩媚,料青山见我应如是”。在此“天人合一”境域中,人的生命意识与宇宙精神,回旋往复,灵气流转。“反身而诚”正是对这一自由审美境域的直观表述。

第四节 “大象无形”,“有无相生”

中国古代美学之意境说注重言说的心灵性、游移性、模糊性和点悟性,倾向于意境营构的诗意性和开放性,以意境构筑的姿态强调意境构筑的张力和弹性,追求意在言外。这与老子所谓的“有无相生”说,“有”、“无”一体,宇宙万物和合交通、交相构成思想的影响相关。应该说,老子“大象无形”、“有无相生”说,实际上也引发了中国古代美学意境理论。意境美学思想可以说最早就包含在老子“大象无形”、“有无相生”说中,包含在老子对构成宇宙万物之“有”、“无”一体的“道”及其富有生机活力的描述中,并规定着意境所要透过“境”以表现其意义的开发态势。

中国传统美学具有浓重的诗性特征,不仅具有诗的精神和性情,而且具有诗意的思维方式和诗意的呈现方式,并最终形成具有诗性内质和外观的意境。传统美学注重诗性的感悟,注重于对这种感悟的诗性传达,而并不著意于理论体系的建构和理性的逻辑的推演。如果说西方美学注重的是言说的稳定性、确定性和逻辑性,那么,中国传统美学则注重言说的心灵性、游移性、模糊性和点悟性。这种点悟直观,以诗性的方式体现时,是倾向于意境营构的诗意性和开放性。它以意境构筑的姿态强调意境构筑的张力和弹性,追求意在言外。《周易·系辞上》因之释为"言不尽意",认为"书不尽言,言不尽意"。老子指出:"知者不言,言者不知。"①"故常'无',欲以观其妙;常'有',欲以观其徼。"庄子则认为:"可以言论者,物之粗也;可以意致者,物之精也;言之所不能论,意之所不能察致者,不期精粗焉。"②当意境的直觉直观性及其对意在言外的推崇以意境构筑的方式体现时,则倾向于诗性呈现的空灵性和精粹性。它以"诗意点悟"的姿态向自然"还原"。这就是钟嵘所说的"文已尽而意有余"③。这里所强调的是,用语言说出"在场者",但其目的是让此"在场者"不仅指涉它自身,同时还指涉"不在场者",并因此使之显现并"到场"。因此,可以说,传统美学的意境构筑方式应该是中国美学特有的言说方式和思想方式,应该是对以老庄为首的道家美学所主张的"大象无形"、"有无相生"的生动体现。

一

应该说,中国传统美学所推崇的缘在构成论,明显有别于西方诗学话语。这表现在其言说的高弹性和其意旨的自由性两个方面。传统美学重意会、重气韵、重兴象,具有极强的人思想和风格化的色彩。这些特征都必然而当然地吻合于传统美学"意境"构筑思想。如法国当代思想家福柯在《词与物》中所指出的,中国传统美学"所使用的语言……都与我们已知的一切相左。……言不及意,词不达意"④。传统美学在"意境"构筑上所追求的内在性、意蕴性、开放性等都与西方不同;其"意境"构筑方面所推崇的"大象无形"、"大美无言"、"立象见意"、"得意忘象"、"境生象外"、"虚实结合"、"有无相生"、"言有尽而意无穷"等也是独特的。正由于此,德里达认为中国美学思想是"所有逻各斯中心之外所发展起来的强有力的文明态势的明证"⑤。传统美学的意境构筑方式首先表现在其非逻辑形式结构之上,具体说来,则表现在意境构筑的高弹性以及其启迪性、开放性等方面。随机性、滑动性可以说是传统美学意境构筑方式的第一个鲜明特征。

---

① 高亨:《老子注释》,河南人民出版社 1977 年版。
② 郭庆藩:《庄子集释》,中华书局 1978 年版。
③ 陈延杰:《诗品注》,人民文学出版社 1958 年版。
④ 转引自盛宁:《道与逻各斯的对话》,见《读书》1993 年第 11 期。
⑤ 叶维廉:《语言与真实世界》,《古代审美意识理论研究》第八辑,上海古籍出版社 1983 年版,第 42 页。

传统美学意境构筑方式常常是隐喻性的,具有一种集体表象的朦胧的互渗性质。它们的内涵外延也常常是流动的、不确定的和发散式的。例如,在中国传统美学,作为一种意指系统,“文”的涵义极为丰富,“文”是生成而不是现成的,“文”是“与天地共生”,发生构成于纯粹的构成域“道”。可以说,“文”就是一种不确定形式,体现了一种发散式功能,展示了汉语的流动本性。其中有自然之文,有人文之文,也有审美意识之文。纵观整个意义域,其中“文”的含义有:思想、文明、审美意识、天文、人文、文字、文采等等。但在西方美学理论看来,这些“文”的横向连锁关系和纵向层次关系都是“相当混淆”的,因而也是缺乏逻辑性和体系性的。

传统美学意境构筑方式非常注重再创构中意义的建构生成,即再创构中意义在意境的构筑与接受之间互动、生成。因为,在中国传统美学传统批评家看来,“文”是“与天地共生”的,是在天、地、人三才间,通过其相互作用、互交互动而建构生成的。其生成与建构流程展示了人的本性不断完善、丰富的历程,显示了人的本质力量的丰富性。如《周易·系辞》所云:“物相杂故曰文。”《国语》云:“物一无文。”“文”是杂多的统一。所谓“物相杂”就是“天文、地文、人文”的杂多统一。单一的事物,是不可能构成“文”的。而在《易传》看来,众多的事物的最基本构成要素是乾与坤,即天与地,宇宙万事万物及其各种属性,包括阴阳、刚柔、动静、仁义等等,都是由乾坤天地所构成的。因此,韩康伯解释说:“乾,阳物也;坤,阴物也。”“刚柔相错,玄黄错杂。”《周易·贲卦·彖辞》云:“刚柔交错,天文也;文明以止,人文也。”就是以天文、地文、人文相互融合、相互交流、相互统一、相互构成的观点来解释“文”的发生构成。“贲”的本身就是“文”。所谓贲卦,离下艮上,离代表火,属柔,艮代表山,属刚。“文明”指“离”,“止”指“艮”,所谓“文明以止”也就是“刚柔交错”。可见,无论是“天文”,还是“人文”,都是由“刚柔交错”而相构相成的。天文、地文、人文是相互融合、相互交流、相互统一的,即如天道、地道、人道的相融相合、相交相流、相互统一,都是自然而然、遵从天势的。正是在这种体知的基础上,中国传统美学认为,“文”及其审美意味是生成与建构而成的。并由此而重视审美创作中的意境构筑。①

二

审美缘在构成论的形成与老子美学“大象无形”和“有无相生”说的作用分不开。

---

① 李天道:《中国古代“文”符论》,《西南民族大学学报(人文社科版)》2005 年第 11 期。

“大象无形”之说见于《老子》第四十一章。王弼《老子指略》解释说：“大象，天象之母也。”“有形则有分，有分者不温则炎，不炎则寒，故象而形者非大象。”“大象”是诸形（物象）的抽象，“故象而形者，非大象”。“有形则有分”，“形”具体而可分，“无形”的“大象”便是诸形的抽象的“集合”，是不可分的整体。老子说：“夫唯大，故似不肖，若肖，久矣其细也夫！”①“大”，似“形”而不肖。可见，“大象无形”之所谓“大象”，乃是超越个别事物有限的直观形式，是无形体可求，与“气”相融、为“道”的呈现。“象”表征着万物自然的生命运动，来自圣哲对宇宙万物的宏观体味，并在道家的哲学体系中成为沟通“道”、“物”、“气”、“意”、“言”的重要的中间环节。

老子“大象无形”的“象”说，通向“气”与“道”，包含着一个极其重要的思想，即重视“象”的虚空超无，对“象”的意象而非言语的符号指涉功能做出了种种描述和规定。《老子》中多处提到“大象”，如“执大象，天下往”（三十五章），“大音希声，大象无形，道隐无名”（四十一章）。老子以“大象”来表征“道”，以体现“道”的虚空无名之状。老子说：“视之不见名曰夷，听之不闻名曰希，搏之不得名曰微。此三者，不可致诘，故混而为一。一者，其上不皦，其下不昧；绳绳不可名，复归于无物。是谓无状之状，无物之象，是谓惚恍。”②这里所谓的“夷”、“希”、“微”都是就作为生命本原的“道”而言的。道化育自然万物，并且作为生命的核心存在于自然万物的底蕴；自然万物可见、可听、可触，所以说有“状”、有“物”；而作为自然万物生命本原的“道”则不可见、不可听、不可触，所以说“无状”、“无物”。然而这里所谓的“无”又不是真的什么也没有，而只是“无序”、“无形”，“是谓惚恍”，是“夷”、“希”、“微”。也就是说，“道”实际上存在着，只是幽而不显，“混而为一”。可以说，“无状之状，无物之象”、“混而为一”，也就是“道”。它“周匝太清，遍及万物”，“于无形状之中而能造一切形状，于无物象之中而能化一切物象”，“有无不定，是谓惚恍”。在老子美学看来，宇宙万物的生命本原是“道”，这种“道”是不可言传只可意会的。老子说：“知者不言，言者不知”，“大音希声”。所谓“大音希声”，王弼注云：“听之不闻名曰希，不可得闻之音也。有声则有分，有声则不宫而商矣。分则不能统众，故有声者非大音也。”（《王弼集校释》）换言之，即“无物之象”、“大音”、“大象”之类都是美的生命本原“道”的呈现，因此无论用什么具体的言辞声音都不能把它传达出来；或者反过来说，一旦诉诸任何具体的言辞声音，它就不再是“道”本身了，因而也就不是“大音”与“大象”的“知者”。老

① 高亨：《老子注释》，河南人民出版社1977年版。

② 高亨：《老子注释》，河南人民出版社1977年版。

子说:“道之为物,惟恍惟惚。惚兮恍兮,其中有象;恍兮惚兮,其中有物。”①又说:“绳绳不可名、复归于物,是谓无状之状,无物之象。”(十四章)“道”呈现为“物”与“象”,表征为无形无状,惟恍惟惚,同时在恍惚无形之中又有“象”有“物”。应该说,这种若有若无之“象”,对作为宇宙万物构成之本源的“道”的存在作了极其精微的阐发。这种构成是非言语能表达的,只能凭借意象,存在于人的意象感悟和体验中。《老子》全书充满了这种意象感悟的符号,如“水”、“谷”、“母”、“朴”、“阴”、“玄牝”、“婴儿”等,它们都指向“道”这一不可言状,难以穷尽的宇宙万物构成之源。老子这种虚象非言的意象符号指涉功能的确认,使他进一步提出了有关审美创造和再创造中的一系列范畴,如“虚”、“实”、“有”、“无”、“妙”、“味”、“玄鉴”等。其中,“虚”、“无”、“妙”、“味”、“玄鉴”等具有形而上超言语意义的范畴对传统审美意识思想的建构尤为重要。特别是“无味”之“味”范畴的提出,以“味无味”言“大象”之“象”的审美境域方式的确定,深刻地影响着中国传统美学意境构筑方式的生成。因为,中国传统美学的意境构筑,在本质上就是一种味象超象、形而上超经验的文本审美意味的生成与构成。

庄子继承并发展了老子的“大象无形”的“象”说思想。庄子美学对现时存在的把握,无时无刻不保持着一种“象”的体验的完整性。在老子“大象无形”的“象”说思想上,庄子又进一步提出“大美无言”和“至美”、“全美”,提倡“无言而心悦”。庄子承继了老子道、气、象的哲学,执“大象”而言“道”,道、气、象三者融通同一。不过,相对于老子,庄子所说,更是以“虚”、“无”原初域,强调不可名状和不可言说。他说:“视乎冥冥,听乎无声。冥冥之中,独见晓焉;无声之中,独闻和焉。”②这就是说,“道”视而无形,听而无声,但无形无声中又见明朗之象,又闻至和之音,这便是“道”的呈现和显现,所谓“视”“冥冥”、“听”“无声”、“独见”、“独闻”乃是一种对生命境域和审美意味的体验和感悟,语言文字当然是无法表述的。《庄子·田子方》言老聃游心于“道”,“心困焉而不能知,口辟焉而不能言”,但其内心体验却能再现翱游天道的景象,从而得“至美至乐”,达成“至人”的境界,这亦表现了“道”意义的多样性和丰富性。庄子言“象”,蹈虚非言,重体验感悟,可以从他关于“象罔”、“混沌”、“滑疑之耀”等寓言比喻明显见出。《庄子·天地》中讲了一个寓言:“黄帝游乎赤水之北,登乎昆仑之丘而南望,还归,遗其玄珠。使知索之而不得,使离朱索之而不得,使喫诟索之而不得也。乃使象罔,象罔得之。黄帝曰:‘异哉!象罔乃可以得之乎!’”这里的“玄珠”表征“道”;“知”表征

① 高亨:《老子注释》,河南人民出版社1977年版。

② 郭庆藩:《庄子集释》,中华书局1978年版。

思虑、理智;“离朱”是传说中黄帝时代视力最好的人,表征视觉;“喫诟”表征言辩。寓言的意思是说,用思虑、视觉、言辩得不到的道,用“象罔”却可以得到。“象罔”表征有形和无形、虚和实的结合。吕惠卿注云:“象则非无,罔则非有,不皦不昧,玄珠之所以得也。”郭嵩焘注云:“象罔者若有形若无形,故眸而得之。即形求之不得,去形求之亦不得也。”①对此,宗白华解释说:“‘象’是境相,‘罔’是虚幻,艺术家创造虚幻的境相以象征宇宙人生的真际。”②按此解读,“象罔”似有若无、恍惚朦胧、“混沌”、“滑疑之耀”的状态,就是一种虚幻的“境相”,它“象征宇宙人生的真际”,是超言语超经验的,是一种以“象”的虚空为极致的深刻人生体验和人生境域的实现。庄子这种对“象”的描述和规定,与其《庄子·天道》篇中所说的“书不过语,语有贵也。语之有贵者意也,意有所随。意之所随者不可言传也”的思想是一致的,上承老子“象”论,下启魏晋玄学以“无”原初域体的对“象”的义理发挥,并直接引发了佛学的“象外之谈”,同时,由此构成传统美学意境构筑方式赖以形成的美学渊源。

三

传统美学意境构筑方式虽然从总体上讲,以老庄“大象无形”的“象”说和“大美无言”思想为出发点,言“境”不离“象”,但其重点又在象外之象,在意境构筑所构成的象外虚空中揭示人生意味并构成审美境域。因此,应该说,老子的“有无相生”说也为意境构筑追求“象”外虚空、非言味象奠定了哲理基础。

老子指出:“天下万物生于‘有’,‘有’生于‘无’。”③“‘无’,名天地之始;“有”,名万物之母。”(一章)老子以“无”来指称“道”,是因为它并不是人的感官所能把握的。然而这个幽隐无形的“道”又潜藏着巨大的力量,蕴含着无限之“有”。“道”既是“有”,也是“无”,“故有无相生”(二章)。就老子而言,“有”与“无”是在“道”中统一的。

“意境”的完全实现,还必须通过作为作品审美主体的接受者的阅读接受,由此,始形成“意境”构成的开放性。从对意境的审美接受而言,所谓意境,事实上是一系列可能性的存在,是一个期待审美再创造的开放系统。它等待着接受者调动自己的审美想象力和全部情感,去想象、补充、认同。因此,可以说意境创构于创

① 郭庆藩:《庄子集释》,中华书局 1978 年版。
② 宗白华:《美学散步》,上海人民出版社 1981 年版,第 71 – 72 页。
③ 高亨:《老子注释》,河南人民出版社 1977 年版。

作主体,而最终完成于接受者的想象认同之中。并且,从某种意义上看,意境实质上是源于作品而实现于接受者的想象再创造中的一种审美境界。它需要接受者将自己的情感意绪移入,并与之打成一片,融为一体,以深刻体会其中所包容的审美意蕴,并在此基础上展开审美想象,体验自己心中那些尚未形成、难以言喻的经验和情感。故可以说,接受者对作品意境状态的直接感知是意境实现的开始,而接受者对意境状态的审美想象则是意境实现的进行,接受者对意境状态的积极参与,才是意境实现的完成。

总之,可以看出,缘在构成论的"言有尽而意无穷"和"妙解心悟"正是建立于"大象无形"、"有无相生"的思想之上。受其开放性的作用,"意境"永远指向读者,向接受者开放。它总是留有非常大的空白,包括对"意境"的描述,期待着接受者去追索、咀嚼、玩味,并给以进一步的充实。

第五节 "兴会"之域

在中国古代美学史上,"兴",既是"兴、观、群、怨"之兴,又是"赋、比、兴"之兴,起于人们对《诗经》创作经验的总结。同时,"兴"还有另一层意义,即意指"感物兴情"与"触物起兴"之"兴"。这种"兴",是创作者于当下、此在,因眼前景、目中物而感荡心灵,激发生命意识,从而于心中勃然升腾跃踊而出的一种生命冲动,以及瞬间出现的创作灵感。它一触即发,不待忖度推敲,不假思量计较而直指当下景物。晋代挚虞说:"兴者,有感之辞也。"(《文章流别论》)刘勰说:"睹物兴情,情以物兴。"(《文心雕龙·诠赋》)李颀说:"睹物有感焉则有兴。"(《古今诗话》)都表明了"兴"的这种"感发"的特性。正由于此,人们才常常称"兴"为"感兴"。也正是由于这样,遂规定了"兴会"之域的缘在构成,其首要条件就是必须走进自然,把眼下的山川景物作为审美创作活动的直接对象,以偶然间的对应同构为契机,触动情兴,于物我共感交会的瞬间深入到审美对象的底层,感悟到其中所蕴含的生命奥秘,从而发乎为篇。只有这样,才能给"兴会"之域带来天然淳朴的审美特征。故纪昀评诗推崇"触事起兴,吐属天然"(《海壑吟稿提要》),"兴象深微,毫无凑泊之迹,此天机所到,偶然得之"(《瀛奎律髓刊误》卷二十三)之作。

从现象学构成论的视域看,中国美学对"兴会"域构成的推崇与道家哲人的"道"与"道法自然"构成论思想的影响分不开,是在这样的思想基础上生成的。

一

钱钟书在《管锥编》中指出："兴之义最难定。"表明"兴"的语义比较复杂。《说文》云："兴，起也。"可知，就原初义看，"兴"应该为起，起来。又为产生、生成。《周易·归妹》云："天地不交而万物不兴。"高亨注云："兴，犹生也。"《史记·乐书》云："凡奸声感人而逆气应之，逆气成象而淫乐兴焉。"张守节正义云："兴，生也。"由此种意义，引入中国美学，"兴"即为兴起、感发。《文心雕龙·比兴》云："兴者，起也。"在刘勰看来，"兴"的作用也就是激起、引发、感动。因此，在中国美学，"兴"又每每被称为"起兴"、"感兴"。也就是说，"兴"是起情，即感发情感，是审美创作的动机的生成与感发。孔颖达说："兴，起也，起发己心，诗文诸草木鸟兽以见意者，皆兴辞也。"朱熹说："兴，起也，引物以起吾意。"宋代胡寅《斐然集·致李叔易书》引李仲蒙语云："触物以起情，谓之兴。"应该说，在艺术活动中，所谓"兴"，就是触物起情，即审美者由当下、此在所见、所视，感发情致的一种审美构成态势。

关于"兴"的由来，威斯康星大学的周策纵教授在《古巫医与六诗考——中国浪漫审美意识探源》中以专章考论，认为殷商甲骨文中的"兴"都是祭仪名称，与先民祈求或欢庆生产丰饶的宗教活动有关。他认为甲骨文"兴"字像四只手拿着一个盘子。由此，他认为"兴"所指代的祭仪，可能是一种歌乐舞合一的活动，或持盘而舞，或围绕盛物的承盘而乐舞，或是敲着盘而歌舞。这样，最初，"兴"所表征的就是陈器物而歌舞，而歌舞者嘴里所吟诵的颂赞祝祷之词当然会从这些实物说起，这也就是后来"兴"意指诗歌创作"即物起兴"、"触物起情"的一种渊源。

"触物起情"或谓"兴"，就是当下、此在所见、所观之事之物以其形态、色彩、声音（自然之声而非文字的读音）、气味等等，启动诗人的情感。所谓"触物起情"之"触"就是指当下、此在的感发、触动；"物"即是当下、此在所见、所观之事之物。《礼记·乐记》说："凡音之起，由人心生也；人心之动，物使之然也。""乐者，音之所由生也，其本在人心之感于物也。"这就是说，艺术活动的生成与兴发，都是心物的交感、互动。外物激发创作者的心灵，生发情感、思绪，这些情感、思绪与当下、此在所见、所观之事之物缘在构成，显现出来，遂表征为艺术作品。自然物与人的情感，特别是与人的审美情感，存在对应关系。当下、此在中，某种类型的物、某种类型的景观，激发与之相对应的某种情感。《文心雕龙·物色》说："是以献岁发春，悦豫之情畅；滔滔孟夏，郁陶之心凝；天高气清，阴沉之志远；霰雪无垠，矜肃之虑深。岁有其物，物有其容；情以物迁，辞以情发。"陆机《文赋》说："悲落叶于劲秋,喜柔条于芳春。”人的心理、行为与他周围的自然环境密切相关。声音、光线、颜色、温度、气味的变化,对人的情绪行为具有直接影响。“兴会”之域的构成则是创作者无意遭遇有激发力的外物,启动自己的诗情,自明并显现外化,从而表征为诗作。杜甫《和裴迪登蜀州东亭送客逢早梅相忆见寄》诗有“东阁观梅动诗兴”之句,其《题郑县亭子》诗有“户牖凭高发兴新”之句,“观梅”,“远望”,而“动兴”、“发兴”,触动写诗的情思。“兴”的生成、诗作的创作与此在、当下,自然景物的激发、感发分不开。宋人葛立方《韵语阳秋》说:“自古工诗者未尝无兴也,观物有感焉,则有兴。”清人袁守定《占毕丛谈》说:“作文必有一段兴致,触景感物,适然相遭,遂造妙境。”都可以看作是对“兴会”之域构成艺术妙境的理论概括。

受此思想的影响,中国古代美学理论家大多主张审美创作者应走到山川自然中去“观物有感”,于当下、此在,以自然万物之生气为“触景感物,适然相遭”的渊薮,和触发“兴怀”与“兴会”之域构成艺术妙境活动的契机。董逌说:“登临探索,遇物兴怀,胸中磊落,自成丘壑”(《广川画跋》);张实居说:“触物兴怀,情来神会。”(见《师友诗传录本》)灵感的光临需要外物的诱发,观物有感,“触物兴怀”,艺术活动创作者在凝神观照审美客体时,其心理模式与景物相互遭际、对应,潜意识活动被激发、感应,由此产生一种“精神的觉醒”和“神游式的超越”①,即“兴怀”,从而“情来神会”,贯通思路,升华意象,进入仅能依靠创作者自身心灵自明始能领略的灵感幻境活动。

日本学者遍照金刚说:“感兴势也,人心至感,必有应说,物色万象,爽然有如感会。”(《文镜秘府论》)作为艺术境域构成活动中的“感兴”现象离不开当下、此在的随缘兴发。欧阳修说:“诗之作也,触事感物。”(《诗本义》卷十四)袁宏道说:“文长既不得志于有司,遂乃放浪麴蘖,恣情山水,走齐、鲁、燕、赵之地,穷览朔漠,其所见山奔海立、沙起雷行、雨鸣树偃、幽古大都、人物鱼鸟,一切可惊可愕之状,一一皆达之于诗。”(《徐文长传》)只有生活体验深切,“人心至感”,对当下、此在触发信息的感受力才强,才越利于触景生情,感物起兴。

“兴会”之域的构成离不开当下、此在的社会生活与自然万物。并且,只有当下、此在观物有感,触物起兴,而感动触发,始能达成自由、自在的“兴会”之域,从而表征、外化为自然英旨、天然灵妙的艺术杰作。此即所谓无心偶会,突然相遭。钟嵘说:“‘思君如流水’,即是即目;‘高台多悲风’,亦惟所见;‘清晨登陇首’,羌无故实,‘明月照积雪’,讵出经史。观古今胜语,多非补假,皆由直寻。”(《诗品序》)“即目”与“直寻”就是强调艺术境域当下、此在的缘在构成。“兴会”艺术境

① (日)今道友信:《东方的美学》,三联书店1991年版。

域构成活动的发生离不开引发“兴”的“即目”、“所见”之“物”，只有当创作者心中所悟所感与于当下、此在目中所见、所视融而为一，从而才“令景而生心，体物而得神”，由此，“则自有灵通之句，尽化工之妙”（王夫之《姜斋诗话》卷二）。“生心”即起“兴”、“兴怀”，由“兴”起而感发，而创作出具有“兴会”这种天然灵妙境域的艺术佳作。

这种“感物起兴”而缘在构成的流程可以用南北朝画论家宗炳所谓的“应目会心”与“应会感神”（《画山水序》）来加以概括。在“应目”的“即目”、“所见”基础上加以“会心”，在“会心”的感受中从而“感神”。按照构成论原理，“感物起兴”活动中的“应目会心”属于缘在境域中的“生成”。现代文艺心理学则认为，这种由“心物感应”而达成的“兴会”域活动是创作者的潜意识活动使然。西方心理学表明，人的心理具有潜意识和意识两个层次，艺术灵感的产生则是由于潜意识的积累和意象的无意组合。具体点说，即在创作者的脑海深处积淀着一些似忘而实存的记忆，这些被“忽略”和“遗忘”的记忆中，既有个人无意积淀下来的知觉表象，又有社会历史遗留在潜意识中的沉淀物，两种记忆的组合，形成创作者的深层心理积淀层。而艺术创作者总是置身于一定的动荡不息的外部环境中，鱼跃鸢飞，风起水涌，都会造成外部刺激。同时，作为艺术创作者，多是些极富生活经验，善于思索，潜意识积累丰富，对外界事物敏感的人。因此，当其进行艺术构思时，更易于被某种不期而遇的事物所诱发，由这种当下、此在外界机遇所提供的触发信息引起潜意识的活动。正如萧子显在其《自序》中所指出的：“登高极目，临水送归，蚤雁初莺，花开花落，有来斯应，每不能已。”这种潜意识长期受阻抑，一旦遭逢契机，即在当下、此在的随缘兴发中，创作者会感受到一种“开塞”感，而实际则是意识领域限的瞬间断裂。从而使神经中枢形成强烈的兴奋点，产生一种思维顿悟的功能，让创作者进入想象极为活跃的“兴会”域构成态势。

“感物起兴”缘在构成活动的根本前提是“感”，这种“感”也不是一般的观感，而是审美直观与“应感之会”（陆机《文赋》），是艺术活动者于当下、此在纵心独往，心与物徘徊，在心物一体、情景合一中体验到的一种无与伦比的审美感受。徐渭说：“天机自动，触物发声。”（《奉师季先生书》）谭友夏说：“作诗者一情独往，万象俱开，口忽然吟，手忽然书，即手口原听我胸中之所流……俟于造化之毫厘，而或相遇于风水之来去。”（《汪子戊己诗序》）都很好地描述了这种当下、此在的随缘兴发时的构成态势。

由当下、此在“感物”而触发的“起兴”、“兴怀”则是当下、此在的随缘兴发的辉煌瞬间，物象纷呈。此时的艺术活动创作者由外感转入内悟，“游心万仞，虑入无穷”。（辛文房《唐才子传》）忽然如睡，焕然如兴，如癫如狂，如痴如醉，从而“心物交应,构而成象”(姚华《曲海一勺·述旨第一》)。同时,这里所谓的“兴”总是伴随着强烈的情感因素。刘勰说:“原夫登高之旨,盖睹物兴情,情以物兴,故义必明雅;物以情观,故词必巧丽。”(《文心雕龙·诠赋》)

所谓“情以物兴”、“物以情观”,“兴会”之域是“情”与“物”互动交感,是“心物感应”而构成,离不开“睹物兴情”的构成态势。这和中国人重感受以及传统的“物感”说分不开。中国人是一个重感受的民族,在触物起兴,遇景生情方面特别敏感。《乐记·乐本篇》云:“人心之动,物使之然也。”“感于物而动,性之欲也。”中国传统美学历来强调审美创作者应在心物相感之中去体验美、创造美。如《乐记》认为:“乐者,音之所由生也,其本在人心之感于物也。”刘勰指出:“人禀七忆,应物斯感多感物言志,莫非自然。”(《文心雕龙·明诗》)因而,中国艺术讲求“外师造化,中得心源”。在中国人的深层思想心态中,人与物之间存在着一种亲和关系,人天是合一的,自然万物带有人的性情,因此,人与物之间可以进行精神交流,“山沓水匝,树杂之合;目既往还,心亦吐纳。春日迟迟,秋风飒飒多情往似赠,兴来如答”(《文心雕龙·物色》)。所以艺术活动创作者要使自己实现当下、此在的随缘兴发,即应跃身大化,去“抚爱万物,与万物同其节奏”,让“深广无穷的宇宙来亲近我,扶持我”①,从而感悟到宇宙自然的深幽微旨,在物我两极的深层运动流程中,迎来激情喷涌、想象冲撞、意象纷呈的高层次审美体验,即陆机“应感之会,通塞之纪”这种“兴会”构成境域的达成。

二

“兴会”之域的构创主要表现为一种无为无心的审美构成态势,或谓柔静心态。它强调即目、即兴、即景,因物起兴,触物兴怀,要求创作者预前不存任何自觉的情思意念,“纵浪大化中,不喜亦不惧”(陶潜《神释》),任兴而往,随其所见,由物感触,忽有所悟,从而在心物两交、情景两契中完成创作陶思。只有这样,才能创构出“天然灵妙”、缘在构成的审美境域。整个构成流程,展现为一种如陶潜诗“云无心以出岫”(《归去来辞》)似的“无心的遇合”,如行云流水般天然的构成态势。

清代审美意识家王夫之爱用佛语“现量”评价诗作。这种“现量”就正好表明“兴会”之域缘在构成中的无为心态。他说:“‘僧敲月下门’,只是妄想揣摩,如说他人梦,纵令形容酷似,何尝毫发关心?知然者,以其沈吟推、敲二字,就他作想

① 宗白华:《美学散步》,上海人民出版社1981年版,序。

也，若即景会心，则或推或敲，必居其一，因景因情，自然灵妙，何劳拟议哉！‘长河落日圆’，初无定景；‘隔水问樵夫’，初非想得，则禅家所谓现量也。”（《夕堂永日绪论》内编）“家辋川，诗中有画，画中有诗。此二者同一风味，故得水乳调和，俱是造未造、化未化之前，因现量而出之。一觅巴鼻（宋时俗语，意犹“把柄”），鹞子即过新罗国去矣。”（《王船山诗文集》）所谓“现量”，王夫之在其研究佛学唯识宗的著作《相宗络索》中说：“现者，有现在义，有现成义，有显现真实义。现在，不缘过去作影；现成，一触即觉，不假思量计较：显现真实，乃彼之体性本自如此，显现无疑，不参虚妄。”这里的“一触即觉，不假思量计较”可以看作是审美创作构思中一种审美境域缘在构成的心态表现，也就是王夫之所说“即景会心，因景因情，自然灵妙”。它没有明确的预兆，也无清楚的意念，纯任自然，缘景而发。杨万里说：“我初先意于作是诗而是物是事适然触乎我，我之意亦适然感乎是物是事，触先焉，感随焉，而是诗出焉。我何为哉？天也，斯谓之兴。”（《诚斋集》卷六十七）朱熹说：“诗之兴，全无巴鼻。”（《朱子全书》卷三十五）他们都指出构成“兴会”之域之“兴”本身就具有无为自然，“触物有感”的含义，是“兴来也因物”（薛据），“触物成呕吟”（储光羲）。在这种缘在构成活动中，往往进入一种心物交融、物我两忘的审美境域，创作者与所见、所观之物间之间则表现为一种不期而遇、天设地造的构成态势，这就是所谓的“现量”，钟嵘则称之为“直寻”，皎然又称“直致所得”，殷璠则谓“忽有所得”。如贾岛“僧敲月下门”，因“推”“敲”二字运思良苦，故一直为人称道。而王夫之则认为创作构思应追求兴趣天然，根本不必苦心竭虑、反复推敲，否则，反而伤其真美。

“兴会”之域的缘在构成讲求自然无心，随意触发。往往是创作者在对当下景物的直接观照中，忽然触发诗兴，并随即进入心物一体、物我皆忘的审美心境。故而创作者与所见、所观之物间总是呈现出一种不期然而然的触发或偶发现象。由此创构出的艺术境域，始可能具备“即目”、“所见”、天然淳真的审美特色。例如被殷璠誉为“无论兴象，兼复故实”的孟浩然诗：“相望始登高，心随雁飞灭。愁因薄暮起，兴是清秋发。”（《秋登万山寄张五》）就是诗人登高望远，目击道存，由眼前景物发兴抒怀而作的。故皮日休也认为孟诗的审美特色是“遇景入咏，不拘奇抉异”（《郢州孟亭记》），具有清新自然，真切天然之美。当然，“兴会”之域的创构也并非完全排除创作者的给予意义，要促成这种当下、此在的随缘兴发的实现，创作者与所见、所观之物间也必须具备一定的条件。王夫之说：“兴在有意无意之间……关情者景，自与情相为珀芥也。情景虽有在心在物之分，而景生情，情生景，哀乐之触，荣悴之迎，互藏其宅。”（《薑斋诗话》）“景生情”中的“景”，是指客观物象，为“天壤之景物”，此为创作构思的第一步，是情景之“在物”。“情生景”中的

“景”，则为审美意象，是创作构思的第二步，为情景之“在心”。创作者之“情”与作为客体之“景”相互应合，相互交融，从而始能缘在构成出审美意象，完成“兴会”之域的构创。同时，创作者与客体所以能够应合同构，其原因则是作为创作者的个人，有哀乐之兴，而作为客体的景物则有荣枯之象，创作者与所见、所观之物间存在着一种默契，此即所谓“哀乐之触，荣悴之迎，互藏其宅”。心与物、情与景之间有一种“天人合一”、“同源同构”的关系，因此相互之间能够“磕著即凑”、相互凑泊。当然“兴会”之域创构活动虽然只是很短的一瞬，但仍然是极其复杂和艰苦的境域构成流程，必须贯注审美创作者所有的心理因素。王夫之说：“‘池塘生春草’，‘蝴蝶飞南园’，‘明月照积雪’，皆心中目中与相融浃，一出语时，即得珠圆玉润，要亦各视其所怀来而与景相迎者也。”（《夕堂永日绪论》内编）“池塘生春草”等诗句，所以“天然灵妙”、“珠圆玉润”，完全是因为“皆心中目中与相融浃”，“现成一触即觉，不假思量计较”，即目入咏，临景构创而成。其审美心理状态似“无心应景”，然而，实际上都是“各视其所怀来而与景相迎者也”。只不过这种“无心”，是一种更高的审美给予，是创作者经过长期的生活实践与审美实践，有了丰富的经验积累，从而在审美心理结构中形成的一种由心理冲动趋势和情感反应模式构成的意念系统。这种意念系统能在此在、当下创作者与对象同构共感的瞬间，帮助创作者作出意念领悟。由于其心理流程短暂，体认神速，故人们才称其为审美缘在构成。

“兴会”之域的缘在构成中，作为联系客观物象与审美意象主要途径的“兴”，就类似这种审美缘在感动。沈宗骞说：“因有所触，乘兴而动，则兔起鹘落，欲罢不能，急起而随之，盖恐其一往而不复再观也。”“不前不后，恰值其时，兴与机会，则可遇而不可求之杰作成焉。复欲为之虽倍力追寻，愈求愈远。……天人合发，应手而得……非其人天资高朗，陶汰功深者，断断不能也。”（《芥舟学画编》卷一）指出“兴”的这种突发性与瞬时性。“天壤之景物，作者之心目，如是灵心巧手，磕着即凑”（王夫之《唐诗评选》卷三）时，心物感应，神理凑合，兴会来临的刹那间的审美构成态势。

钟嵘在《诗品》中评谢惠连语引《谢氏家录》中谢灵运自述云：“此语（指“池塘生春草”）有神助，非我语也。”提出“神助”一说。后来叶梦得在《石林诗话》中指出，谢诗“正在无意而与景遇”，认为是无意相求，遇景成咏之作。这和钟嵘评谢灵运喜欢“寓目辄书”相符。“无意”之遇合，偶然中的必然，又正与“兴会”之域缘在构成中所表现出的审美域构成态势相同，后来，殷璠继承了“神助”说，并在此基础上，进一步提出“神来”说，以更加生动地描述“兴会”之域缘在构成流程中“兴会”到来的神速。对“兴会”之域的构创必须经过“观物有感”的刹那，“人物沟通，心灵感应”,以获得艺术生命的冲动,和创作中“兴会”之域的缘在构成流程的描述,还是以王夫之最详。他说:“景语之合:以词相合者下;以意相次者较胜;即目即事,本自为类,正不必蝉连,而吟咏之下自知一时一事有于此者,斯天然之妙也。……自然一时之中寓目同感,在天合气,在地合理,在人合情,不用意而物不意,呜呼,至矣!”(《古诗评选》卷四)所谓“以词相合者”,是“把定一题、一人、一事、一物,子其上求形模,求比似,求词采,求故实,如钝斧子劈栎柞,皮屑纷霏,何尝动得一丝纹理”(《薑斋诗话》),故为下等。所谓“以意相次”,则有如陈子昂所谓的“兴寄”,为“托物寄意”、“因物喻志”的表现手法。而“即目即事,本自为类,正不必蝉连”,即“无心之遇合”,创作者与所见、所观之物间自然凑泊,天机自动。由此而完成审美创作,才“天然灵妙”。这其实也正是“兴会”之域构成的特点。只有“寓目同感”,“顺自然之势”,无为无心,让“自然即于人心”,于“即物即事”的顷刻迎得兴会降临,创构出的作品才天然灵妙。故王夫之说:“以神理相取,在远近之间……‘青青河畔草’与‘绵绵思远道’,何以相因依,相含吐?神理凑合时,自然恰得。”(《薑斋诗话》)具有神妙审美特征的作品是不需要苦苦吟哦、反复推敲的,都是当下、此在“天巧偶发”、“神理凑合”,从而发“兴”为“文”的。正如司空图所谓的“如逢花开,如瞻岁新。真与不夺,强得易贫。幽人空山,过雨采萍”(《二十四诗品》),俯拾皆是,著手成春。只有这样,才能达成“天然灵妙”的审美境域。

当然,“兴会”之域说只是主张自然天成,反对矫饰造作,人为安排。自然淳真绝不是意味着浅俗、简陋,而是于自然中寓有深意,平淡中蕴蓄真味。并且,其缘在构成流程中虽然只是当下、此在触物起兴一刹那间的捕捉,但却包容着广阔无限的历史时空、自然时空与心理时空,“包含着一个想象的自由生命”①,是刹那间以求永恒的心理状态,其中包含着变化万千、生生不息的生命本质。故而,具有“兴会”之域这种审美特色的作品,总是表征着“旨远”、“情幽”、“兴象深微”的审美特色,总是在平淡自然之中蕴藉着令人寻味无穷的深厚内涵。

三

中国美学“兴会”之域缘在构成论中这种强调触物起兴,重视创作者与大自然的接触,把“观物有感”作为诗兴来临的重要契机,不是我感物,而是物来感我,由物触而兴怀的无为无心审美心理状态同道家哲学“道”论,以及由此生成的万物一气、物我相亲的审美存在意识分不开。

---

① (法)雅克·马利坦:《艺术与诗中的创造性直觉》,三联书店 1991 年版。

在道家哲人看来，“道”是天地万物的纯粹构成境域，天地万物都是由“道”发生构成的，都从“道”那里构成自己的形体和性能，所以它们的本性和“道”是一致的，它们的行为都以“道”的自身缘构为构成式。从“道”为原发生构成境域思路出发，老子认为天、地、人的原初生成域是“道”。他说：“有物混成，先天地生。寂兮寥兮，独立而不改，周行而不殆，可以为天下母。”（《老子》二十五章）作为天地万物的纯粹构成本原，“道”较之于“天地”更为根本，更为久远，可以为天下母。因此，老子主张“人法地、地法天，天法道，道法自然”（二十五章），强调在境域构成中纯任自然的思想。

老子所提出的通过“道”与“道法自然”的境域构成论决定了中国美学崇尚“无为自然”的审美取向。这里的“自然”，并不是一个实体，如后世将自然作为天地的代称，而是一种状态。这一“自然”义，最先出现在《老子》中，为道家首创。即如陈鼓应所指出的，“自然”的观念是“老子哲学的基本精神”①。对老子所提出的“自然”，朱谦之《老子校释》解释说：“黄、老宗自然：《论衡》引《击壤歌》：‘日出而作，日入而息，凿井而饮，耕田而食，帝力何有于我哉！’此即自然之谓也，而老子宗之。”②认为《老子》的“自然”，就是“帝力”无作用于我的自由状态。蒋锡昌解释说：“《广雅·释诂》：然，成也。‘自然’指‘自成’而言。”即，自然就是自己如此，自然的状态就是本然、天然、自然而然。王充《论衡·谴告篇》云：“夫天道，自然也，无为。”可见，“道”的存在态势为本然、天然、自然而然。这在老子“道法自然”的表述中体现得最为充分。对老子所谓的“道法自然”，汉代河上公解释说：“‘道’性自然，无所法也。”吴澄解释说：“‘道’之所以大，以其自然，故曰‘法自然’。非道之外别有自然也。”③意思很清楚，他们认为，作为万事万物生成本身的境域所在，“道”的构成式与构成状态，都是“自然”。这就是说，“自然”是对“道”发生构成状态的描述，这也就是说“道”的构成状态是“自身的缘构在生”，即所谓道任天势。而“天势”，其本身就鲜活“自然”。对此，王弼解释说：“道不违自然，方得其性。法自然者，在方而法方，在圆而法圆，于自然无所违也。”（《老子注》）宋吕惠卿解释得好：“道则自本自根，未有天地，自古以固存，而以无法为法者也。无法也者，自然而已，故曰道法自然。”④也就是说，在道之上并不是还有一个实实在在的主宰，而只是强调道作为纯粹构成境域，不是缘境之外的实体或意义单位，

① 陈鼓应：《老子注释及评介》，中华书局 1984 年版。

② 朱谦之：《老子校释》，中华书局 1984 年版。

③ 陈鼓应：《老子注释及评介》，中华书局 1984 年版。

④ 张继禹：《中华道藏》第 10 册，华夏出版社 2004 年版。

而是在境域中构成自身,必然表现出自然而然的构成态,从而突出了道的自然无为的本来状态。这一强调和突出,展示了老子学说的终极目的,这就是通过对万事万物生成本身的境域所在,与“道”的构成式与构成状态都是“自然”的探寻,以揭示“道”的构成是“自身的缘构发生”,天地万物的发生构成总的缘在在“道”,总的构成态则是自然。既然如此,域内一切事物的发生构成都是自然而然,便成了无可异议的事情,因为道是纯粹构成境域,而天、地、人、物则都是由“道”生成。万事万物的构成态为自然,其构成式则表征为自然。

“道法自然”的思想,突出强调了自然而然、无为无作的构成态势。受此影响,中国美学在两个方面形成了自己鲜明的审美诉求。一是推崇性情表现的“自然”。如刘勰指出,“人禀七情,应物斯感,感物吟志,莫非自然”(《文心雕龙·明诗》);钟嵘则推崇表征为“自然英旨”风貌之作,即“应目会心”、“直寻”、“性情”表现自然而然的诗歌佳作(《诗品序》);宋张戒肯定那种情感自“胸襟流出”、“卓然天成”的诗歌精品(《岁寒堂诗话》);金元好问认为诗歌创作的极致是“一语天然万古新,豪华落尽见真淳”(《论诗三十首》);明袁宏道要求诗歌创作应该“独抒性灵,不拘格套”(《叙小修诗》);王国维则强调指出:“古今之大审美意识无不以自然胜”(《宋元戏曲考》)。可以说,鄙视矫情与伪饰,推崇性情之真实自然,是中国传统美学优良的传统。二是文艺作品语言表达上追求“芙蓉出水”的“自然”之美。美学家宗白华曾将中国艺术的美归结为“错采缕金”和“芙蓉出水”的美。他说:“楚国的图案、楚辞、汉赋、六朝骈文、颜延之诗,明清的瓷器,一直存在到今天的刺绣和京剧的舞台服装。这是一种美,‘错采镂金、雕缋满眼’的美。汉代的铜器、陶器,王羲之的书法、顾恺之的画、陶潜的诗,宋代的白瓷,这又是一种美,‘初发芙蓉,自然可爱’的美。”①在吸取以老子道家美学“道”的“无为”精神的中国传统美学看来,后者比前者更美,因而历来就反对华巧雕琢和卖弄人巧而标举素朴自然,并长期以来形成一种自觉的审美追求。如在书法眉心方面,南齐王僧虔就曾以“自然”法则作为品评准则,称赞孔琳的书法作品,“天然绝逸”(王僧虔《法书要录》卷一);孙过庭要求从造化自然的千姿百态中吸取灵感,妙笔精书,标举“同自然之妙有”(《书谱》)。在审美意识艺术方面,陆游则认为“文章本天成,妙手偶得之”(《文章》),明谢榛认为“诗有天机,待时而发,触物而成”,“自然妙者为上,精工者次之”(《四溟诗话·卷四》)。李贽推崇自然表现,主张重“化工”而轻“画工”,认为“画工”之作虽工巧之极,却忽略自己真心的表现,缺乏一种真情实感,“其气力限量只可达于皮肤骨血之间”;而“化工”之作,“虽有神圣”,却“不能识之

① 宗白华:《美学散步》,上海人民出版社 1981 年版。

化工之所在”,“风行水上之文,绝不在于一字一句之奇”,而在自然天成。故他强调无意为文,反对有意为文。认为“世之真能文者,比其初皆非有意于为文也”,“其胸中有如许无状可怪之事,其喉间有如许欲吐而不敢吐之物,其口头又时时有许多欲语而莫可所以告语之处,蓄积极久,势不能遏。一旦见景生情,触目兴叹;夺他人之酒杯,浇自己之垒块;诉心中之不平,感数奇于千载”(《杂说》)。从绘画艺术看,唐以后,中国山水画由水墨替代青绿着色,一个根本的原因是,水墨更能体现“道”的自然无为的特性而耐人玩味。所以荆浩在《笔法记》中用“墨”替代谢赫“六法”中的“随类赋彩”,并称赞项容“用墨独得玄门”。这种转向,实际是“道”的精神在艺术审美传达上的落实。“道法自然”,既然宇宙万物与人都以“气”为生命本体,与人完全对应,那么,创作者要在艺术境域的缘在构成中“身与事接而境生,境与身接而情生”(祝允明《送蔡子华还关中序》),并从中获得情趣的陶冶与心灵的净化,就必须表现出自得冲和、舒坦自在、优游闲适的心情,超越个体生命有限存在的精神需求,让自己“胸中灵和之气,不傍一人,不依一法,发挥天真”(戴熙《习苦斋题画》),以纯粹自由天放的心境,与自然灵秀之气化合,从而始能陶醉于宇宙万物的生命本源之中,触摸到自然的生命底蕴,使“天地之境,洞焉可观”(《文镜秘府论·论文意》),并从中把握到宇宙生命的节奏和脉动,获得精神的高蹈与审美的超然,以创构出心灵化的、璀璨的缘在构成的艺术境域。

第四章

审美缘在构成论的学理依据

第一节　道家美学思想与缘在构成审美意识

道家美学思想主张“阴阳相生”、“有无相生”，可以给缘在构成审美意识的形成一种学理上的启迪，即我们既要承认儒道思想的并存，更要推崇儒道思想的交融与汇通，主张不同思想的比较和交流，强调思想的相互沟通与互相促进。审美意识差异性的形成与其思想生态、思想根源有直接关系，要对生成于儒道异源思想体系中的不同审美意识进行比较，就必须注意同与异两个方面的内容，要从求同出发，展开寻根探源的辨异活动，进一步研究与考察形成其差异性的深层次思想原因，以达到融化出新的目的。

在当代学人越来越多的关注下，道家美学思想中所蕴含的生态智慧正日益为人所重视。道家的美学思想中，如天道与人道的互生互成，阴阳二气在调和运动流程中构成天地、阴阳二气互相激荡调和，氤氲变化，进而构成万事万物；人生长于天地之间，理应感悟天地四时的运行规律，仿效大道，以最终达到“道”的境域；在道家美学看来，天与人是同出于大道、密切联系的有机整体，因此道家美学思想主张天人一体，万物同一。老子认为世界万物构成的原初域是“道”，“道”生成万物，天、地、人都是一体同构的，人应保持清静无为的此在构成态势，遵循自然，顺应大道。庄子把人与动物的生存态势放在完全平等的地位上对待，要求摒弃人为，顺应自然。著名的科学史家李约瑟认为，道家自然无为的思想，主张主体与客体合二为一，人与自然和谐相处，这样才真正有利于人类的长久生存。① “道”按照它本来的样子，自然而然，其本性就是自然的，人最终要取法的仍是自然。尤其是道家美学“阴阳相生”、“有无相生”的思想，认为“无”为万物的开端；“有”为万

① 李约瑟：《中国科学技术史》，科学出版社 1975 年版。

物构成的原本,所以,应该从"有无相生"构成万物的原生状态去体察它的奥妙,从"有无相生"、万物生成的原初去体察它的存在域。"有"与"无"同出于一纯粹本原的;探索它们所呈现出的深远莫测表征,是体知万物存在与构成奥妙的路径;"有"、"无"是相对构成的,两者是一种不可分割的关系;它们虽然称谓不同,但都生成于并且构成于原初的"道"之中,等等,其义精深,其奥无穷。

应该说,道家美学智慧不但在传统美学的建构中发挥过不可忽视的历史作用,而且可以给今天进行缘在构成审美意识研究一种学理上的启迪,即既要承认儒道思想的并存,更要推崇儒道思想的理解、交融与汇通,主张不同思想的比较和交流,强调思想的相互沟通与互相促进。应该知道,审美意识差异性的形成与其思想背景、思想根源有直接关系,要对生成于儒道异源思想体系中的不同审美意识进行比较,就必须注意同与异两个方面的内容,既要注意其可比的共同性,更要注意因不同思想背景而形成的差异性,考察其思想背景的差异以及由此而产生的民族特性。换句话说,则是要从求同出发,展开寻根探源的辨异活动,进一步研究与考察形成其差异性的深层次思想原因;并且,在同与异的跨思想比较研究中,去揭示中西审美意识的各自不同的民族特色和独特价值,以达到融化出新的目的。

一

缘在构成审美意识的形成必须对思想生态的复杂性和多层次性加以考察,通过对中西思想生态作寻根探源的了解和体验,才可能在比较研究中避免误解。应该知道,审美意识作品的文本实际上是一种思想载体。思想必须通过载体才能存在,不表现为载体,则思想就不会成其为思想,而只能是一种自然的、经验的、心理的东西。伽达默尔在《真理与方法》一书的最后引用了德国诗人盖奥尔格的一句话:"语言破碎处,万物不复存。"实际上也可以说,语言破碎处,思想不复存。每个大的民族都有自己独特的稳定持久的思想生态结构。这种各具特色的思想生态结构是通过长期的历史流程沉淀下来的,影响着作者的思维方式和价值观念,并最终表现在审美意识作品中,决定着审美意识作品的差异性,并形成其民族思想特色。因此,要使审美意识比较研究深化,就必须立足思想传统,并努力同思想生态各个方面建立横向联系,结合传统思想意识的各种具体形态发生初始阶段的内外因作用、起源机制,对中西审美意识中关于创作经验的现象描述进行动态的、实践性的与历史的、共时性的综合考察,打破过去研究的框架,扩大研究领域,改变旧观念,调整研究方法。

从其实质来看,思想寻根探源的最终目的还是求得一种思想生态的认同。因为思想生态认同也就是对思想的原初根基或民族和地域意义的揭示。从这个意义上说,思想寻根探源的根本目的就是促进儒道思想的互相理解、互相汇通、互相生存和互相发展。

思想的互相理解,首先是通过思想生态平衡来实现的。不同思想间的生态平衡必须要有共同的话题。而属于不同思想体系中的儒道思想间的共同话题是极为丰富的,尽管世界上有各种各样的民族,不同民族间千差万别,但从客观上看,各民族间总会有构成“人类”这一概念的许多共同之处。仅就审美意识领域来看,就因为人类具有大体相同的生存形态,如饮食男女、生老病死、离愁别恨、人与自然、人与社会、人与人、人与自我,社会生活中的仁义礼乐、政令农事、人情事态、歌舞战斗,人类自身的腠理五脏、四肢百骸、生命机能、心性思维等等,都有相同的体验形式,而这一切必定会在关注人类生命与体验的审美意识中表现出来,并由此而使其具有许多相通与共同的层面,如“入世出世”、“思亲怀乡”、“时空恐惧”、“死亡意识”、“生态环境”、“乌托邦现象”等等,处于不同思想背景中的人们会遵从自己所亲身经历的不同思想生活,以及其思维方式、价值观念、行为方式对这些问题作出的不同回答。这些回答既包含有民族传统思想精神,又同时受到当代人和当代语境的选择与解释。因此,只有通过儒道思想之间的交流与比较,通过思想生态平衡加深彼此的理解与认同,才能促使双方都获得进一步的发展和提高。

这一点可以从道家美学思想中得到学理上的支持。可以说,老子就主张通过交流与沟通的生态平衡求得发展。在老子看来,“万物负阴而抱阳”,既对立又统一,处于互生、共生之中。老子认为,世界上存在着多种多样的“对立”关系,如有无、前后、大小、高下、难易、进退、生死、古今、智愚、巧拙、美丑、正反、长短、敝新、善恶、强弱、刚柔、兴废、与夺、胜败、利害、损益、阴阳、盈虚、荣辱、贵贱、吉凶、祸福、静躁、华实、张歙、明昧、曲全、枉直、雌雄等等,其范围包括宇宙天地、自然万物和人类社会生活的方方面面。同时,老子又指出,事物之间的这些“对立”生态关系,并不是绝对对立的,在其对立中还包含着相互平等、相互对应、相互贯通和相互交融的成分与机遇。他说:“天下皆知美之为美,斯恶矣,皆知善之为善,斯不善矣。故有无相生,难易相成。”这就是说,天下都知道美之所以为美,丑的观念也就产生了,人们都知道善之所以为善,不善的观念也就有了。有与无是相互生成的,没有“有”,也就没有“无”,难和易相因而成,长和短相互对立而存在,高与下相倾而立,音和声相和而歌成,前后相互随顺。在老子看来,这种“有无相生、难易相成,长短相形,高下相倾,音声相合,前后相随”的互对互应、相辅相成,既相互对立又相互依存、相互发展的生态现象是永远存在的,是事物的根本特性。因此,在看待宇宙间的这种“对立”关系时,决不能将之绝对化。

二

事物之间之所以存在既相互对立又相互依存、相互促进的生态关系，在老子看来，是因为双方之间存在着一种中介，有一由此达彼的桥梁，即对方的内核存在着一种同一性。这种同一性与中介就是构成宇宙万物，使“有无相生”的原初构成域“道”。在老子美学范畴系列中，“无”是同“妙”、“气”、“道”、“玄”等属于同一层次的。所谓“常无，欲以观其妙”的“无”是对“天地鸿蒙、混沌未分之际的命名”，为宇宙天地的本初形态，故“无”实质上又是“有”。同时，在老子生命哲学中，“无”和“道”又是相通相同的①，进而指出：“天下万物生于有，有生于无。”（四十章）所谓“有生于无”，老子对此作了解释，他借用具体事物为喻，说：“三十辐共一毂，当其无，有车之用。埏植以为器，当其无，有器之用。凿户牖以为室，当其无，有室之用。故有之以为利，无之以为用。”（十一章）车、器、室都由于形成了特定的空间才有其特定的作用。老子看到空虚不等于零，有形之物都离不开无形之虚，而后才有其价值，于是老子得出了“有之以为利，无之以为用”的一般性结论。对此，王弼注解得极为精妙：“有之所以为利，皆赖无以为用也。”世上的事情多与此相似。老子说：“大音希声；大象无形，道隐无名。”（四十一章）王弼注云：“物以之成，而不见其成形，故隐而无名也。”这也就是说，五音之成赖于希声之大音，众象之成赖于无形之大象。这也是以无为本的实例。推而广之，在无为与有为的关系上，无为为本，有为为用。老子说：“天地不仁，以万物为刍狗；圣人不仁，以百姓为刍狗。”（五章）通常人们只看到仁爱的好处，殊不知正是天地的自然无为，才成就了万物的生长繁衍，圣人的无为而治，才成就了百姓的自然发展；若是天地有意于仁，必不能遍仁，圣人有意于爱必不能遍爱，故无为方能无不为。通常人们喜欢居前，积财，争功，亲仁义，美忠孝，尚智巧，逐于强力，厚于生生，依于法令。老子认为这些都是本末倒置，其结果必然是适得其反，欲益之反害之；还不如保持居后、节俭、不争、尚朴的存在态势，处无为之事，行不言之教，这才是守母归根的原初生态，由此始能真正达成人生最佳境域。

老子将道体与道用的辩证关系概括为“反者道之动，弱者道之用”（四十章）。换句话说，就是生活的平衡生态存在于对立的相互依存和相互转化之中，原初域“道”的生成与构成功能依赖于柔弱的阴性而发生作用。在这样一种阴柔兼济的生态思想指导下，老子形成了自己独特的逆向思维模式，其特点在一个“反”字上，

① 朱谦之：《老子校释》，中华书局 1984 年版。

看重事物反面的性质,善于在对立生态关系中思考问题和解决问题。在老子看来,自然万物间存在着这样一些生态关系:第一,相反相成。看起来完全对立的事物,实际上是相得相依的。如“有无相生,难易相成,长短相形,高下相盈,音声相和,前后相随”(二章),这是一类共时存在的矛盾,失去一方则另一方即不存在。第二,正言若反。事物的本然与其现象是矛盾的,所以要用否定性的术语来表述它的肯定性的内涵。如“俗人昭昭,我独昏昏;俗人察察,我独闷闷”,“众人皆有以,而我独顽且鄙”(二十章),“明道若昧,进道若退,夷道若颣,上德若谷,广德若不足,建德若偷,质真若谕,大白若辱,大方无隅,大器晚成,大音希声,大象无形,道隐无名”(四十一章),“大直若屈,大巧若拙,大辩若讷”(四十五章),“信言不美,美言不信;善者不辩,辩者不善;知者不博,博者不知”(八十一章)等等。这种正言若反的表述方式,比一般的正面表述,更深刻地揭示了所肯定的真理的高层次性和真理的内在性。第三,物极必反。任何事物对立的两极都是相通的。一物之中包含着否定性的因素,当该物发展到极点时,否定性成分变为主导,该物便转化为自身的反面。如“金玉满堂,莫之能守。富贵而骄,自遗其咎”(九章),“五色令人目盲,五音令人耳聋,五味令人口爽,驰骋田猎令人心发狂,难得之货令人行妨”(十二章),“企者不立,跨者不行。自见者不明,自是者不彰。自伐者无功,自矜者不长”(二十四章),“甚爱必大费,多藏必厚亡”(四十四章),“天下多忌讳,而民弥贫;人多利器,邦家滋昏;人多伎巧,奇物滋起;法令滋彰,盗贼多有”(五十七章),“祸兮,福之所倚;福兮,祸之所伏”,“正复为奇,善复为妖”(五十八章),“民不畏威,则大威至”(七十二章),“兵强则灭,木强则折”(七十六章)等等。在老子看来,否定性在事物发展和转化中起着决定性的作用,否定是内在的,当事物的发展失去控制时,否定便要逞其威风。第四,由反入正。既然对立事物总是向着自己相反的方向转化,那么为了达到正面的目标,就必须从反面入手,走迂回的路。如“圣人后其身而身先,外其身而身存”(七章),“曲则全,枉则直,洼则盈,敝则新,少则得”,“夫唯不争,故天下莫能与之争”(二十二章),“以其终不自为大,故能成其大”(三十四章),“将欲歙之,必固张之;将欲弱之,必固强之;将欲废之,必固兴之;将欲取之,必固与之”(三十六章),“道恒无为而无不为”(三十七章),“天下难事,必作于易;天下大事,必作于细。是以圣人终不为大,故能成其大”(六十三章),“合抱之木,生于毫末;九层之台,起于累土;千里之行,始于足下”(六十四章)等等。正是这些由反入正的一系列命题,构成老子事物间既相互对立又相互汇通、相互统一的思想体系,其核心就在于从积极的方面正确运用事物转化和否定原理。第五,防正转反。如果说上一条是通过主观努力促使事物朝着有利于人的方向转化,那么这一条就是通过主观努力防止事物朝着不利于人的方向转化。

如“多言数穷，不如守中”（五章），“持而盈之，不如其已”，“功遂身退，天之道也”（九章），“圣人去甚，去奢，去泰”（二十九章），“果而勿矜，果而勿伐，果而勿骄，果而不得已，果而勿强”（三十章），“大丈夫处其厚，不居其薄；处其实，不居其华”（三十八章），“贵以贱为本，高以下为基”，“致誉无誉。是故不欲琭琭如玉，珞珞如石”（三十九章），“知足不辱，知止不殆，可以长久”（四十四章），“圣人方而不割，廉而不刿，直而不肆，光而不耀”（五十八章），“治人事天，莫若啬”，“是谓深根固柢，长生久视之道”（五十九章），“慎终如始，则无败事。是以圣人欲不欲，不贵难得之货；学不学，复众人之所过”（六十四章），“圣人不病，以其病病；夫唯病病，是以不病”（七十一章）。老子已经看到，事物转化是有条件的，如果人能主动接纳它的否定因素，进行局部的及时的不断的自我否定，不使自身的生态失去平衡，那么就可以使事物的否定性转化在自身内部进行，不会引起根本性的变化和儒道性的丧失。第六，达到沟通。对立双方相比较而存在，假如双方一利一害，就不能只想存其利而去其害，根本的解决办法是平衡这种相互对立的生态条件，把事物推向一个更高的发展域。如“不尚贤，使民不争；不贵难得之货，使民不为盗；不见可欲，使民心不乱。是以圣人之治，虚其心，实其腹，弱其志，强其骨，恒使民无知无欲”（三章），“吾所以有大患者，为吾有身，及吾无身，吾有何患”（十三章），“大道废，有仁义。智慧出，有大伪。六亲不和，有孝慈。国家昏乱，有忠臣”（十八章），“绝圣弃智，民利百倍；绝仁弃义，民复孝慈；绝巧弃利，盗贼无有”，“见素抱朴，少私寡欲，绝学无忧”（十九章），“善行无辙迹，善言无瑕谪，善数不用筹策，善闭无关楗而不可开，善结无绳约而不可解”（二十七章），“盖闻善摄生者，陆行不遇兕虎，入军不被甲兵。兕无所投其角，虎无所措其爪，兵无所容其刃。夫何故？以其无死地”（五十章），“善建者不拔，善抱者不脱”（五十四章），“塞其兑，闭其门，挫其锐，解其纷，和其光，同其尘，是谓玄同。故不可得而亲，不可得而疏；不可得而利，不可得而害；不可得而贵，不可得而贱”（五十六章），“圣人云：‘我无为，而民自化；我好静，而民自正；我无事，而民自富；我无欲，而民自朴”（五十七章），“古人之善为道者，非以明民，将以愚之”（六十五章）。老子看到社会生态环境中善恶并存，是非相依，福祸为邻，纷纷扰扰，无时而宁，治之而愈乱，防之而益危。他认为造成这一现象的根本原因是人类丧失了真朴之性，逐于外物而不能返本，造成人类中心，生态失衡。所以他提出了一套取法于大道和自然、超出世俗和时代的生态平衡办法与社会生态平衡之道，关键就在“见素抱朴，少私寡欲，绝学无忧”十二个字。在老子看来，人道本于天道，天道自然，人的根本特性是纯朴自然，故而人应返朴归真，回到共有的自然属性，以实现人性的复归。第七，返本归初。事物的运动，最终都要回到纯粹本原的生态原初域，而这个生态原初域就是清虚渊深的大道。老子说:“万物并作,吾以观复。夫物芸芸,各复归其根,归根曰静,静曰复命。复命曰常,知常曰明”,“知常容,容乃公,公乃全,全乃天,天乃道,道乃久,没身不殆”(十六章)。老子认为天地之间的万事万物,都是生生不已、是其所是,缘在构成变化的,其缘在构成变化是“复”,即向静态复归,因为有起于虚、动起于静,所以万物最后归于虚静域,然后才能得生命真谛和人生的奥秘。人如果能知此殊途同归之理,则必能包容而无所不通,合于自然,同于大道,则可以超越个体生命的有限。

老子说:“有物混成,先天地生。寂兮寥兮,独立而不改,周行而不殆,可以为天地母。吾不知其名,强字之曰道,强为之名曰大。大曰逝,逝曰远,远曰反。”(二十五章)这里说的是“道”的循环运动,作为宇宙万物的生命本原,道生化出天地万物,周遍无所不至,宇宙的发展距离原始状态越来越远(“逝”、“远”),最后总要返回到本初原生状态。人从生到死是一种复归,老年有复归于儿童(心理上)的趋向。社会发展有在高层次向原始社会复归的趋向。地球、太阳系、银河系都有死亡的结局,复归于初。任何事物的运动流程都是宇宙大生命中的一个短暂的阶段,故云“飘风不终朝,骤雨不终日”,“天地尚不能久,而况于人乎?”(二十三章)只有“道”,即宇宙生命的本原,才是永恒不竭的。

三

作为宇宙万物构成的原初生态域,“道”又是阴阳二气未分的混沌统一体。故“道”也就是元气。由元气分化而为阴阳二气与天地,此即所谓“道生一,一生二,二生三,三生万物”。正是由于“道”(气)的作用,世界上的事物才看似相互对立,实质上是共生和互生的。《易传》认为:“阴阳合德,刚柔有体。”“阴阳合德”中的“阴阳”,指生成与化育万物的两种气;“德”则是指万物得之于“气”并使万物得以存在、发展的属性和功能。依照中国传统的宇宙意识,世界上的一切,包括自然、社会、人身,所谓天、地、人三才,均为阴阳二气交感化合的产物。诚如老子所说:“万物负阴而抱阳,冲气以为和。”(四十二章)“气”连绵不绝,充塞宇宙,施生万物而又不滞于物。大自然中的云光霞彩、高山大海、小桥流水、珠玉贝壳、花草鸟兽;社会生活中的仁义礼乐、政令农事、人情事态、歌舞战斗;人类自身的腠理五脏、四肢百骸、生命机能、心性思维等等,都是由气所化生化合,都包含着阴阳的属性。阴阳二气相互补充、相互转化,才能生育化合出万物。也正是由于阴阳二气的互待、互透、互转、互补,相互激荡,往返循复,从而构成万物生生不息的属性。在道家美学思想看来,宇宙大化的生命节奏与律动,人们心灵深处的节律与脉动,都是源于阴阳二气的相互缘在化合作用。这种“阴阳”意识与观念渗透在整个中国传统思想之中，使其充溢着一种和谐精神。正如孔颖达在《周易注疏》中所指出的：“天下之万声，出于一阖一辟；天下之万理，出于一动一静；天下之万数，出于一奇一偶；天下之万象，出于一方一圆；尽起于乾坤二画。”所谓“乾坤二画”，乃是指《周易》的阴爻、阳爻，就是阴阳，也即阴阳二气。“阴阳者，气之大者也。”“阴阳者，天之气也（亦也谓道）。”万物是阴阳二气交感的产物，人类亦是阴阳气化而生。《淮南子·天文训》说：“阴阳合和而万物生。”《精神训》说：“于是乃别为阴阳，离为八极，刚柔相成，万物乃形。烦气为虫，精气为人。”正是由于作为生命之原的“道”（气）有阴阳的对立统一、互存与共生特性，从而才构成氤氲、聚散、动静、磨荡而运动变化，并由此生成自然万物与人类，故而，当中国古代哲人面对宇宙万物的存在态势进行沉思时，往往把万物与人的生成放在阴阳对待的矛盾中去考察，从阴阳与气化的运动中去描绘。《黄老帛书·称》云：“凡论必以阴阳大义。天阳地阴，春阳秋阴。夏阳冬阴，昼阳夜阴。大国阳，小国阴；重国阳，轻国阴。有事阳而无事阴，信（伸）者阳而屈者阴；君阳臣阴，上阳下阴；男阳女阴，父阳子阴，兄阳弟阴，长阳少阴。……诸阳者法天……诸阴者法地。”整个宇宙天地与社会人生的生成都可以用“生”之“阴阳”来概括。此即《周易》所谓的“一阴一阳之谓道”。《吕氏春秋》也指出：“凡人、物者，阴阳之化也。”唐代道士成玄英给阴阳以规定性内涵：“阳，动也。阴，寂也。”认为阴阳即动与静的意思。在他看来，天地万物的生成都是阴阳二气的调和：“阴升阳降，二气调和，故施生万物。”李筌在《太白阴经》中认为“万物因阴阳而生之”。他说：“人禀元气所生，阴阳所成。淳和平淡，元气也。聪明俊杰，阴阳也。”强调阴阳二气对生成自然万物与人的决定性作用。并且还指出属于主体智能结构的“聪明俊杰”心理因素的生成也离不开阴阳二气的作用。的确，“天以阳生万物，以阴成万物”。一方面，阴阳二气大化流衍，聚散无定；另一方面，阴阳二气又相推相摩，由阴阳交合而生成的宇宙万物与社会人生也就变化无穷，气象万端，丰富多彩。人与万物概莫能外。就人而言，“性情形体，本乎天者，分刚分柔之谓也。夫分阴分阳，分柔分刚者，天地万物之谓也。备天地万物者，人之谓也”。所谓人“备天地万物”，是指人乃为天地之心，阴阳刚柔之会；故人能参赞化育，与天地万物一体。天地万物与人都凭借阴阳而生，而阴阳又都存在于万物之中，故而在缘在构成审美活动中，天与人、心与物能相渗相透，相互沟通与融合。同时，阴阳作为“气”的属性范畴，它又具有对待性与统一性以及动态特征。而自然、社会、人生等万物万象，都有聚散、动静、虚实、内外、上下、大小、清浊、刚柔等原初生成状态。这些生成状态，都可以概括为相互对待、统一、变动的关系，也即阴阳关系，从而整个宇宙都由阴阳二气联系成一个整体，在阴阳二气这个层次上,宇宙万物同源同构而相通,宇宙乃是一个具有对待、统一、变动的全息性整体。这样,阴阳二气以自然万物与人生命的本体意蕴,使天地万物与人都纳入其阴阳气化的范围,能相通互感,遂成为中华民族的传统审美精神。

总之,道家美学思想给当代的提示是:自然与社会的生成与发展需要相辅相成,相互对应、相互促进、相互对话,思想与审美意识的构成与发展也应如此。这是一个多元思想同生共存的生态平衡时代。思想交流日趋全球化,多种思想相遇,最重要的问题是能够相互理解。缘在构成审美意识的形成中要防止只是一种思想的独白,不然则不可能真正理解两种不同思想间审美意识的特点。要达到上述目的,就必须有充满探索精神的平等对话,为寻求某种答案而进行多视角、多层次的反复对谈。缘在构成审美意识的形成中思想寻根探源的目的是加深理解,而要沟通、理解,则必须通过对话。只有通过对话才能达到儒道两大思想体系及其审美意识的理解,以推动中国审美意识向全球化现代化的方向发展。

第二节　现象学存在论识度

中国美学境域缘在构成论认为,缘在构成审美活动的目的,是审美者通过澄心静虑,心游目想,通过顺应自然、自由自得、直观感悟,即境缘在,通过"由己""返身""归朴","还原"到"最自由最充沛的深心的自我",以达到真力弥满、万象在旁、掉臂游行、"超脱自在"、兴到神会,顿悟人生真谛的审美境域,从而从中体验自我,实现自我。这样,中国美学的境域缘在构成论与现象学构成识度趋于合一,并由此而生动地体现着中国美学顺应自然的精神。

中国美学的基本精神突出地体现在构成识度上。"美"的内涵涉及两个层面的内容:一是审美境域为缘在构成。审美境域不是现成的,而是构成的,是一种随缘任运、自然适意、一切皆真、宁静淡远而又生机勃勃的自由构成境域,一种更高的人生境域。二是"人心"既是本源境域,又是更高人生境域与审美境域。中国美学总是借助艺术的观点来美化人生,力图塑造完美的心灵,把肯定人生、把握人生、塑造一种理想人格,构成更高人生境域与审美境域作为自己的终极境域,把构建健全的人生,即在审美境域中完成真善美相统一的人格、光明的人生、自由任运的理想人格,作为审美的最高宗旨。

因而,在中国美学,美实际上就是一种生命缘在构成域,一种缘在构成的心灵境域与人生境域。这种审美境域,生成于一个"真力弥满,万象在旁,掉臂游行,超脱自在”,“最自由最充沛的深心的自我”。① 而缘在构成审美活动的目的,则是审美者于当下此在通过澄心静虑,心游目想,通过顺应自然、自由自得、直观感悟、直觉体悟,通过“为仁由己”、“返身而诚”,通过“归朴返真”、“以天合天”、“和光同尘”、“即心即佛”,“由己”“返身”“归朴”,“还原”到“最自由最充沛的深心的自我”,从而顿悟人生真谛,从中体验自我,实现自我。情景相生、即境缘在,兴到神会,并由此而生动地呈现出中国美学顺应自然的自由精神。这样,中国古代美学的境域缘在构成论与现象学的构成识度趋于合一。

一

一般而言,现象学应该是一种非常重要的方法。即如胡塞尔所指出的,现象学“首先标志着一种方法和思维态度”。海德格尔在《现象学基本问题》一书的“导论”中也明确主张,“现象学一语”乃是“一般科学的哲学的方法之名称”,“正确地看,现象学是一个方法的概念”。这种现象学或现象学直观方法和态度的最突出的特点是它的“构成”洞见或识度。只有从这种看待事物及研究对象的此在原发构成方法和态度出发,现象学中所谓的“现象”、“本质”、“直观”、“明见性”、“绝对的所予物”、“意向性”等等才能具有新意。胡塞尔说得好:“一切问题中的最大问题乃是功能问题,或‘意识对象(性)的构成’的问题。”这里所谓的此在“构成”,或谓“构成识度”是与西方的传统形而上学和自然主义(经验主义)的方法论相对而言的。就现象学“构成识度”而言,“现象本身”或“事情本身”一定是构成着的或被构成着的,与人体知它们的方式,尤其是人在此在当下某个具体形势或境域中的生存方式息息相关。换言之,任何“存在”从根本上都与此在当下境域中的“生成”、“生活”、“体验”或“构成”不可分离,显现者总是自明地给出其存在证据。而这里的关键在于,此“自明地给出”对于现象学来说只能或首先意味着在活动中的当场构成。胡塞尔说道:“事物在这些体验中并不是像在一个套子里或是像在一个容器里,而是在这些体验中构成着自身,根本不能在这些体验中实项地发现它们。‘事物的被给予’,这就是在这些现象中这样或那样地显示自己(表现出来)。”这段话清楚地表明“构成”乃是“被给予者”、“现象”以及所有内在超越者的存在方式,强调了现象学看待事物及研究对象的构成方法和态度的原发性和当场性。由此,在现象学“构成识度”看来,终极只能活生生地呈现在人的此在当下、世间生存之中,而不能被在任何意义上现成化。这样,真的终极就只能是人与宇

① 宗白华:《美学散步》,上海人民出版社 1981 年版,第 69 页。

宙自然间万事万物相互构成的缘在境域。在这个问题上,中国美学的观点与其是一致的。作为中国美学追求的人的存在性显现境域,或谓终极境域的“美”,实质上只能是构成境域。对中国美学所谓的“求仁得仁”、“以天合天”也只应在缘在生和域构成的意义上来理解。

儒道美学与佛教禅宗美学,都把人生于此在当下自由缘在境域作为最高的审美诉求。孔子认为,人生境域的追求是由“知天命”到“耳顺”,再到“从心所欲不逾矩”(《论语·为政》)的流程。老子则把“同于道”作为人生的审美诉求与一种极高的审美境域。而庄子则有对“无所待”而“逍遥游”的审美域的向往。在庄子看来,人生的意义与审美诉求就在于任情适性,以求得自我生命的自由发展,只有摆脱外界的存在对人的束缚和羁绊,才能达到精神上的审美自由。禅宗则追求超越人世的烦恼,摆脱与功名利禄相干的利害计较来达到绝对自由圆融的人生境域。

应该说,诸家人生境域论的建构与传统审美缘在构成论是一致的。中国美学所标举的最高审美境域是此在当下与道合一、与天合一,以及由此而获得的心灵自由与高蹈。“以类合之,天人一也。”(《春秋繁露·阴阳义》)天人是同类同构的,同一纯构成本源。人与自然万物同构成于缘在本身的“道”,因此,自然万物与人一样具有性灵和生命。万物综综,各复归其根,人只有返回还原于纯构成本源“道”,回归自然,于此在当下和自然融合构成中才能得到抚慰,消除烦劳和苦闷,获得心灵的宁静。在此在当下与“道”合一、与天合一的缘在构成审美活动中审美者则必须保持恬淡自然,澄澈透明的心态,超越现实的束缚,顺应自然,于随缘任运中让自己的心灵遍及并感应万物,与天心相通,与万物一体,进而构成“万物皆备于我”的境域,体悟到宇宙自然深处活泼泼的生命韵律,从而获得人生与精神的审美自由。要构成此缘在构成域,审美者则必须经过“澄心”,始能从一般境域构成化生为审美境域构成。也就是说,审美者只有忘欲、忘知、忘形、忘世、忘我、忘物,保持精一凝神,视而不见,听而不闻的自由自在的审美态势,由此,才能于心物交融、物我合一、以天合天的缘在构成中获得审美的体验,达成最高的审美灵境。

二

中国美学的这种境域缘在构成思想与中国古代哲人对宇宙万物的生命属性的体知是一致的。在中国古代哲人看来,生命的属性就是一种构成。作为宇宙生命本原,“道”又是阴阳二气未分的混沌构成体,故“道”也就是元气。元气化生而为阴阳二气,阴阳二气化生构成从而始有天地,此即所谓“道生一,一生二,二生三,三生万物”。正是由于“道”(气)的作用,世界上的事物才看似相互对立,实质上是共生和互生构成的。依照中国传统的生命意识,世界上的一切,包括自然、社会、人身,所谓天、地、人三才,均为阴阳二气交感化合构成。诚如老子所说:“万物负阴而抱阳,冲气以为和。”(《老子》四十二章)“气”连绵不绝,充塞宇宙,施生万物而又不滞于物。大自然中的云光霞彩、高山大海、小桥流水、珠玉贝壳、花草鸟兽;社会生活中的仁义礼乐、政令农事、人情事态、歌舞战斗;人类自身的腠理五脏、四肢百骸、生命机能、心性思维等等,从自然、社会到人事以至人的道德、情感、心态等等,都是由气所化生化合、相构相成,都包含着阴阳的化生化合构成属性。阴阳二气相互补充、相互转化,才能生育化合构成万物。也正是由于阴阳二气的互待、互透、互转、互补、互构、互成,相互激荡,往返循复,从而呈现为万物生生不息的构成属性。在中国哲人看来,宇宙大化的生命节奏与律动,人们心灵深处的节律与脉动,都是源于阴阳二气的相互化合构成作用。阴阳作为“气”的构成属性范畴,它又具有对待性与统一性,以及动态特征。而自然、社会、人生等万物万象,都有聚散、动静、虚实、内外、上下、大小、清浊、刚柔等性质状态。这些性质状态,都可以概括为相互对待、统一、变动的关系,也即阴阳关系,从而整个宇宙都由阴阳二气联系成一个整体,在阴阳二气这个层次上,宇宙万物同源同构而相通,宇宙乃是一个对待、统一、变动的构成性整体。这样,阴阳二气以自然万物与人生命的本体意蕴,天地万物与人都纳入其阴阳气化的范围,能相通互感,遂成为中国美学缘在构成论生成的思想基础。

第三节　缘在构成中的自由精神

中国古代美学始终一贯地在探索如何达到一种和合完美的人生的自由精神,如何超越外物的局限、束缚,以实现人的自身,达到“朝彻”、“至诚”的缘在构成域。这样,就能充分发掘人的深层自我意识,从而激发出探索自我与世界的巨大热情和珍惜人生的强烈愿望。真诚,以自己成就自己,自己引导自己,既成就万物,也成就自己,澄明天性,统一内心与外在的万有大千,真实无妄、真诚诚实,顺应自然,不矫揉造作,不虚妄不做作,有如宇宙自然一样,顺应真实无妄的“诚”的本性,遵循大道规律运行,合乎自然规律,以诚行事,就会自己成就自己。做到了天道与人道的合一。所谓“能尽我之心,便与天同”①,“尽人之性”,又“尽物之

① (宋)陆九渊:《语录下》,《陆九渊集》卷三十五,中华书局1980年版,第455页。

性”,“合内外之道”,则能“赞天地之化育,则可以与天地参矣”①。真诚是自然而成的,大道是自然运行的。只有与天地合为一体,使“天地与我并生,万物与我为一”②,才能使人成为自在自然、任心由性、自我自觉的人,而进入自由的构成态势。这种人生的自由构成态势真实澄明地呈现出来,表征为直观感悟和情感体验时,实质上也就是一种审美缘在构成域,一种艺术的审美极境。因此,中国美学认为,审美活动的目的,是审美者通过澄心静虑,心游目想,通过顺应自然、自由自得、直观感悟,即境缘发,通过“由己”“返身”“归朴”,“还原”到“诚”的“本心本性”,从而从中体验自我,实现自我。这样,遂使中国古代美学的审美缘在构成论与中国古代人学中的人生自由缘在构成域论趋于合一,并由此而生动地体现着中国美学顺应自然的自由精神。

一

中国美学传统审美目的所努力追求的最高审美缘在构成域是心灵的自由与高蹈。天人是同类同构的,同一生成于纯粹原初域“道”。人生成于自然,自然万物与人一样具有性灵和生命。在审美活动中审美者必须超越现成“世界”的束缚,使人心与天心相通,进入与万物一体的缘在构成域,以获得精神的自由。作为中国美学的传统特色,人生的缘在构成域与审美缘在构成域的合一和中国人顺应自然、“天人合一”的审美观念分不开,并建构在中国道家哲人“道”论的深层审美意识之上。“道”为自然万物生成的原初域。西汉时期的道家学者曾经比喻说,老子之“道”就像一个鸿卵一样。鸿卵看上去什么也没有,既没有头又没有尾,既没有翅又没有腿,可是包孕着鸿的一切;“道”看上去什么也没有,既没有天又没有地,既没有人又没有物,可是却包孕着天地人物的一切。老子说:“道”这个东西,没有固定的形体。它是那样的惚恍啊,惚恍之中却有形象。它是那样的恍惚啊,恍惚之中却有实物。它是那样的深远暗昧啊,深远暗昧中却涵着极细微的精气。这极微的精气,非常具体,非常真实。从古至今,它的名字不能废去。根据它,才能发现万物的源起。应该说,宇宙间万物最初生成的状况就在于此。也就是说,“道”这种东西虽然恍惚不清,好像什么也没有,但实际上有“形”、有“象”、有“精”。这个“精”就是构成天地万物的基因。正因为内蕴着构成天地万物的基因,所以“道”才可以生成天地万物。当然,这个生成宇宙万物之“道”并非我们现实生活

---

① (宋)朱熹:《四书集注·中庸》,凤凰出版社 2005 年版,第 18 页。
② 陈鼓应:《庄子今注今释》,中华书局 1983 年版。

中的事物，而是纯粹缘在构成域之“道”，它超越了人类一切感官的知觉作用，这就是老子说的“不可致诘”，也就是不可思议。老子明确指出，天地万物皆内涵阴阳，阴阳二气又在冲和之气中相构相成，相互召唤，万物亦在冲和之气中氤氲摩荡、化生化合。从无形无象最原始的缘在构成域的道，生化构成气态宇宙，生化构成固态天地，乃至形形色色的物体；其发生构成的根本缘在便是阴阳两种元素的相激相荡。在整个宇宙发生构成生成的各个层次上，阴阳间的交流对话是万物生成、生命构成的活力，“道”则是先于任何现成状态的最本源构成、通达万有的终结原初域，其构成与最“边缘”缘在构成域是密不可分的，因此，老子把它形容为“玄妙之门”。

概括而言，作为天地万物原构成缘在构成域的道，具有能生而又不被生的永恒不息动力，其表现特征为空灵、自然、无为、永恒。老子认为，人道在于天道，应追随天道。而天道即自然之道。这样，人就不能背离自然。人应按照自然无为，损有余以补不足的原则，来追求自身纯朴自然的本性，以实现自身的人生价值。表现在审美活动中，要生成并显现这种宇宙之美，就必须“绝圣去智”、“无知无欲”，由“虚静”的自由缘在构成域中，让心灵自由飞翔、穿越，以超越有限的、具体的“象”，而体悟到“道”——这种宇宙生命的精深内涵和幽深旨意，并进入极高的自由之域。此构成流程即司空图所谓的必须“超以象外”，方能“得其环中”，进入宇宙的生命之环。也正由于此，所以老子讲“我自然”、“道法自然”、“无为”与“涤除玄鉴”，庄子则追求“逍遥游”、“无待”，讲一个“忘”字，如“坐忘”、“相忘于江湖”等等，追求“得道”，以获得心灵的精神自由。所谓“得道”或者“知道”的“道”就是“自然”，也就是“自由”，亦即庄子所谓“在宥”（“在宥”理当读为“自由”）。但道家说的“自然”，不完全等于我们今天所谓的“自然界”。自然界当然是“自然”。道家的“自然”不是一个单词如 nature，而是一个词组，意思就是“自己如此”，也就是“如其所是”（beingsoin - oneself）。自然界是本来如此的，人也该是本性如此的。既没有上帝的安排，也没有人类社会当中的种种矫揉造作。自己如此，也就是“天性”或“本性”。所以，道家的“道法自然”与儒家的“天命为性”其实是相通的。“人性”之为天性，也是一种“自然”。

二

自然与“人”一体共生，相通相合，这种宇宙意识渗透到缘在构成论中，其所主张的审美缘在构成活动中人的情感与万有大千就成了审美关系中的对话者，自然万物理所当然地与作为审美者的人相交相游、相吐相纳。在中国艺术家的心灵空间里,自然万物在其自性范围内是有为、有待、有形、自生、自治、自得的,而在“本真”方面又呈现为至虚至静,无为无形,因此,“吾之生也,非物之所生,则生自生耳,生生者岂有物哉? 故不生也。吾之化也,非物之所化,则化自化耳,化化者岂有物哉? 无物也,故不化焉。若使生物者亦生,化物者亦化,则与物俱化,亦奚异于物? 明夫不生不化者,然后能为生化之本也”①。这里就极为传神地呈现了这种“与物具化”、顺应自然、“俯仰自得”、“天人合一”构成意识对审美观念的渗透,表现了人对自然万物的自由吐纳与审美构成的认同。现成“世界”上的万事万物都是独立的个体,都自然而然地那样存在着和变化着。这里的原因在于,事物之间是“相因”的。郭象说:“夫相因之功,莫若独化之至也。”②“相因”就是相互依存的意思。郭象认为,事物间的相互依存才是“独化”。他说:“故天地万物凡所有者,不可一日而相无也。一物不具,则生者无由得生;一理不至,则天年无缘得终。”“天下莫不相与为彼我,而彼我皆欲自为,斯东西之相反也。然彼我相与为唇齿,唇齿者未尝相为,而唇亡则齿寒。故彼之自为,济我之功弘矣,斯相反而不可以相无者也。”③大千世界,渺渺星球,无所不有,无奇不有。宇宙天地之间,存在着各种各样的、千差万别的现成事物,每一事物均与它之外的事物处在相互联系中,由此才使得一物能依赖于它物且它物能依赖于一物,每一物都能存在着,才有丰富多彩、纷繁复杂的大千现成世界的存在。物物间相互联系,而这种联系的实质是有赖于事物自身的存在。宇宙万物之存在的根据和原因正在自身中,因为宇宙万物的自身就是自足的,这正是事物的“独化”。即现成“世界”上的宇宙万物均处在与它之外的他物的并存中并由此而使得自身要表现出和能表现出的“自在自生”的生命状态。

所谓“自生”,在魏晋时期,应该是针对以“无”为本的观点提出的。向秀《庄子注》云:“吾之生也,非吾之所生则生自生耳,生生者岂有物哉?〔无物也〕,故不生也。吾之化也,非物之所化,则什自化耳,花化者岂有物哉? 无物也,故不化焉。若使生物者亦生,化物者亦化,则与教俱化,亦奚异于物? 明夫不生不化者,然后能为生化之本。”④这段话是说,物的生化,既不是自己所生、所化,也不是它物所生、所化;如果它物能生物、化物,那么这个它物本身也要生化,因此它就和一般的物没有什么不同了。只有不生不化者,才是生化之本。向秀的自生、自化说,含有

---

① 见张湛《列子注》中引向秀注。

② 郭庆藩:《庄子集释》,中华书局 1978 年版。

③ 郭庆藩:《庄子集释》,中华书局 1978 年版。

④ 郭庆藩:《庄子集释》,中华书局 1978 年版。

自然生化的意思，这一点和王充接近。不同的是王充认为“万物自生，皆禀元气”，而向秀则认为“不生不化者”是生化之本。“无”不能产生万事万物，宇宙间的万事万物都是自生自化的，自己产生自己的，没有一个使生者存在的东西。宇宙间万物自然的化生化合，也是其自身的化生化合，没有任何东西决定着万物自然的生生化化。如果说使万物生成、变化的东西真的存在，那么，它既然要生物、化物，也就同一般事物一样，没有什么区别，不能成为万物生成、化合的依据。万物赖以生成变化的依据应该“不生不化”。之后，郭象继承向秀“始生者，自生也”的观点，进一步提出“独化”说。他指出：“无既无矣，则不能生有……然则生生者谁哉？块然自生耳。”①他认为，所谓的“无”，就是什么也没有，既然如此，那“无”当然也就不能生成“有”，因此，应该说，只有“有”自身生成自己。郭象既反对“无”能生“有”，同时也不同意“有”变为“无”的观点。他说：“非唯无不得化而为有也，有亦不得化而为无矣。是以夫有之为物，虽千变万化，而不得一为无也。不得一为无，故自古无未有之时而常存也。”②在郭象看来，“有”是永存的，既不是由“无”而生，又不变为“无”。“有”虽然千变万化，始终仍然是“有”。至于现成“世界”的生成，郭象认为是由“独化”而来，为“自生”“自得”与“自尔”。在他看来，宇宙间万事万物就是在“玄冥之境”③内而“突然而自得”，“然自尔”，“无故而自尔”，“不知其所以然而然”的。而这个“玄冥之境”是“所以名无而非无也”，即“有”与“无”一体的缘在构成域，换言之，也就是说，“玄冥之境”是指万物的“自生自化”。

所谓“玄冥”，最初见于《庄子·大宗师》所谓的“于讴闻之玄冥，玄冥闻之参寥”。显然，“玄冥”原本是古代一个巫师的名字，后来则指一种混沌不分、深不可测的状态或一种无知无觉、不分是非、不分古今的精神缘在构成域。郭象特别喜欢“玄冥”这一语义符号。他解释“玄冥”说：“玄冥者，所以名无而非无。”④意思是说，“玄冥”意指一种“无”的状态，但又非指绝对的“无”，实际上应该是“有”与“无”的合一，既形上又形下，既虚又实。基于此，他进一步指出，“玄冥之境”是万物自生自化的所在，“是以涉有物之域，虽复罔两，未有不独化于玄冥之境者也。”⑤可见，所谓“玄冥之境”就是“物各自造”、“自生”、“自化”的原初域。在郭象看来，宇宙间一切事物依其各自本然的“性命”、“性分”，自得自足，自适自乐，不相因，不外求，一切皆在当下，当下即是永恒；自身就是一切，超越即在自身。由

① 郭庆藩：《庄子集释》，中华书局1978年版。

② 郭庆藩：《庄子集释》，中华书局1978年版。

③ 郭庆藩：《庄子集释》，中华书局1978年版。

④ 郭庆藩：《庄子集释》，中华书局1978年版。

⑤ 郭庆藩：《庄子集释》，中华书局1978年版。

此所达到的合天人、均彼我、同真俗、无差等的精神状态，就是所谓“玄冥之境”。

郭象强调“个体”的自由自在。他所提出的“独化于玄冥之境”是当下的、个体的、卓尔不群的，又是超越的、生生不息的。郭象说：“卓者，独化之谓也。夫相因之功，莫若独化之至也。故人之所因者，天也；天之所生者，独化也。人皆以天为父，故昼夜之变，寒暑之节，犹不敢恶，随天安之。况乎卓尔独化，至于玄冥之境，又安得而不任之哉！既任之，则死生变化，惟命之从也。”“知天人之所为者，皆自然也；则内放其身而外冥于物，与众玄同，任之而无不至者也。”在他看来，作为个体的宇宙间大千事物的化生化合是“自然”的、“自为”的、“自化”的，属于“自性”、“自尔”、“自足”、“自得”、“自当”、“自适”。因此，他特别推崇“卓尔特立”的个体性、自在性和自生性。显然，他的这些思想突出地体现出一种审美自由精神。王夫之在《庄子解》中曾经指出：“寓形于两间，游而已矣。无小无大，无不自得而正。其行也无所图，其反也无所息，无待也。无待者，不待物以立己，不待事以立功，不待实以立名。小大一致，休于天均，则无不逍遥也。逍者，向于消也，过而忘也。遥者，引而远也，不局于心知之灵也。故物论可齐，生主可养，形可忘而德充，世可入而害远，帝王可应而天下治，皆吻合于大宗以忘生死；无不可游也，无非游也。”应该说，这里所谓的“游”、“自得而正”、“不待物以立己，不待事以立功，不待实以立名”等等，强调的都是个体精神欲超脱个体拘限以求与更为本真的“自然”生命合一的观点。这种观点与老子的“大曰逝，逝曰远，远曰反”中的“反”，庄子“独与天地精神往来”的“往来”，在义涵上是相通的。这种思想消解了“社会性”，即现成“世界”对人个体自然本真的遮蔽，所以要“反”，即返回到生命的“本真”自然状态；接着，再从个人的生命存在出发，达到与本真生命的沟通和合一。由于遮蔽与揭蔽、去蔽的不息性，这种“游”就成了永无穷尽的循环往复流程。因此，郭象强调指出：“如斯以往，则何往而有穷哉！”应该说，这种无穷无尽正是中国美学审美自由精神的精髓所在。

这种“游”既是不离此在而又超越此在，是以“忘”为特点，经由“心斋”、“坐忘”心态，消解理性，解脱尘世俗念的羁绊，“祛累”、“存诚”、超越个体生命的有限，达到一种与本真生命合一的超越境界，是之谓“游心”。郭象认为：“万物必以自然为正，自然者，不为而自然者也。故大鹏之能高，斥鹌之能下，椿木之能长，朝菌之能短，凡此皆自然之所能，非为之所能也。不为而自能，所以为正也。故乘天地之正者，即是顺万物之性也；御六气之辩者，即是游变化之途也；如斯以往，则何往而有穷哉！所遇斯乘，又将恶乎待哉！此乃至德之人玄同彼我者之逍遥也。苟有待焉，则虽列子之轻妙，犹不能以无风而行，故必得其所待，然后逍遥耳，而况大鹏乎！夫唯与物冥而循大变者，为能无待而常通，岂自通而已哉！又顺有待者，使不失其所待,所待不失,则同于大通矣。故有待无待,吾所不能齐也;至于各安其性,天机自张,受而不知,则吾所不能殊也。夫无待犹不足以殊有待,况有待者之巨细乎!"他强调指出,"自然"就是万物的本然状态,也是人的本然心性。万物都有自己的本性,顺着自己的本性,就是"乘天地之正";万物都经常处于变化之中,一切事物顺着这种变化而变化,就是"游变化之涂"。只要"与物冥"、"顺物性",万物都可逍遥,所以,就"顺性"这一点来说,"有待"和"无待"并无本质差别。由于彻底消除了物我、"有待"和"无待"、真俗、圣凡、高低、优劣等等的对立,所以,万物独化自适的流程体认,体现了对社会性遮蔽自然生命的揭蔽和不断向本真生命趋近的超越性。

宇宙万物均处在生生不息的变化流程中,宇宙万物正是在不断的变化中才得以永恒地存在而不生不灭的。现成"世界"上的万事万物尽管在相状上是"独"的,却是活的存在,即宇宙万物均处在生生不息的变化中。在郭象看来,"有"和"无"均不能作为事物之存在的本体或根据。如果本体是"有",这个"有"就一定是有形有状的存在者,不可能被生成,因为被生成的显然不具有"本",即原初的意义;既不是被生成的,那么,又何以能够去生成其他的"有者"呢?换言之,即使一个"有者"能生成其他的"有者",这个"有者"就必然能被生成,这样下去,谁是最终的那个本原性的"有"呢?不可得也不可知。所以,"有"不能作事物的本体。那么"无"怎么样呢?郭象以为,"无既无矣,则不能生有",即"无"就是没有,就是虚无或零,是非存在者,它与存在者的有性质截然不同,怎么能作为有的根据、本体而生有呢?不合逻辑!郭象考察的结果是:"有"和"无"均不能作为事物的本体或存在根据,事物的存在只能是"掘然自得而独化也"①。"有""无"相生且生生不息。要把握住事物之"有"与"无"的合一性,就必须打破、打断主客二分的思维构架,使主客一体存在,齐物我、泯是非、一天人、贯古今,以达成"本真"之生命域。造物无物,物各自造;生生者块然而自生。庄子云:"心与心识。"向秀注云:"彼我之心,竞为先识。"郭象注云:"彼我之心,竞为先识,无复任性也。"宇宙间包括人在内的万事万物各足于自性而无恃于外,不分彼我,任彼我之自性。所以,庄子又说:"夫吹万不同,而使其自己也。"对此,向秀注云:"天也者,万物之总名。人也者,天中之一物。"郭象注云:"故天也者,万物之总名也。""天"就是万物,万物之外无所谓"天"。由此,"天"即"人","人"也就是"天",天人一体。可以说,正是中国人在这种天人合一意识下形成的对自然万物的相依感和认同感,铸就了中国人能够超越时空限制,以直觉的方式去接近自由生命的气韵律动,并且把不同

---

① 郭庆藩:《庄子集释》,中华书局 1978 年版。

情景、不同际遇下经验颤动的深层结构和全部幅度涵蕴在艺术审美创作的兴感触发的魅力中的审美构成意识，“以天合天”是心与象通，意中之象与象外之象凝聚，审美心态与宇宙心态贯通。中国美学把这种审美缘在构成域生成称作遗世独立、游心于万物之初、逍遥于无为之业，陶铸万物、化育天下。以无心应玄，唯感之从，与物同波者，以独高为至。然自得此为，率性而动，各同其性，而天机玄发，自足无待，各任其自为，参赞天地、陶铸万物、雕琢人性、化育万民的有为，因任万物之自性。有为、无为浑然一体，不知何谓有为，何谓无为。无为与有为、出世与入世、游外与冥内、无心与顺有、遗物与随物、离人与因人、坐忘与体化、自得与应务，浑然一体而区分不出彼此，游外以弘内，无心以顺有，俯仰万机而淡然自若。群材各自得，万物各自为，自性独化的个体彼此无为而相因，因顺万物的自性，因自然之性任万物之自为，注重个体的个性、独立性和自主性，由个体根据自身的情况自由地选择，而不能要求信奉和遵循。“因顺万物的自性”是就“心”而言，它是指一种超越内外、超越天人、超越有无的纯粹观照之“心”；是内外一体、天人一体、有无一体的大宇宙、大生命。

三

作为宇宙万物生命构成本原的“道”，是不可能通过感知觉把握到的。《文心雕龙·征圣》篇说：“天道难闻，犹或钻仰。”①《夸饰》篇说：“神道难摹，精言不能追其极。”创作审美者要在创作构思活动中把握并领悟到深藏于自然万物深层内核的“道”这种生命真谛，必须借助于心灵。《知音》篇说：“心之照理，譬目之照形，目了则形无不分，心敏则理无不达。”人凭借感知觉能把握客观事物的形状。而对蕴藉于形状之内的“理”也即生命本原“道”的把握，则只有依靠心灵之光的映照。“心敏则理达”，“神用则象通”。佛教教义云：“理贯空寂，虽镕范不能传；业动因应，非形相无以感。”②佛教所揭示的人生真谛有如道家所谓的“天地有大美而不言”(《知北游》)，“可得而不可见”，“可传而不可受”(《大宗师》)。“神道无方”、“理贯空寂”，它是宇宙自然生命节奏和旋律的表现，故不许道破，不落言诠，而是将这种“神道”也就是人生真谛、宇宙之美即佛理与佛象浑融一体，借助佛象以表现佛理即“神道”的庄严、崇高，及其生命奥秘，从而把佛教具象化、生动化，

① 范文澜：《文心雕龙注》，人民文学出版社 1958 年版。

② 沈约：《齐竟陵王题佛光文一首》，(唐)释道宣：《广弘明集》，文渊阁《四库全书》本，台湾商务印书馆 1986 年版。

以产生巨大的感染人力。因此,这种佛教效应并不仅仅限于对佛教塑象的敬畏,以及由此而来的顶礼膜拜,也不仅仅限于对佛理的图解。就佛理所揭示的人生真谛与宇宙之美来说,它还要指向更高处,即取“象”外之义。这是因为,佛家以超脱为旨归,不执著于物象,而认为“四大皆空,一切惟识”,故贵悟不贵解,以“求理于象外”。这种象外之理,能启人深悟,但不易为言语所表达,人们只有凭借心灵的俯仰去追寻与体悟。于空虚明净的心态中让自己的“神”与象外之理汇合感应,从而始能心悟到这种象外之理,也即宇宙间无言无象的“大美”。相传当年佛祖释迦牟尼在灵山聚众说法,曾拈花示众,是时众皆默然,唯迦叶尊者破颜而笑,默然神会。此即佛在心内,不在心外,故不假外求,不立文字,世尊拈花,迦叶微笑,只可意会,不可言传的“求理于象外”、假象以通神的典型事例。这种假象通神而神余象外的审美观念,在六朝绘画美学思想中较多述及。如宗炳强调“神超理得”①;谢赫则提出“取之象外”②;刘勰则吸收这种思想用于文学审美创作中,提倡“思表纤旨,文外曲致”、“文外之重旨”、“义生文外”、“情在辞外”③,并提出审美创作体验应“神用象通”,凭虚构象。正是受此影响,遂形成后来唐代诗歌美学思想中的“象外”说。如贾岛的“神游象外”,皎然的“采奇于象外”,司空图的“象外之象”、“超以象外,得其环中”,等等。这些命题都具有极大的空间,需要受众心灵去自由地填补。

应该说,与万物同体、浩然与天地同科,其审美精神是自在自由、循顺自然,玄同物我。用邵雍的话来说,则是“以物观物”,是“浑万象以冥观,兀同体乎自然”,是融通个体生命于博大的宇宙生命,是以审美者之自然天性,合宇宙万物之自然天性。这种“以天合天”、“以物观物”的审美意识消解了物我彼此之间的相对性、独立性、特殊性,承认从根本上说包括人在内的宇宙自然是自在、自由、自足的,同时,“人道”合于“天道”,道通为一,强调万物之“此在”和彼在的合一,主张“道”为宇宙万物生化之本,异质性、独创性、原创性合一,承认万物之道即“形色之道”,无形无色的自然之道与“形色之道”是一体的。正由于此,中国美学认为审美体验应该从手放意,无心而得,纵心而顺理,自性独化,自然无心,乘天地之正,御日新之变,得实而损其名,归真而忘其途,人性即情欲,情欲即自然,承认自然之性情,同时强调中国美学强调审美活动中应该调谐好心态,少私寡欲,养和守一、清虚静泰,一方面,承认个体事物的自生自化,确认个体事物是终极的实体;另一方面,承

① 《画山水序》。

② 《古画品录》。

③ 范文澜:《文心雕龙注》,人民文学出版社1958年版。

认人与人的相互依存、相互作用,独立自足、尽其自性,确认个体事物为自有自无、自本自末、自体自用,主张万物自生自化、自足其性、自得其待、逍遥自通。

的确,在中国美学看来,审美活动中,“以天合天”、“以物观物”是审美者的心灵与自然意象的凝合,是自然意象形态与人心灵的互感与交融。人与自然,“人之天”与“物之天”有着自然感性生命的同一。所谓“天地与我并生,万物与我为一”。“天地万物”不是纯然外在的客体,自然物象,即“物之天”和“人之天”间心心相印,人的心灵世界和外在物象的感性品质间互相感应。因此,审美者总能在外在物象中找到与自身情感的对应。人与自然之生命节律,抱有亲切的认同与不言而喻的意会。人既然处于自然宇宙之中,那么人的行动当然应该与自然运行规律相一致。因此,审美活动是人与自然的合一、沟通,是“以天合天”、“以物观物”,是人与自然物我相得,欣然融洽,是人与山情貌相通,忘形尔汝,是心与物相互对应,一体相融。因此,中国美学“本真”审美域的达成就是审美者的心灵与自然的神秘互相接触映射时造成的生命感悟,是审美者的心灵与自然的凝合,也是人的生命情意与自然意象形态融化为一。自然意象不仅是一种感性生命的外化,而且与生命打成一片,直接成为生命永恒的象征。所以,在中国美学看来,“本真”审美域中的意象是情与景的统一、心与物的浑融,情与景的统一、心与物的交融流程就是“本真”审美域的达成流程。“本真”审美域达成流中审美者遵从客观“物”的内在之“势”,因物变而情迁,“以天合天”、“以物观物”,使心与物适应、混融,达到化境。这同西方美学突出客观物象作为审美者的本质力量的对象化,人对物的主宰,意对象的支配的文化心理与思维定势是有着本质区别的。中国美学也要求物随心动,景因情变,“与心徘徊”,但它是以感物为前提的,是“以天合天”、“以物观物”,情景相生的相辅相成,是“情无景不生”。由物到人,由外界到内心,意象联络呈现为一种直观性的顿悟玄思的互感互动,心物间传达出一种对一切生命之物的原初域及归向的沉思默会,形成了一种玄幽的意境。人与宇宙自然间呈现出一种更内在的深层联系。这样一种深层联系正是中国美学所葆有的民族性品质与民族性审美特征的基元之所在,也是中国美学精神生生不息的动力之所在。

第五章

“本真”缘在构成境域之审美呈现

中国古代美学之“本真”缘在境域说注重意义域的空灵性、包容性、模糊性和生成性，倾向于“本真”缘在境域意义域营构的自明性和开放性，以“本真”缘在境域构筑的自然姿态强调“本真”缘在境域意义域生成的张力和弹性，追求意在言外。这与中国哲学所谓的“言不尽意”、“立象尽意”说的影响相关。应该说，老子“大象无形”、“有无相生”说，实际上也引发了中国古代美学“本真”缘在境域说。“本真”缘在境域美学思想可以说最早就包含在“言不尽意”与老子“大象无形”、“有无相生”说中，包含在老子对构成宇宙万物之“有”、“无”一体的“道”及其富有生机活力的描述中，并规定着“本真”缘在境域活动中透过“境”以表现其意义域的开发态势。

中国古代美学具有一种浓重的超验性与神秘性特征，审美意义域营构追求神气横逸、自然率性、似花非花、恍惚朦胧，要求不仅要有诗的精神和性情，而且更要有诗意的抒写与呈现，并最终构成具有诗性内质的“本真”缘在境域。“本真”缘在境域意义域的营构必须注重诗性的感悟，注重于对这种感悟的诗性传达。如果说西方美学注重的是意义境界的稳定性、确定性和逻辑性，那么，中国古代美学则注重“本真”缘在境域意义域的空灵性、包容性和模糊性，尤其倾向于“本真”缘在境域意义域营构的诗意性和开放性，以“本真”缘在境域构筑的态势追求其张力和弹性，追求味象超象、意在言外。当“本真”缘在境域的超验性直观性及其对意在言外的推崇以“本真”缘在境域构筑的流程呈现时，则倾向于诗意境域呈现的空灵性和精粹性。它以冲淡自然、“象外”之“象”的姿态向本然“还原”。这就是钟嵘所说的“文已尽而意有余”①。其所追求的是，用境域显现出“在场者”，但其目的是让此“在场者”不仅指涉它自身，同时还指涉“不在场者”，并因此使之“到场”。因此，可以说，“本真”缘在境域的构筑流程应该是中国古代美学所特有的构筑流程和构思流程，应该是对传统文化所主张的“言不尽意”、“大象无形”、“有无相生

---

① （南朝）钟嵘：《诗品序》，《中国历代文论选》，上海古籍出版社 1983 年版。

生”、“大音希声”与“大美无言”的生动体现。

第一节 “意在言外”:缘在构成论之审美特征

应该说,中国古代美学所推崇的“本真”缘在境域说,明显地异质于西方美学。这表现在其意义境域的高弹性和其意旨的自由性,以及与对中国古代美学重意会、重气韵、重兴象,具有极强的人文化和风格化色彩的充分展现。这些特征都必然而当然地吻合于中国古代美学所使用的“超以象外”、“以意为主”的诗性话语,以及其对宇宙自然无限生生之意的象外虚空之“本真”域的追求,和“文外之旨”、“言外之意”的熔铸。中国美学主张“语少意多”、“意外生意”、“得意忘象”、“境生象外”、“境外见境”、“有无相生”、“意在言外”、“言有尽而意无穷”等,受此影响,古代美学在“本真”缘在境域的意义域构筑上追求一种内在性、意蕴性、开放性,务使意在言表,涵蓄有余,意之所向,透彻玲珑,如空中之音,虽有闻而不可仿佛。正由于此,德里达认为中国美学思想是“所有逻各斯中心之外所发展起来的强有力的文明态势的明证”①。“逻各斯中心之外”,生动地表明了古代美学的“本真”缘在境域构筑流程的非逻辑形式,以及讲求意之所在,信手拈来,头头是道,不待思索,得之自然特色。具体说来,则表现在“本真”缘在境域构筑的高弹性以及其启迪性、开放性等方面。随机性、即兴性、滑动性可以说是古代美学“本真”缘在境域构筑流程的第一个鲜明特征。

一

中国古代美学“本真”缘在境域的意义域构筑流程常常是随机性的,具有一种兴之所至、随性而发的心物、情景、意象互渗性质,因此,“本真”缘在境域的内涵外延也常常是惟恍惟惚,恍惚不定,是流动的、不确定的,可得而不可见的、发散式的。例如,在中国古代美学,作为“本真”缘在境域意蕴构成的“意义境域”就是生成而不是现成的,“境域”难以名状,发生构成于纯粹的构成域“道”,可以说,“意义境域”就是一种不确定形式,体现了一种发散式功能,展示了汉语的流动本性。其中有自然之“本真”缘在构成境域,有人文之“本真”缘在构成境域,也有诗意之“本真”缘在构成境域,人生境域、原发境域、生成境域、构成境域、边缘视域、生存

---

① 张隆溪:《道与逻各斯》,四川人民出版社 1998 年版。

境域、时间视域、语言境域、艺术境域，等等。在中国美学，“本真”缘在境域一方面具有直观的原本发生性和自明性，因为“本真”缘在境域表征着心物、情景、意象、主客还未分离的、混沌的构成态势；而另一方面，“本真”缘在境域不像一般直观那样还受制于直觉的对象，被固着于关注焦点和对象上，而往往要走在“关注”之前。意义境域具有直观性、生成性、构成性、张力性。中国美学诗性“本真”缘在境域的境域式生存，一般总是要化入缘在境域、构成境域和艺术境域的原发意义域构成之中。纵观整个“本真”缘在境域的整个意义境域，其中“域”的含义应该就是“境域”，也就是深刻意义域上的“语境”。“域”是构成“本真”缘在境域的意象系统的单元，“域”与“域”之间相互依存相互联系，但在西方美学理论看来，所谓美学“本真”缘在境域中，这些“域”的横向依存关系和纵向生成层次关系都是“相当混淆”的，因而也是缺乏逻辑性和体系性的。

中国古代美学“本真”缘在境域构筑流程非常注重再创构中意义境域的建构与生成，即在创构中意义境域往往会在构筑与接受之间互动、生成。因为在中国古代美学看来，“本真”缘在境域的“意义境域”是“与天地共生”的，是在天、地、人三才之间、文本与受者之间，通过其相互作用、互交互动而建构与生成的。其生成与建构流程展示了人的本性不断完善、丰富的历程，显示了人的本质力量的丰富性。如《周易·系辞上》所云：“物相杂故曰文。”①《国语》云：“物一无文。”②“境域”是杂多的统一。从天、地、人三才看，所谓“物相杂”就是“天文、地文、人文”的杂多统一。单一的事物，是不可能构成“意义境域”的。而在《易传》看来，众多的事物的最基本构成要素是乾与坤，即天与地，宇宙万事万物及其各种属性，包括阴阳、刚柔、动静、仁义等等，都是由乾坤天地所构成的。因此，韩康伯解释说：“乾，阳物也；坤，阴物也。”“刚柔相错，玄黄错杂。”《周易·贲卦·彖辞》云：“刚柔交错，天文也；文明以止，人文也。”就是以天文、地文、人文相互融合、相互交流、相互统一、相互构成的观点来解释“意义境域”的发生构成。“贲”本身就是“境域”。所谓贲卦，离下艮上，离代表火，属柔，艮代表山，属刚。“文明”指“离”，“止”指“艮”，所谓“文明以止”也就是“刚柔交错”。可见，无论是“天文”，还是“人文”，都是由“刚柔交错”相构相成的。天文、地文、人文是相互融合、相互交流、相互统一的，即如天道、地道、人道的相融相合、相交相流、相互统一，都是自然而然、遵从天势的。汉代王充也曾运用天文、地文、人文是相互融合、相互交流、相互统一、相构相成的观点来论述人不能无文的。在他看来，“人文”的构成也是自然而然的。

---

① 《周易》。

② 邬国义、胡果文等：《国语译注》，上海古籍出版社1994年版。

他在《论衡·书解》中说:“山无文则为土山,地无毛则为泻土,人无文则为仆人。土山无麋鹿,泻土无五谷,人无文德不为圣贤。上天多文而后土多理。二气协和,圣贤禀受,法象本类,故多文采。”正是在这种认识的基础上,中国美学认为,“意义境域”及其审美意味是生成与建构而成的,并由此而重视审美创作中的“本真”缘在境域构筑。生成与建构体现了人类文化形式的多样统一。可以说,正是由于“本真”缘在境域是建构而成的,其意义境域才具有多重性与开放性,并表现为一种境域系统。

中国古代美学的“本真”缘在境域构筑确是重意义境域的构成与生成而不重形式,表现出很强的人文性、风格化和诗意化。这些特征包括:

第一,重意会。中国美学缘在意义域构筑流程的特征是“以天合天”、“以物观物”,推崇“无心耦合”,于不经意间触目会心、应物游心,从而意会意合、情景交融。据《审美者的玉屑》卷六载,王仲写了首诗,其中有这样一句:“日斜奏罢长扬赋。”王安石看后认为还可以改得更好,就把它改成“日斜奏赋长扬罢”。后来有人问他为何这样改,王安石说,“诗家语如此乃健”。如若有人要追问,恐怕就只能“欲辨已忘言”,换言之诗有可解,不可解,不必解。注重意会意合而不重形式结构,给“本真”缘在境域留下了相当广阔的再创作空间。

第二,重自然。中国美学主张“顺其自然”,认为作为审美者的“人”,其本心本性原本自然,而作为审美对象的万有大千也本来就自其所自,本其所本。审美缘在构成则是“人”与自然万物的相交相融。“气”是万物的生命之源,更是“人”的精神之源;是生生之源。所以,当“气之动物,物之感人,故摇荡情性”之际,审美者则于“寓目”、“触目”的瞬间,即景起兴,目击道存,以感应宇宙之生气,充实自己之灵气,最后于境域构筑中致使“人”与“物”之“气”相通相应、相融相合,从而创构出具有“天人同构”、“体”“性”一如、“兴”“趣”相合、“质”与“实”同一、“虚”“白”相生、“意”“境”合一审美特性的隽永之作。

第三,重感悟。中国古代美学缘在意义域构筑流程表征为“观物取象”,由此而使“本真”缘在境域生动可感,并有所依托。古代美学更多的是从受者一方出发,在受者和文本中充当桥梁的作用,往往用极精练、极隽永的语言来点出文本的关键,以启发受者更准确地体悟文本精微、含蓄的意旨。钱钟书在《读拉奥孔》中说:“诗词、笔记里,小说、戏曲里,乃至谣谚和训诂里,往往无意中三言两语,说出益人神智的精湛见解,含蓄着很新鲜的艺术理论,值得我们重视和表彰。”这种用“三言两语”说出“精湛见解”的方法,就是缘在意义域构筑流程。这种传统缘在意义域构筑流程讲究言简意赅,点到为止,看似只言片语,其中却包含着深厚的审美意蕴,能使人产生丰富的联想,并由此获得人生感悟。

二

传统缘在意义域构筑流程的重意会、重自然、重感悟是有其深刻的美学渊源的,其形成要素与文化原点是多元的。就其中重要的思想元素看,应该说,它的形成与传统哲学"言不尽意"和"立象尽意"说分不开。中国美学有其独特的思想原点。这个思想原点,使中国美学得以生成并生生不息,枝叶繁茂。而"言不尽意"与"立象尽意"就应该是中国美学的一个独特的思想原点。应该说,中国美学"本真"缘在境域说的整体性、直观性、体悟性、开放性等等特色的形成与"言不尽意"、"立象尽意"思想原点的作用分不开。

"言不尽意"与"立象尽意"的提出可以追溯到《周易》。据《系辞上》记载,孔子曾经指出"书不尽言,言不尽意"。又指出:"圣人立象以尽意,设卦以尽情伪,系辞焉以尽其言,变而通之以尽利,鼓之舞之以尽神。"具体说来,"书不尽言"中所谓的"言"是指语言,"书"是指文字,"书"与"言"互文,指文字、语言,属于意义域传达的中介。而"言不尽意"所谓的"意",则应该是通过中介以表达的意义域,即意蕴、意旨。"言、象"应该是符指,而"意"则是意指。换言之,"书不尽言,言不尽意",是说语言一类传播中介并不能使意义域得到周至的表达,从而圣人才采用信息量更加周备、完全的"象",通过"立象"以"尽意"。"象"应该是"卦象",是一种全息性的特殊的传播中介,"圣人设卦观象","彖者言乎象也,爻者言乎变也"。这里的"卦"、"彖"、"爻",就是"象"。所以,作为一种特殊的"象",卦爻辞就比一般的语言文字有更大的包容性和张力,通过其可以更完整地表述"意",以弥补"书不尽言"的不足,"尽言"、"尽意"。卦爻辞是优于一般文字的"象",能在"书不尽言"的情况下"尽言"、"尽意"。所以说,"尽意莫若象"。

"言不尽意"这一命题在本质上正是对中国美学"本真"缘在境域超越性特征的揭示。"本真"缘在境域意义域营构追求"立象尽意",强调其"意"应该"动于中",为真情实意,从胸臆流出,发自肺腑,为"本真"之言说;同时,其"本真"审美域又是大道之言、"本真"之言的绽出与呈现,"言不尽意"主张达于"微言""妙象"的"本真"言说以尽意。这对中国古代美学"本真"缘在境域说的形成具有重要意义。

《易传》认为,《易》之为书就是圣人观物取象而"立象尽意"的生动体现:"古者包牺氏之王天下也,仰则观象于天,俯则观法于地,观鸟兽之文,与地之宜,近取诸身,远取诸物,于是始作八卦,以通神明之德,以类万物之情。""是故《易》者,象也;象也者,像也。彖者,材也;爻也者,效天下之动者也。"俯仰之间,"观象"、"观法”、观天地之文，远取近收，“作八卦”，以“通神明之德”，“类万物之情”。也就是说，《易》是“象”，“卦”都用六爻的阴阳交错，“立象尽意”，来符指天下的运动变化，以意指天地万物和人类社会一切变化与沟通天地人。“言不尽意”说一方面揭示了作为形而下的“言说”与作为形而上的意义域间的距离与分隔；另一方面，也揭示了二者间的密切联系，即“言说”是通向“意义域”的桥梁，“言说”是“意义域”呈现的中介。没有“言说”，就不能达到对“意义域”的把握，同时，不通过“言说”，“意义域”亦不能得以呈现。

在“言不尽意”提出之前，老子曾经指出：“道可道，非常道；名可名，非常名。”可以用言语表述的，就不是永恒的“道”。“可道”是指可以用言语表述。可以用名称界定的，就不是恒久的“名”。“道”是生成宇宙万物的原初域，无法用言语表述。老子指出：“知者不言，言者不知。”“故常‘无’，欲以观其妙；常‘有’，欲以观其徼。”庄子指出：“可以言论者，物之粗也；可以意致者，物之精也；言之所不能论，意之所不能察致者，不期精粗焉。”①“筌者所以在鱼，得鱼而忘筌；蹄者所以在兔，得兔而忘蹄；言者所以在意，得意而忘言。”②筌、蹄、言皆为工具，其目的还是鱼、兔、意，只要领会了精神实质，那么这些工具都可以忘掉了。忘言之人就是指已得到和领会精神实质的人，因而与忘言之人言，是不言之言。“道”不可“道”，只可意指。“言”符指“道”，一旦达到了目的，就该忘掉。这里，庄子以鱼、兔喻意，以筌、蹄喻言。强调得鱼得兔是目的，筌、蹄只是达到目的的手段，形象地说明了“得意忘言”的合理性。在《天地篇》中，庄子曾经讲述过一个寓言：“黄帝游乎赤水之北，登乎昆仑之丘而南望，还归，遗其玄珠。使知索之而不得，使离朱索之而不得，使喫诟索之而不得也。乃使象罔，象罔得之。黄帝曰：‘异哉！象罔乃可以得之乎！’”黄帝到昆仑山游玩，回来后发现把象征“道”的“玄珠”给丢了。于是，派象征“理智”的“智”去寻找，没有得到；又派当时视力最好的“离朱”去寻找，也没有得到；再派善于言辩的“喫诟”去寻找，还是没有找到；最后派“象罔”去寻找，终于找回了“玄珠”。所谓“象罔”，吕惠卿解释说：“象则非无，罔则非有，不皦不昧，玄珠之所以得也。”③郭嵩焘解释说：“象罔者若有形若无形，故眸而得之。即形求之不得，去形求之亦不得也。”④宗白华解释说：“非无非有，不皦不昧，这正是艺术形相的象征作用。象是境相，罔是虚幻，艺术家创造虚幻的境相以象征宇宙人生的

① 郭庆藩：《庄子集释》，中华书局1978年版。
② 郭庆藩：《庄子集释》，中华书局1978年版。
③ 郭庆藩：《庄子集释》，中华书局1978年版。
④ 郭庆藩：《庄子集释》，中华书局1978年版。

真际。”①可见，所谓“象罔”，就是外在的象与内在的意的融通合一，是“境相”与“虚幻”、有形与无形，实与虚内在的融合，为艺术家所创建的为“象征宇宙人生的真际”的“虚幻的境相”，因此呈现为“非无非有，不皦不昧”，空静虚茫、灵淡无垠。显然，这应该就是“本真”缘在境域意义域的一种审美特色。

老庄之后，魏晋时期的庾阐在其《蓍龟论》中说：“是以象以求妙，妙得而忘象；蓍以求神，神穷而蓍废。”嵇康作《言不尽意论》，殷融作《象不尽意论》都对“言不尽意”说进行了进一步的阐发。玄学家王弼在《周易略例·明象》中则推崇“得意在忘象，得象在忘言”；嵇康在《声无哀乐论》中也主张“得意忘言”，“吾谓能反三隅者，得意而忘言”。他在《阮嗣宗碑》中说：“先生承命之美，希达节之度，得意忘言，寻妙于万物之始；穷理尽性，研几乎幽明之极。”郭象在《庄子·则阳》注中则指出：“不能忘言而存意，则不足。”在《天道》注中指出：“得彼情，忘言遗书者也。”等等。

“象”表征着万物自然的生命运动，来自圣人对宇宙万物的宏观体味，并在道家的哲学体系中成为沟通“道”、“物”、“气”、“意”、“言”的重要的中间环节。“象”的虚空超无，对“象”的意象而非言语的符号指涉功能作出了种种描述和规定。以“大象”来表征“道”，以体现“道”的虚空无名之状。作为生命本原的“道”而言，“道”化育自然万物，并且作为生命的核心存在于自然万物的底蕴；虚空是形象的延续，是境界的扩展，言有尽而意无穷，自然万物可见、可听、可触，所以说有“状”、有“物”；而作为自然万物生命本原的“道”则不可见、不可听、不可触，所以说“无状”、“无物”。然而这里所谓的“无”又不是真的什么也没有，而只是“无序”、“无形”，“是谓惚恍”，是“夷”、“希”、“微”。也就是说，“道”实际上存在着，只是幽而不显，混而为一。可以说，“混而为一”，也就是“道”。“道”周匝太清，遍及万物，于无形状之中而能造一切形状，于无物象之中而能化一切物象，有无不定，是谓惚恍。宇宙万物的生命本原是“道”，这种“道”是不可言传只可意会的。换言之，即“无物之象”、“大音”、“大象”之类都是美的生命本原“道”的呈现，因此无论用什么具体的言辞声音都不能把它传达出来；或者反过来说，一旦诉诸任何具体的言辞声音，它就不再是“道”本身了，因而也就不是“大音”与“大象”的“知者”。“道”呈现为“物”与“象”，表征为无形无状，惟恍惟惚，同时在恍惚无形之中又有“象”有“物”。应该说，这种若有若无之“象”，对作为宇宙万物构成之原初域的“道”的存在作了极其精微的阐发。这种构成是非言语能表达的，只能凭借意象，存在于人的意象感悟和体验中。中国美学提出了有关审美创造和再创造中的

① 宗白华：《美学散步》，上海人民出版社1981年版，第71－72页。

一系列范畴,如“虚”、“实”、“有”、“无”、“妙”、“味”、“玄鉴”等。其中,“虚”、“无”、“妙”、“味”、“玄鉴”等具有形而上超言语意义域的范畴,对传统美学思想的建构尤为重要。特别是“无味”之“味”的提出,以“味无味”言“大象”之“象”的“本真”审美域流程的确定,深刻地影响着中国古代美学“本真”缘在境域构筑流程的生成。因为,中国古代美学的“本真”缘在境域之意义域构筑,在本质上就是一种味象超象、形而上超经验的文本审美意味的生成与构成。

老子以后,庄子继承并发展了老子的“大象无形”的“象”的思想。庄子美学对现时存在的把握,无时无刻不保持着一种“象”的体验的完整性。在老子“大象无形”的“象”的思想上,庄子进一步提出“大美无言”说和“至美”、“全美”,提倡“无言而心悦”。同时,庄子承继了老子有关“道”、“气”、“象”的思想,执“象”而言“道”,“道”是生命之原初域,“气”是生命之活力,“象”是生命的呈现境域,“道”、“气”、“象”三者相融相通、相依相存。“象”为万物生成中永恒之超绝符号,这种生命的符号能成为万物创造之原型,是一种特殊的符号,其最大的特点就是突出的符指意义,“象”是自足、全息、无待、超关系的。其构成是生生不息的,为一种生生而化生化合不已的生命境域。不过,相对于老子,庄子更是以“虚”、“无”来突出境域的不可名状。他说:“视乎冥冥,听乎无声。冥冥之中,独见晓焉;无声之中,独闻和焉。”(《天地》)这就是说,“道”视而无形,听而无声,但无形无声中又见明朗之象,又闻至和之音,这便是“道”的呈现和显现,所谓“视”“冥冥”、“听”“无声”、“独见”、“独闻”乃是对这种生命境域和审美意味的体验和感悟。《庄子·田子方》言老聃游心于“道”,“心困焉而不能知,口辟焉而不能言”,但其内心体验却能再现翱游天道的景象,从而得“至美至乐”,达成“至人”的境域,这亦表现了“道”意义域的多样性和丰富性,只有借助虚空,才能发挥想象,以“道”的虚空,变有限为无限,境域高简,意象幽邃,空间旷大,发人深思,以呈现深刻的人生体验和实现人生境域的营构。庄子这种对“道”的描述和规定,与其《庄子·天道》篇中所说的“书不过语,语有贵也。语之有贵者意也,意有所随。意之所随者不可言传也”的思想是相一致的,上承老子“道”论,下启魏晋玄学以“无”原初域体对“道”的义理发挥,并直接引发中国古代美学的“本真”缘在境域说追求“象外之意”、“象外之象”,同时,由此而构成其赖以形成的学理渊源。

三

道家美学提出的“大象无形”和“大美无言”也应该是中国古代美学“本真”缘在境域意义境域构筑及其特色形成的思想原点之一。老子阐释“道”云:“大音希声，大象无形。”“大音”若“无声”，“大象”若“无形”，即最美的声音听起来是没有声响的，最美的形象是看不见行迹的。应该说，这里所谓的“大”，就是“美”。也就是说，至美的乐音、至美的形象已经到了和自然融为一体的境界，反倒给人以无音、无形的感觉。“大音”、“大象”至少有一个符指它们的符号，才能意指其“大”，所以说，言“境”不离“象”，但其重点又在“象外之象”。即在“本真”缘在境域所构成的“象外”虚空中揭示宇宙自然的生命意味。因此，可以说，老子的“大象无形”说也为“本真”缘在境域构筑追求“象”外虚空、非言味象，“景外意”与“意外妙”奠定了哲理基础。

同时，老子以“无”来指称“道”的思想也影响及“本真”缘在境域说。应该说，艺术“本真”缘在境域既有又无、既实又虚，有中见无、无中见有，实中见虚、虚中见实的开放性特征与老子“有无相生”思想的作用分不开。老子说：“天下万物生于有，有生于无。”又说：“常无，欲以观其妙。”①这里所谓的“妙”，体现着“道”的永恒与无限。只有达到“无”的境界，才能“观其妙”。可见，这里的“无”就表现出一种开放性。在老子看来，一方面，“道，可道，非常道”，即“道”是无形、无声，“视之不见”、“听之不闻”、“博之不得”的。另一方面，“道”又“惚兮恍兮，其中有象。恍兮惚兮，其中有物”。“窈兮冥兮，其中有精。其精甚真，其中有信”，“道”中“有象”、“有物”、“有精”、“有信”。也就是说，“道”既实又虚、既有又无、既形上又形下、既在场又不在场、永恒而不可限定，所以，“道生万物”，具体说来，则“万物生于有，有生于无”。老子以“无”来指称“道”，是因为它并不是人的感官所能把握的。然而这个幽隐无形的“道”又潜藏着巨大的力量，蕴含着无限之“有”。“道”既是“有”，也是“无”：“故有无相生。”（二章）就老子而言，“有”与“无”是在“道”中统一的。“道”之缘在构成是有其自身的规定的，是“有”到“无”，“无”中生“有”。应该说，老子“有”、“无”一体之“道”的一个重要特征是“虚实”的统一。老子云：“道可道，非常道；名可名，非常名。无为，天地之始；有名，万物之母。故常无，欲以观其妙；常有，欲以观其徼。”②一方面，“道”作为“天地之始”是“无”，它无形无象，“微妙玄通，深不可识”（十五章）。所谓“大象无形”（十四章），就是对“道”的这一特征的具体说明。另一方面，“道”作为“万物之母”是产生有形万物的本体和根源。就此来说，“道”又是“有”。所谓“道之为物……其中有象……其中有物……其中有精”（二十一章），就是对“道”的这一特征的具体说明。在无形的“道”中包孕着丰富无穷的有体有象的形形物物，“道”不是绝对虚无的存在，“道”是有

① 朱谦之：《老子校释》，中华书局1963年版。

② 朱谦之：《老子校释》，中华书局1963年版。

无的统一、虚实的结合。老子认为,有无虚实诸因素之间又存在着一种相互依存、相互利用的辩证机制。老子云:“有无相生,难易相成。”(二章)“实”、“有”离不开“虚”、“无”,对立因素的相互依赖和作用,是“道”发挥作用的真正奥秘。受“道”论的影响,中国古代美学认为,“盖理之微者,非物象之所举也”。这就是说,艺术所要呈现的事物的精微玄妙之处,只能通过意会,不能言传。语言的表达功能是有限的,而事物的精义则是没有穷尽的、难以言传的,它为受者开放。因此,对于创作,“有无相生”、“虚实结合”、“无中生有”是一种极为重要的方法。

“大象无形”、“虚实结合”、“有无相生”也是“本真”缘在境域的基本特征。绝对“空无”无法构成“本真”缘在境域,而毫无“空无”的“厚、重、实、有”也不为“本真”缘在境域所接受。空灵、隽永、深厚、蕴藉的艺术“本真”缘在境域无不是“有无虚实”的有机结合,无不体现着“有之以为利,无之以为用”和“无味”之“味”乃“致味”的相生相成、相化相合关系。“道”以“无”与“虚”相生相存而见其生命“奥妙”。在艺术中,正是虚处空白才为受者留下了广阔的“体味”空间,从而使其生发出渺远无限的想象和情思,获得丰富的审美享受。中国古代艺术家之所以特别钟爱“意在言外”、“韵外之旨”,鄙弃“言尽意尽”、“一览无余”;崇尚“清空”、“空灵”与“韵味”,厌恶“质实”、“板滞”与“淡而寡味”,其主要原因即在于此。“虚实结合”是中国古代美学“本真”缘在境域构筑思想的一贯主张。钟嵘提倡诗歌“文已尽而意有余”。姜夔主张书法“疏密停匀为佳”。董其昌要求绘画“实虚互用”。王骥德提出:“剧戏之道,出之贵实,而用之贵虚。”计成认为:“夫借景,林园之最要者也。”而“虚实结合”“本真”缘在境域构筑思想的哲学基础和最初源头,是老子的“有无”相生相成与“无中生有”说。

总之,可以看出,“本真”缘在境域意义境域的“无穷”和需要“妙解心悟”正是建立于“大象无形”、“有无相生”的思想作用之上。因此,“本真”缘在境域永远指向受者,向受者开放。它总是留有极大的空白,包括对“本真”缘在境域的描述,期待着受者去追索、咀嚼、玩味,并给以进一步的填空、充实。

第二节 “道”:缘在构成论的生命美学之维

中国人视自身与万有大千是一体共生的,是大生命中的一生命,是流动欢畅快活大全体中的一个体。庄子云:“天地者,万物之父母也。”(《庄子·达生》)“天道”和“人道”、“自然”和“人为”是相依相成、相互作用、相合相生、混而为一的。天之道在于“始万物”,地之道在于“生万物”,人之道的作用就在于“成万物”。所谓天道曰阴阳,地道曰柔刚,人道曰仁义。天道、地道、人道相互应合、相互联系、相互生成。天地之道是生成的基元,人之道是成就基元,宇宙世界的构成缺一不可。并且,由于"道"的融通,天道、地道、人道在宇宙大千的构成流中又是周流无碍的,所谓"天有阴阳,人亦有阴阳,天地之阴气起,而人之阴气应之而起;人之阴气起,而天之阴气亦宜应之而起。其道一也"。"天地万物一体",天道与人道同一。诚如程颐所指出的:"道一也,岂人道自是人道,天道自是天道?""道未始有天人之别,但在天则为天道,在地则为地道,在人则为人道。"而这个道也就是性。他说:"称性之善谓之道,道与性一也。以性之善如此,故谓之性善。性之本谓之命,性之自然者谓之天,自性之有形者谓之心,自性之有动者谓之情,凡此数者皆一也。""性"与"天"与"心"皆一,所以说"知性"则"知天"。"性"、"天"、"道"贯通一体,融通无碍。正由于道通为一,故而大千世界生气贯注,生机勃勃,氤氲蒸腾,生生不已。因此,中国古代美学重生。在人与自然的关系上,中国人往往将自己看成是自然万物的一部分,"天人本无二,不必有合"(《程氏遗书卷六》)。这种审美意识影响及中国古代美学,则形成其"一天人"、"合内外之道"、"齐上下"、重生、贵生的特点,认为作为宇宙自然生命生成原初域的"道"既是生命的基础、生命活力的源泉,也是构成美的生命原初域。这一特点在其缘在构成意识中有最为充分的体现。应该说,中国古代美学就是生命美学。因此从生命美学之维来考察其缘在构成意识,最能揭示其精髓。

一

可以说,老子是中国古代美学史上第一个认真深入地探讨宇宙生命奥妙的人。为了从根本上解决人生和社会问题,老子把人生和社会问题提到宇宙论的高度,先从宇宙生命生成原初域上着手。在对待宇宙自然与社会人生的关系上,老子并不像近代西方哲人那样,把宇宙自然与社会人生看成完全独立的两个领域。在老子看来,人生和社会不过是宇宙演化中的一个流程,因而自然宇宙的问题内在地包含着人生和社会问题。

老子认为,宇宙自然的生命原初生成域是"道"。在中国古代,"道"最初用来表示人走的路。《说文》云:"道,所行道也。从首走,一达谓之道。"段玉裁注:"首走,行所达也。""道"的原始意义是表示人走的路,引申为规律、方法、原则等。在老子之前以及老子之后,中国古代的哲人都没有在老子的这种最高存在和最普遍规律意义上使用"道"这个范畴。

在老子之前,郑国的子产曾讨论过"天道"、"人道"问题(见《左传·昭公十八年》），但子产关注的是“人道”，对“天道”则存而不论。把“道”这个范畴赋予其形上意义、形上性质，成为最高、最真实的存在，以提升到空前哲学高度的，首推老子。在老子哲学中，“道”的内涵最为丰富。《老子》一书仅五千言，“道”字前后就出现了七十三次。这七十三个“道”字，虽然作为符号形式一样，但其所指却不尽相同。在老子这里，“道”是宇宙生命生成原初域，是最真实的存在，是生成自然宇宙和人类社会的生命生成原初域。

老子的“道”这一范畴，所指极为丰富，有着多重意蕴，同时，“道”的多重意蕴本身又是一个有机生命整体。作为宇宙生成的“道”，是最真实、最高的存在，是万物之根本，舍弃了它，就没有其他一切的“道”。

老子这种以“道”为宇宙生命原初构成域的构成论的确立，既是中国古代美学也是人类认识发展史上的一个极为重要的理论收获。中国先民们在这样一条认识道路上走了一段漫长的路程。从古代典籍看，首先是《尚书·洪范》篇的原始五行说的提出。《洪范》篇归纳了“水、火、木、金、土”五种物质的性质，虽从“百物”中抽取了这“五物”，并已认识到了事物之间的差别，但还没有把五行与世界起源问题联系起来。在《易经》的形成阶段，中国古代哲人通过“仰观”“俯察”的“观物”而“取”万物之兆象，从具体、简单的多样性到八卦及六十四卦，进而“立象以尽意”，以“立象”这种系统而有内在联系的方式，从多种自然现象与社会现象来说明世界的多样性和统一性。西周末年的史伯第一次提出了“五行”与“百物”的关系问题，他说：“夫和实生物，同则不继。……故先王以土与金、木、水、火杂，以成百物。”（《国语·郑语》）第一次把五行抽象化，作为哲学命题来说明“五行”与“百物”的相互依存、和谐统一的关系，认为“五行”成“百物”。也就是说，史伯第一次用抽象的哲学命题提出了世界生成的问题。但是，史伯的局限性在于仍然没有摆脱以个体的自然事物来说明世界生成的原始直观性，在这个意义上，他并没有超越前人而表现出哲学的创造性。史伯命题的意义在于，它启迪了后人。在老子这里，则是第一次以一个最高实体性的“道”作为世界万物的生命生成原初域，并从总体上说明宇宙的生成、发展及其构成问题，大大突破了前人的局限性，在哲学的形上思维层次上推进了史伯的命题，从而把人类的理论思维水平提到了一个新的高度。

把“道”作为天地万物的生命生成原初域，在理论上直接否定了神或上帝的存在。这在曾做过周守藏史的老子是极不容易的，因为殷周时期史和巫、卜很难区分。我们知道，老子所处的时代，殷周流传下来的天帝创世说仍占统治地位。儒家尽管“不语怪力乱神”、“敬鬼神而远之”，认为“未能事人，焉能事鬼”、“未知生，焉知死”，但有“死生有命，富贵在天”（《论语·颜渊》）的思想；墨子崇尚“天志”，承认天有意志,能行赏罚,“顺天意而得赏”,“反天意而得罚”。(《墨子·天志上》)“天之意不可不顺也。”(《天志中》)把“天”尊为最高人格神,认为人类社会的一切都是由至高无上的“天”安排的,因而人的命运最终仍在于这个至上的主宰者。面对这种天神崇拜,老子独树一帜地提出了自己的见解,把道看成是天地万物的生成,从而在逻辑上排除了创世或主宰世界的天神或上帝存在的可能。当然,老子也曾说:“道冲,而用之或不盈。渊兮,似万物之宗……湛兮,似或存。吾不知谁之子,象帝之先。”(四章)这里是说,“道”体是虚空的,然而作用却不穷竭。渊深啊!它好像是万物的宗主。幽隐啊!似亡而又实存。我不知道它是从哪里产生的,似乎有天帝以前就有了它。老子在这里提出,即使是有天帝,它也不是至高无上的,在天帝之前,还有一个“道”,它先于天帝而存在。因此,不论是从这里还是从别处的论点来看,老子都认为,整个世界的一切,不是由“天帝”安排的,而是由“道”派生出来的,“道”是生育天地万物之母。这就从根本上否定了“天”最高人格神的地位。任继愈说得好:“子产不信龙能对人危害,说‘天道远,人道近’。但是子产还没有从理论上、从哲学世界观的高度给宗教、上帝、鬼神以根本性的打击。最多不过是一种存疑主义,对鬼神采取各走各的路,‘互不干涉’的态度而已,和孔子的‘敬鬼神而远之’差不多。而且对‘上帝’,不论《诗经》、《左传》、《国语》,都还没有人敢否认它的存在,也没有人敢贬低它的至高无上的地位,只是说几句抱怨话,埋怨上帝不长眼,赏罚不公平而已。既然恨天,骂天,可是遇到有委屈还要向天倾诉衷肠,这算什么无神论、‘神灭论’呢?老子的哲学,前无古人的地方恰恰在这里,他说天地不过是天空和大地,他说道是万物的祖宗,上帝也不例外。”①因此,在某种意义上可以说,老子的道为宇宙生命生成原初域的构成论的确立,是对原始人类以来的宗教思维方式的一种根本性突破。这种突破对于包括中国古代美学在内的百世后学产生了极为深刻的影响。

二

在老子看来,作为生命构成原初域的“道”的一个根本特性就是运动变化性。道并非是死寂的,而是“周行不殆”的,因而,“道”本身就是原始生命体,潜藏着巨大的生命能量,蕴含着无限生机。作为宇宙生命生成原初域的“道”,其自身的运动变化终究要使自己超出自身,成为一个有待外化为某物的生命体。在老子看来,自然万物就是作为生命生成原初域的“道”运动变化的产物,也就是说,是

① 《哲学研究》编辑部编:《老子哲学讨论集》,第34页。

“道”外化的产物。而这个外化的流程就是自然万物生成的流程。老子说:“道生一,一生二,二生三,三生万物。万物负阴而抱阳,冲气以为和。”(四十二章)在这里,“道”就是老子所说的“无”,“一”就是老子所说的“有”,而天地万物和整个世界则是由“道”这一生命本体渐次演化所生成的。对此,《淮南子·天文训》解释为“道始于一,一而不生,故分而为阴阳,阴阳和而万物生,故曰:‘道生一,一生二,二生三,三生万物’”。无论是“一”或“有”,都是指“道”所生的未分阴阳的混沌一体的元气,而正是这种混沌的气应分裂为阴阳二气,阴阳二气和谐、协调、相适、融和才能相生相养,从而生成宇宙间的万事万物。而在老子看来,这种阴阳混沌一体的东西,原本是“道”所内在具有,又为“道”所生。阴阳二气则为“一”所生,天地万物又为阴阳二气所生。因此,整个世界即为“道”所生。可见,在老子看来,整个宇宙自然是一个不断生成的充满生机的生命体,整个宇宙生命大化流行,生生不息,机趣盎然。这个世界则是普遍生命流行的境界。世界上一切现象都包含着生命。故而,老子的美学又可称为生命美学,而在生命美学的意义上,宇宙就不仅是一个机械物质存在的宇宙,因为生命除了物质条件之外,更兼有精神的意义和价值。而老子的宇宙生命境界,其实就包括物质世界和精神世界这两个方面,是两种世界浑然一体、天人合一的审美境界。

对于老子的宇宙生命论,我们必须要把握作为生命生成原初域的“道”与万物禀“道”而富有生命的区别。在老子看来,正是由于作为宇宙生命生成原初域“道”的作用,才有了充塞于宇宙之间,贯注万物,周流六虚,大化流行,生生不息的生命力量。即如韩非子所说:“道者,万物之所然也,万理之所稽也。理者,成物之文也,道者,万物之所成也。……稽万物之理,故不得不化,不得不化故无常操。无常操是以死生气禀焉。万智斟酌焉,万事废兴焉。天得之以高,地得之以藏,维斗得之以成其威。日月得之以恒其光,五常得之以常其位,列星得之以端其行,四时得之以御其变气。……万物得之以死,得之以生,万事得之以败,得之以成。”(《韩非子·解老》)“道”是万物的生命光辉、成败、生死、盛衰的根生成因。它使万物周流不息,盈盈不衰;它创造万物的生命,给万物带来生命,使天、地、日、月、星以及世间的一切进入生灭、有无、盈虚的变化之中,而它本身不在这创造之列,它是创造生命的生命。后来的庄子继承并发挥老子的这一思想,指出:“夫道有情有信,无为无形,可传而不可受,可得而不可见,自本自根,未有天地,自古以固存,神鬼神帝,生天生地。在太极之先而不为高,在六极之下而不为深,先天地生而不为久,长于上古而不老。”(《庄子·大宗师》)“道”既有情有信,又幽隐无形,在天地之前,天地乃为其所生,如有鬼、帝,鬼、帝亦由“道”而神。“道”为一切之根本,而更无所本,更无所根,是自本自根。这种自本自根的“道”,浩荡永存,无所谓久老，而达永恒。“道”的这种作为生命生成原初域的性质，和尼采生命构成论所谓的永恒轮回的原生命力相似。在尼采看来，世界应该是：“一个力的怪物，无始无终，一个坚实固定的力，它不变大，也不变小，它不消耗自身，而只是改变面目；作为总体，它的大小不变……它被‘虚无’所缠绕，就像被自己的界限所缠绕一样……作为无处不在的力乃是忽而为一，忽而为众的力和力浪的嬉戏，此处聚积而彼处消减，像自身吞吐翻腾的大海，变幻不息，永恒的复归，以千万年为期的轮回；其形有潮有汐，由最简单到最复杂，由静止不动、僵死一团、冷漠异常，一变而为炽热灼人、野性难驯，自相矛盾；然而又从充盈状态返回简单状态，从矛盾嬉戏回归到和谐的快乐，在其轨道和年月的吻合中自我肯定、自我祝福；作为必然永恒回归的东西，作为变易，它不知更替，不知厌烦，不知疲倦。”①显而易见，尼采所描述的宇宙原生命力与老子所谓的作为宇宙生命生成原初域的“道”是相似的。所不同的是，老子是从“道”的生成价值意义上强调和肯定“道”及派生万物的生命性，而尼采则是在强调原生命力的自我创造又自我毁灭的永恒轮回意义上肯定生命和弘扬生命的。在尼采看来，这样一个圆圈中的运动没有目的，也没有意志，然而这样一个世界则是他的最终价值寄托。因此，尼采高扬生命，表面上轰轰烈烈，骨子里则渗透着悲观主义。而道家哲人则表现为一派乐生贵生的审美气象，在自然宇宙中体验到生命的悦乐和生命的光辉，从而获得人生的高蹈。

继尼采之后以“生命哲学家”著称的柏格森所主张的生命哲学，与老子的宇宙生命生成原初域的生命构成论也存在着差别。柏格森从尼采的一元论的宇宙原生命力的立场倒退到近代以来的物质与精神二分的哲学观上。在他看来，世界分成两个根本相异的部分，一是生命，二是物质，整个宇宙是两种反向的运动即向上攀登的生命和往下降落的物质之间的矛盾冲突。他在《创造进化论》中说：“生命是运动，物质性是运动的逆转。这两种运动中的每一种都是浑一的，构成世界的物质的是不可分割之流，透过物质的生命也是不可分割之流。……在这两股流中，第二股与第一股相对立。”②显然，在柏格森这里，生命是与物质相对抗的另一个生成。他认为，有意识、有自动力的生命一开始就要遇到机械的、无自动力的物质的抵抗，必须征服物质的抵抗，生命才能向上发展。在柏格森看来，在我们这个宇宙中，由于生命和生命的冲动在设法利用和征服物质，没法与物质结合起来，结果就创造出了有机体即有生命的物体。因此，柏格森认为，世界应分成有生命的事物和无生命的事物两个部分。

---

① （德）尼采：《权力意志》，商务印书馆 1991 年版，第 700 - 701 页。

② （法）柏格森：《创造进化论》，湖南人民出版社 1989 年版。

而中国古代美学则是从“天人合一”的一元论出发,站在生命生成原初域论的立场上来理解世界。“道”生天地万物,因而万物都禀“道”而富有生命。在老子看来,万物之所以有生,生命之所以洋溢于、充塞于宇宙之间,在于万物都不离“道”而“道”泛于一切之中。老子认为,这就是“德”。“德”者,得也。“形而上者谓之道”,万物禀有生命则称之为“德”,“道”是万物得以生成的根源,而德则是一存在物得以生成的根据。物之所以为物,就是由于德。老子说:“道生之,德畜之,物形之,势成之。是以万物莫不尊道而贵德。道之尊,德之贵,夫莫之命而常自然。故道生之,德畜之,长之育之,成之熟之,养之覆之。生而不有,为而不恃,长而不宰,是谓‘玄德’。”(五十一章)这是说,“道”生成万物,德畜养万物,万物成长发育,使万物成熟结果,使万物爱养调护,生长万物却不据为己有,兴作万物却不自恃己能,长养万物却不为主宰,这是“道”的最深厚的“德”。在这里,前一个“德”,是在生命本体的意义上使用的;而后一个“德”则是在伦理价值意义上使用的,指的是“道”的品格。即如《淮南子·原道训》所说:“史太上之道,生万物而不有,成化象而弗宰。”物由道而生,由德而育,由已有之物而受形,故世界上万事万物的生成与发展都与环境形势的影响分不开。

就生命生成原初域和万物自然的内在关系来看,首先,没有生命生成原初域的“道”,也就没有天地万物之德,“道”是天地万物存在的最终根源,“玄牝之门”,“绵绵若存,用之不勤”。“道”是能动的、创生的,并不是被动的、被创造的,德则是得之于“道”的物之所以存在的内在根据。所以并不能够以特定的具体的名称去命名“道”,因为凡是有名之物,都是具体的,而“道”并非某一有名之物。“道”只能是无名的,它超越了实相,超越了具体存在物之有无。它不是“在”本身而是“在”的“缺席”,同时也是“在”的“召唤”。它是“玄之又玄”的;它虽无处不在,却又看不见,摸不着,“迎之不见其首,随之不见其后”。

其次,如果没有天地万物之“德”,作为生命生成原初域的“道”就无从显现。“道”虽先天地而存在,但是,“道”的生命本性却体现在它的创生万物的流程中,体现在它所创生的万物的生命之中。天地万物无不禀有一生命,浩荡宇宙间生命之大化流行,恰在于无处不在、无所不在的“道”的生命性;换句话说,万物生机勃勃体现的正是“道”的生命性。正是在这个意义上,老子以后的道家著作《淮南子·原道训》说:“夫道者,覆天载地。廓四方,析八极。高不可际,深不可测。包裹天地,禀受无形。原流泉勃,冲而徐盈,混混滑滑,浊而徐清。故植之而塞于天地,横之而弥于四海,施之无穷而无所朝夕,舒之幎于六合,卷之不盈于一握。约而能张,幽而能明,弱而能强,柔而能刚。横四维而含阴阳,纮宇宙而章三光。甚淖而滒,甚纤而微。山以之高,渊以之深,兽以之走,鸟以之飞,日月以之明,星历以之行。”万物的欣欣向荣、一派生机，体现的正是“道”的充沛的生命力。可以说，正是对“道”的这种生命性的肯定，老子及其后来的道家充分肯定了天地万物的生命的价值。而天地万物的生命性本身又表明，“道”的规定性必定由天下的自然存在物来显现，这样，就为道家哲人肯定生命，寄情于宇宙自然，遵从宇宙自然提供了形上的依据。并且，正是由于一切存在物都内在具有生命性，人与自然也就不是近代西方哲学所谓的那种对立冲突关系，而是和谐统一的，人来自自然，最终要回归自然。自然是人精神的家园。

第三节 “清”之审美域

在中国美学，“清”一直被看作为一种审美缘在构成域。老子云：“天得一以清。”（《老子》第三十九章）“天”即自然，“一”即“道”。王弼注云：“一，数之始而物之极也，各是一物之生，所以为主也。物皆各得此一以成。”《吕氏春秋·论人》云：“无以害其天则知精，知精则知神，知神之谓得一。凡彼万形，得一后成。”高诱注云：“一，道也。天道生万物，万物得一乃（后）成也。”《楚辞·远游》云：“奇傅说之托辰星兮，羡韩众之得一。”王逸注云：“喻古先圣获道纯也。”陶潜《感士不遇赋》云：“承前王之清诲，曰天道之无亲；澄得一以作鉴，恒辅善而佑仁。”庾信《周祀圜丘歌·皇夏》云：“得一惟清，于万斯宁。”可见，所谓“得一”，也即古代道家哲人所谓的顺应自然、与天合一“于万斯宁”的存在性构成境域。这就是说，“天”“得一”，即“得道”，也就是自然万物还原为最原初的纯构成境域“道”，则呈现为明澈清纯的态势，“得一惟清”，达成“清”之境域。后来《庄子·知北游》云：“无思无虑始知道，无处无服始安道，无从无道始得道。”究其实质而言，这里所谓的“无思无虑”“无处无服”“无从无道”的“知道”“安道”“得道”之域，也就是“清”之境域。后来“清”则被引进到人生美学思想中，以表现人的品德、情操、志向的冰清玉洁、清馨出尘。如《楚辞·渔父》云：“举世皆浊我独清，众人皆醉我独醒。”王逸注云：“我独清，志洁己也。”这里的“清”就是一种迥绝尘世的人格与人生审美境界。水澄明晶莹，透澈纯清，象征着人超圣拔俗的高尚的精神品质。“清”被引进到美学思想，则被看作文艺创作所追求的一种审美形态。所谓“诗以清为主”（宋咸熙《耐冷谈》卷三）、“诗家清境最难”（贺贻孙《诗筏》）。正因为“清”之域难以构成，因此，才为历代美学家所极力推崇。

就美学意义而言，“天得一以清”的“清”，或谓“清”之域呈现出一种突出的构成态势。这个完全疏离于具体时空背景的个体化的“清”其实只是审美活动者直观感悟的心相。这一“心相”,是清澄之心与呈现于审美者眼中的“物象”的瞬间构成,在中国美学所推重的缘在构成活动中具有重要意义。

一

在老子看来,人生最高的审美追求,就是超越世俗,达成“清”与“真”的纯粹本真之审美域,以保持心灵的自由、纯真与高洁。故而,他说:“知其雄,守其雌,为天下溪。为天下溪:常德不离,复归于婴儿。”(二十八章)又说:“含德之厚,比于赤子。”(五十五章)所谓“婴儿”、“赤子”,就是指还没有受到世俗社会争相夺利、势利庸俗等贪婪之心的侵蚀,内心世界纯真清澈,天真无邪,为一种自然天性,能遵循自然。因此,所谓“复归于婴儿”,就是超越世间的利害得失、是非好恶的私欲干扰,消弭主客观世界的区分界限,复归到原初纯真自然的天性,而回复到原初无知无欲、无拘无碍、无我无物的本心本性,以玄鉴天地万物,与原初之“道”合一。这样,才能怡然自适。而审美体验活动中,只有通过这种心态的营构,才能臻万物于一体,达到与万物同致的境域。

受“道”论的作用,以老庄为首的道家哲人把“同于道”与“无所待”的“逍遥游”这种实现自我、保持心灵自由,以达成空明莹洁之域作为人存在的最高追求。应该说,正是受道家美学这种推崇本真自然生存的审美意识的影响,中国美学才一直洋溢着一种强烈、厚重、浓郁的超越意识,超越俗我,使自我清淡、飘逸、空灵、洒脱、雅洁之心与自然本真浑融合一是中国古代艺术家在审美创作中所追求和向往的至高审美境域。而平居淡泊,以默为守,通过明净澄澈的心去辉映万有,神合宇宙万物,以吞饮阴阳会合的冲和之气,则是贯穿于整个审美体验活动的一种特殊的构成状态,或谓存在性境域的呈现。正是由此,遂熔铸成中国人生美学的“清”之境域构成论。

要达成“自然无为”之境域必须雪涤凡响,“澄心端思”。“澄心”,又称“澄怀”,意为澄清净化心怀和心灵空间。作为营构“清”之境域的一种存在性境域呈现活动,“澄心”主要是指达成“自然”境域之初,审美者洗涤心胸,澡雪灵府,以获得心灵的澄清和心怀的宁静。故而,可以说,“澄心”就是一种空明雅洁心怀与构成态势的形成,或者说是造成一种审美心理的构成态势,其实质是通过“澄心”,清除世俗杂念,以虚廓心胸,涤荡情怀,让心灵超然于物外,达成一种和谐平静、冲淡清远的审美心境状态,造成无利无欲、无物无我的静态的超越心态,以能够于审美体验中“遍览物性”,能够沉潜到特定的审美对象的生命内核,体悟到蕴藏于其深处的生命意义,而达成一种澄清雅洁的存在性境域。

“端思”则是集中心意，摆正心思，用志不分，用心不杂。“端思”又谓“凝神”、“专志”。“澄心端思”，即排除外在干扰，中止其他意念活动，使意念思绪集中到一点，达成一种虚静空明、心澄神充、聚精会神的构成态势。超越物欲羁绊，以使心灵纯净澄明，清澈洁净，玉洁冰清，晶莹雅洁，确实是心灵体验得以进行的首要条件。没有构筑起这种虚灵清静、神充气盈的审美构成态势，则不可能有真正的心灵体验活动。在中国美学看来，心灵体验的目的是“欲令众山皆响”，是要在胸次悠悠，上下与天地同流，与“道”为一中，进入空灵渺远、迥脱尘寰、独参造化、物我两忘、朗照万物之境。因此，审美者在进入心灵体验活动之初必须去物去我，排除世俗杂念，使纷杂定于专一，澄神安志，意念守中，在高度入静中达到万念俱泯，一灵独存的构成境域，以保证心灵的自由。即如恽南田在《南田画跋》中所指出的：“川濑氤氲之气，林岚苍翠之色，正须澄怀观道，静以求之。若徒索于毫末者，离也。”

的确，“遍览物情”与“妙悟自然”的审美活动离不开心灵的活力与心灵的能动。心灵自由是心灵体验活动与存在性境域得以构成的保证，而“澄心端思”、澄怀净虑、忘知虚中、抱一守中，以构筑出空明虚静的构成态势则是对心灵的解放。只有达到虚明澄静的审美构成态势，审美者才能在心灵体验中充分调动其审美能力，最大限度地发挥心灵的活力与生命活力，去“凝神遐想”，以领悟宇宙人生的生命妙谛。即如宗炳所指出的，通过“澄怀”才能“味象”、“观道”（宗炳《画山水序》）。要体味到宇宙自然间所蕴藉着的“象”与“道”这种真美、大美，审美者要达成清澄浩渺、雅洁空明的审美境域，必须要“澄怀”，要超越凡俗，排除杂念，这是“味象”与“观道”的先决条件。如此，方能去“心游万仞”（陆机《文赋》），让心灵尽性遨游，任意驰骋。

通过“澄心端思”、“用心不杂”，超越凡俗，实现心灵的自由，以“味象”“观道”，营构空灵雅洁的存在性境域，对于心灵体验活动的重要意义及其在存在性境域活动中的作用的体现，可以从明代美学家吴宽分析唐代诗人兼画家王维的创作的一段精彩评论中得到进一步说明。他说：“至今读右丞诗者则曰有声画，观画者则曰无声诗。以余论之，右丞胸次洒脱，中无障碍，如冰壶澄澈，水镜渊停，洞鉴肌理，细现毫发，故落笔无尘俗之气，谓画诗非后辙也。”“穷神尽变，自非天真烂发，牢笼物态，安能运心独妙耶？”（吴宽《书画鉴影》）这里所谓的“胸次洒脱，中无障碍”，就是指的心灵的自由与精神的超越；而“冰壶澄澈，水镜渊停”，则是指经过“澄心端思”，澡雪精神，中断理性思维，扬弃非我，超越凡俗以达成心如止水、空明灵透、不将不迎的清淳雅洁存在性境域。如此，在心灵体验中审美者就能够“洞鉴肌理，细现毫发”，使玲珑澄澈的心灵突破“物”与“我”的界限，与自然万物中幽深远阔的宇宙意识和生命情调相互契合,妙悟人生奥秘,而完成与达成一种空灵清洁的存在性境域。

可以说,所谓“得一以清”的“一”,就是“道”,“得一”就是“得道”,或谓“体道”。只有通过“得道”与“体道”,才能构成“清”之域。

并且,道教美学内炼理论所强调的“弃欲守静”与“清”之境域构成论所要求的“澄心静怀”在观念上是相互沟通的。

首先,道教炼心养性中收心离境的目的与“澄心静怀”就可以沟通。道教主张通过炼精养气,修养心性以陶冶性情、增益禀赋,并获得清净无为的生活情趣与“少私寡欲,见素抱朴”、宁静平和的心理境界。“清”之境域构成论所主张的审美创作构思中“澄心静怀”的目的亦是要使审美创作主体的内在心理境界摆脱世俗的欲念,清心净虑,以达到一种清净虚明、澄澈空灵的审美心境。进行审美创作活动必须脱俗,必须与世俗功利拉开一定的距离,在这一点上,“清”之境域构成论与道教美学是可以相通的。道士田良逸说:“以虚无为心,和煦待物,不事浮饰,而天格清峻,人见者褊吝尽去。”(《因话录》卷四)道士徐府也说:“寂寂凝神太极初,无心应物等空虚。性修自性非求得,误解真人只是渠。”(《自咏》)超脱于纷扰的世事,摆脱功名利禄等私欲相关的物的诱惑,寄心于太极之初,使自己丰富活泼的内心世界荡涤澡雪成为空旷虚静的心灵空间。这样,去体味宇宙万物的幽微之旨,始不至于让纷繁复杂的外色物象迷乱自己的心神,以直达宇宙的底蕴,体悟到生命的本原,从而始可能获得心理上的平衡与精神上的永恒。与此相通,“清雅”说认为,审美创作活动亦是脱俗的、无功利目的,应摆脱有关衣食住行等种种烦恼和焦虑。如果在审美创作活动中搀入某种世俗欲念,则势必影响审美心境的构成,进而影响审美创作活动的开展。故“清”之境域构成论主张“澄心静怀”。虞世南说:“澄心运思,至微至妙之间,神应思彻。”(《笔髓论》)李日华也说:“乃知点墨落纸,大非细事,必须胸中廓然无一物,然后烟云秀色,与天地生生之气,自然凑泊,笔下幻出奇诡。若是营营世念,澡雪未尽,即日对丘壑,日摹妙迹,到头只与鬃采圬墁之争巧拙于毫厘也。”(《紫桃轩杂缀》)

其次,从心理效应上看,道教美学要求的“收心离境”与“清”之境域构成论强调的“澄心静怀”亦可以沟通。道教养生学静功内炼理论注重神、意、气的修炼,认为神在人的生命的整体层次上,起着沟通天人的联系作用。如果人的心理状态很宁静,在神这个天人通道里很清明,人就有可能自觉地直接运用宇宙的元气,以获得超乎常人的智能。正如道士司马承祯在《坐忘记》中所指出的,修炼之始就必须收敛心志,固守元神,“要须安坐,收心离境,住无所有因,住地所有,不著一物,自入虚无,心乃合道”。这种通过“收心离境”,以恬静虚无而达到的返观守神的最好心理境界，即日本川烟受义博士所谓的“超觉静思”，它能够使人“把意识集中于一点”，“从而能够最有效地使用之”。① 我们认为，这对于以老庄美学为主的中国美学所推崇的“清”之境域构成论也同样适用。从现代审美心理学理论的视角来看，尽管审美创作的发生是创作主体自我实现的需要，要“感物心动”、“发愤之所为作”，基于功利的需求。但是，它却不仅仅是功利需要。因为依照心理学有关神经活动的优势原则，假使功利需要成为主导需要，那么，自我实现的需要就只能处于被抑制与服从的地位，这样，创作主体当然就无从进入审美创作活动了。所以，只有当自我实现的需要成为主导需要时，也才有可能实现审美创作。故创作主体在进入审美创作活动时，必须摆脱尘世俗念的干扰，从宁静平和的生活情趣中，求得神清气朗、静明清虚、晶莹洞彻的审美心境，使心灵获得一种自由、解放与活跃。只有如此，审美创作主体才能在心灵观照中，突破客观物象的束缚，和审美对象的生命本旨与内在律动融为一体，于心物合一中与审美对象进行心灵和生命的交流，荣辱俱忘，心随景化，以达到“清淳雅洁”的超越境界。

总之，老子所主张的虚静淡泊、返朴归真的人生理想，以及庄子所推崇的静以体道，游于无穷和后来在此基础上所形成的道教美学内练理论所强调的“安心澄神”与“清”之境域构成论所规定的内容是相互沟通的。炼养身心“先定其心”，始能“慧照内发，照见万境，虚忘而融心于寂寥”（司马承祯《坐忘篇》下）。审美创作构思中，“澄心端思”，实现心灵的自由、专一和“澄心静怀”，超越名利、好恶得失等世俗杂念，保持心灵的净化与空明，从而才能于心灵观照中达到与宇宙自然合一的“清淳雅洁”境域，以创作出艺术珍品。恬淡自然、透明澄澈的喜悦和解脱心态既是道教美学养心益性心理进程中关键性的第一步，亦是以老庄美学为主的中国人生美学所推许的心灵体验活动的首要前提。其思想间的相互影响也不言自明了。

第四节　“气”：缘在构成论之审美元素

中国古代美学缘在构成论以天人一体、天人合一、阴阳合一、道法自然等为学理依据，在审美诉求方面推崇“人”与“天”，即人与自然的和谐。中国古代美学的生存智慧就是如何实现齐万物、一“天人”的问题，即解决“天”与“人”之间，也就是“人”与生存环境、天地自然如何交相构成的问题。

---

① 王端林、冯七琴译：《健脑五法》，科学普及出版社 1999 年版。

中国古代美学总是借助人与生存环境间的审美活动以促使“人”融于天地化育之中，使人的生存活动诗意化，以沁润心灵，建构圆融与完美的人生。在中国古代美学看来，天人原本是一体、合一的。所谓“天”，即“人”之外的自然万物。中国古代美学思想认为，“人”本身与“天”是共生一类的，自然万物与“人”一样，是有生命的，与“人”是一类的、相同的、一体的，因而，“人”与自然万物具有同类性、同构性、相依性、相存性和同一性。这种同类同构、并生为一、相依相存性，应该是“人”与万物自然的一种“本性”。据此，中国古代美学认为，“人”与自然万物同质同类，是自然万物的一部分。由此出发，就“人”与自然万物的关系而言，不管是“人”的自我意识还是身体，都处于自然万物之中并在其中从事种种活动；“人”与自然万物是相存相依、相亲相和的，“人”不是自然万物的主宰者，不能以“人”为中心；“人”在与自然万物的互动中感知环境、体验环境、建构“人”与自然万物的新的构成态，并形成一个动态的、发展的、流动的连续体。因此，自然万物是一个流动、变易的、复杂的多元混合体，而不是由简单、单纯的原生自然物组成。即如当代美国美学家阿诺德·柏林特所指出的，环境自然是“人”与“物”的构成，是“一系列感官意识的混合”，是“由一系列体验构成的体验链”①，是构成流与体验流。因此，“人”与自然万物之间是互动互助、互亲互近的，是互为中心、互为主体的关系，作为生活在自然万物之中的“人”，必然并且应该对天地自然有所关照，有所作为，而自然万物也必然对此有所感应，有所回馈与回报。换言之，即处于感受的“混合”“构成流”与“体验链”中的自然万有，从来就不是一个与人相分离的外在的环绕之物，而是与人一类并生、一体合一、相依相存、浑然整然的生命体。因此，中国古代美学总是把处理好“人”与天地自然的关系问题，解决好人的生存环境，优化人的生存环境，把构建和熙融洽、圆润祥和的生存环境作为最高审美之维。在中国古代美学看来，重生、乐生，体征生生，解决人与天地自然、社会环境的问题，保持人与自然间的和谐关系，以保障熔铸光明的人生和还原自由任运的生命状态，视宇宙自然为可居可游的心灵家园，以圆融无碍之心于“天人”交相构成、人与天地自然和谐相处中体悟天地大化生生之意乃是人生生命活动与审美活动的最高宗旨。②

在中国传统美学思想中，处处体现着这种“天人”交感构成审美意识。可以说，作为传统美学的基本范畴，“阴阳”、“太极”既是中国传统美学思想构建“天”

① (美)阿诺德·柏林特：《美学》，张敏、周雨译，湖南科学技术出版社 2006 年版，第 20 页。

② 李天道、李尔康：《中国古代环境美学之学理探源》，《四川省干部函授学院学报》2013 年第 4 期。

与“人”之间关系的重要基元，又是其核心思想构成，并影响及传统美学思想的民族特色与本土特色。“阴阳”，即“阴阳”二气的氤氲聚合、上下升降、清浊刚柔、化化不已，被用以说明“天”与“人”之间的相互依存、相互对待、相互感应、相互构成的交相互利、同一共生的存在关系。在中国传统美学思想看来，宇宙万物是以“阴阳”之“气”为生命内核，人与自然万物间也由于生命之气的作用而互通共感，并由此而呈现为“太极”场，即一种生态场的建构。正由于此，从“阴阳”、“太极”等审美范畴与其中所蕴藉的传统美学思想入手研究中国美学之生命意识与心物感应化生构成审美意识，对准确把握中国美学思想的核心内涵有着极为重要的意义。

一

中国美学中的“天人”交相构成意识与其“阴阳”二气交感化生论以及生命意识相关。作为中国美学的基元与要素，“阴阳”，或谓“阴阳”二气，是有关宇宙万物化生化合、聚合生成、交感不息、生生不已的生命动力因子的具象化、物态化表征。在中国美学看来，“阴阳”二气间相互依存、交相感应，同时又相互对立、相反相成。“阴阳”二气氤氲流转则表征着天地间大化运行的殊相万有内核交相对应、交相对待的互动生化特质。所谓“万物负阴而抱阳”，应该说，“阴”与“阳”就是符指天地间化生万物的生命元，也即“阴气”和“阳气”。中国美学认为，宇宙天地间是通过“阴阳”二气聚合氤氲、化生化合，从而构成自然万物的。即如《周易·系辞下》所指出的：“天地絪缊，万物化醇；男女构精，万物化生。”对此，孔颖达疏云：“万物感之，变化而精醇也。”①对此，陈康祺在《郎潜纪闻》中解释说：“夫天地氤氲，万物化醇，非地之能自生也；男女媾精，万物化生，非女之能自生也。”“天地氤氲，万物化醇”中所谓的“氤氲”，即氤氲之气，为宇宙自然生成的原初生命要素。既然“气”为天地宇宙生成的生命要素与生命运动的动力因子，“气”化生万物，所以说，“阴阳”又符指“天地”，故《周易·序卦》说：“有天地，然后万物生焉。”“天地”来自于“阴阳”二气的氤氲化合，也即“乾坤”二卦的变化，“阴阳”二气的生化氤氲生成宇宙世界间万事万物的种种形态。“气”之所以氤氲流转，在于其涵“阴”涵“阳”，“阴阳”相互作用，促成宇宙自然的运行转动。在中国美学思想看来，这种气化流转形态的呈现就是“阴阳”气化生物。这种气化生物的流程也就是《周易》所谓的“天地氤氲，万物化醇”。天地自然、万事万物，包括“人”在内，都是气化氤氲、流转感应所生成的，都经由“阴气”与“阳气”相合，男女媾精而成。生

① （唐）孔颖达：《周易正义》，上海古籍出版社1990年版，第13页。

命由“阴阳”之气原始，由此激荡，由此而循环往复，周而复始，生生不息。《周易》明确提出，生命起源于“气”。这个“气”是宇宙天地、自然万物间生命流的动力所在。而所谓“化醇”就是变化而精醇。天地是氤氲之气的交感而生成的。因此，氤氲之气是天地之元，万物皆化源于此。天为阳，地为阴，天地交感，阴阳激荡，则呈现为氤氲之态。之所以说“天地氤氲”，旨在突出“氤氲”的构成态势本始于宇宙气化，为“气化”的生动呈现，也是天地宇宙间生命流的生动呈现。《黄帝内经·素问》说：“人以天地之气生，四时之法成。”①“天地合气，命之曰人。”②就是进一步强调“气”是生命的基元，是“人”之根本。《周易》认为宇宙间万事万物都是由“阴阳”二气相互作用而生成的，这就叫“阴阳”“气化”。《周易》用一太极高度浓缩了这一“阴阳”“气化”的流程，形象生动地表明，“自然之道、人事之理、生命之则，都是阴阳互补互动”③，宇宙万物间的生命运动都是由“阴阳”二气相互作用而致，所以说，“一阴一阳之谓道”。就是说“阴阳”是万事万物的化生化合之“道”。人是自然天地“生生”化育之物。“生生”乃是“阴阳”二气氤氲转换与构成宇宙间自然万物的韵律性的呈现。“阴阳”二气氤氲聚合，化育、生成万物，创生生命，丰富生命与充实生命，并且使生命共同体趋于“和”的动态的、韵律性的生意流转轨迹。《淮南子·泰族训》说得好：“天地所包，阴阳所呕，雨露所濡，化生万物。”④作为生命的存在活力，作为生命共同体之源，自然天地之“气”化生化育着包括“人”在内的万物自然，濡化着其生命节律，张扬着其“生生不已”的生命精神，彰显着生命的魅力。在中国古代美学思想中，“阴阳”之“气”总是表征着一种生命精神，而这种生命精神又激活了“天人”之间，即“人”与自然间的生态关系以及生命的互动、转化，从而使“人”走进生态审美的至高境域。

在中国美学思想看来，“阴阳”二气的基本特征是互易互化、互依互成、互藏互寓、互根互用的，二气中阴中有阳，阳中有阴。换言之，即“阴阳”二气无论哪一方都蕴藉着另一方的基元，即阴中蕴阳，阳中涵阴，“阴阳”二气互有互惠、互助互存。因此，“阴阳”二气互藏又称“阴阳互寓”、“阴阳互涵”、“阴阳互根”、“阴阳互用”。所谓“阴阳互用”，即生成与促进宇宙间自然万物发展的“阴阳”二气间始终是相互依存和相互为用的。而“阴阳互根”，则是指表面上相互对立的“阴阳”二气其实质乃是相互依存、互为根本的，无论是阴气还是阳气，任一方都必须以相对的一

---

① 王冰：《黄帝内经注》，辽宁科学技术出版社 1997 年版，第 9 页。

② 王冰：《黄帝内经注》，辽宁科学技术出版社 1997 年版，第 52 页。

③ 刘长明、吴奎彬：《和谐假说》，《山东师范大学学报》2013 年第 3 期。

④ 张双棣：《淮南子校释》，北京大学出版社 1987 年版，第 204 页。

方为存在的基础。“阴阳”二气具有相互资生、相互促进和相互助长的关系。“阴阳”二气之所以互存互生，是因为“阴阳”二气本身就互根互本，在此基础上，“阴阳”二气始相互依存、相互为用、相交相感、互消互长、相互转化，由此，生成宇宙间包括“人”在内的万事万物。而“阴阳”二气的氤氲聚合则是宇宙万有流衍化生的活力所在，也正因为此，宇宙间的万事万物才都蕴藉着“阴”与“阳”两种不同的属性，并且“阴阳”两种属性又是相互转化的。也就是说，此事物或现象尽管呈现为“阴”性，但其中却蕴藉有“阳”性成分；彼事物或现象尽管呈现为“阳”性，但其实质上又蕴藉有“阴”性成分。对此，《类经·运气类》说得好：“天本阳也，然阳中有阴；地本阴也，然阴中有阳。此阴阳互藏之道。”“阴”中有“阳”，“阳”中蕴藉“阴”，“阴阳”二气互蕴互藏。这种思想源于古人对自然现象的观察，以及对其中所蕴藉的生命奥妙的领悟。作为生命活力之源，“阴阳”二气本以相互对待而言，如天为阳，地为阴，但天地相互交应，上为阳，下为阴，但上中有下，下中寓上，此即所谓阴中有阳，阳中寓阴。诚如《春秋繁露·阳尊阴卑》所指出的：“阴之中亦相为阴，阳之中亦相为阳。诸在上者皆为其下阳，诸在其下者皆为其上阴。”①不仅如此，宇宙万物、自然界的一切都可以分阴分阳，阴中寓阳，阳中藏阴。《周易》将这些表征着生命活力意义的现象用带有哲学意味的八卦卦象符号来表达，则水应坎符，火应离符。坎符属阴，但内寓阳爻；离符属阳，则内含阴爻。这表征着水中有火，火中有水，即阴中有阳，阳中有阴。由此可见，“阴阳”二气的互藏互寓实为古代哲人的一种朴素的生命观与自然观。中国古代哲人认为，“气”乃是自然万物构成的生命本原。“气”分“阴阳”，以生成天地。即所谓“清阳者薄靡而为天，浊阴者凝滞而为地”②。“天”为“阳”，其内蕴藉有“地阴”之气；“地”为“阴”，其内涵容有“天阳”之气。世界万物、天地自然、人类社会、世间一切，都是“阴阳”二气氤氲激荡、相交相感，化生化合、凝聚而成。同时，包括“人”在内的万有自然万物，所禀受的“阴阳”之气是有差异的，有多有少，有清有浊，有刚有柔，阴阳多少的不同，所呈现出来的性质也有差别，表现出不同的状况、色泽、形态、动静等属性。正如《春秋繁露·基义》所指出的：“物莫无合，而合各有阴阳。阳兼于阴，阴兼于阳。”③“阴阳”属性对宇宙间万事万物有非常大的作用。一般而言，所谓“阴阳”，不是对等的、绝对的，由此，又有“真阴”、“真阳”之说，阴中之阳为“真阳”，阳中之阴为“真阴”。由于“阴阳”中的这种属性对自然万有的生长、发展和变化有着极

① 曾振宇、傅永聚：《春秋繁露新注》，商务印书馆 2010 年版，第 231 页。
② 张双棣：《淮南子校释》，北京大学出版社 1987 年版，第 245 页。
③ 曾振宇、傅永聚：《春秋繁露新注》，商务印书馆 2010 年版，第 260 页。

其重要的调控作用,故有人又称“真阳”为“阳根”,称“真阴”为“阴根”,意指阴性事物或现象的发展变化以“真阳”为其根,受“真阳”的调节;阳性事物或现象的发展变化以“真阴”为其根,受“真阴”的控制。作为“天气”,之所以能降,“地气”之所以能升,因为“天者亲下”,“地者亲上”。也就是说,尽管“天气”居上,但是由于其内蕴藉有“地之阴气”,即“阳”中有“阴”,表征出一种“亲下”的态势,因此,“天气”受所蕴藉的“地之阴气”的作用,下沉于地;“地气”尽管在下,但由于其内蕴藉“天之阳气”,“阴”中有“阳”,表征出一种“亲上”的态势,所以“地气”有上升于天的现象。阴升阳降而致天地“阴阳”二气氤氲交感的内在动力机制在于“阴阳”二气的互藏互寓之道。由于阳中有阴,阴中有阳,因而天之阳气下降,地之阴气上升,天地“阴阳”二气氤氲合和,云施雨作。“阴阳”二气互藏而相交相济,维持着自然万物间生命运动的协调平衡,稳定有序。

二

中国古代美学“天人”交相构成论建构在宇宙间万事万物的生成与发展离不开“阴阳”二气自然交感、本然化生的学理依据之上。由此,中国美学思想确立了一种极具本土特色的“阴阳”交感构成的缘在构成审美意识。这种缘在构成审美意识既可以生动地表明宇宙间包括人在内的万有生命的生成与构成流程,也可以体现人与自然万物都为气化生成,和天地自然一气相通,人是万物自然的一部分,与自然万物交感相应,自其所自、然其所然,和谐共处的关系。因此,庄子强调指出:“通天下一气也。”“气”是万物的生命力基元,是自然万物周流运转、交通不息的活力所在。所谓“天地和而万物生,阴阳接而变化起”,“天地感而万物化生”。“天地”、“阴阳”和其所和、接其所接、交其所交、感其所感,其间的相和相接、相交相感是万物化生的根本活力。这中间所谓的相“和”、相“接”、相“感”等都离不开“阴”与“阳”的聚合氤氲,分“阴”分“阳”、为“阴”为“阳”,是自然万物本身的本质属性,自然万物本身就具有相互作用、相互影响、相互消长、相互转化的生命机制。因此,又可以说天地阴阳之间的相互作用、相互依存乃是万物生成和生生不已的动力。

万物是“气”聚而生,“气”散而亡。宇宙间天地自然包括人类,都由“气”所构成。“气”氤氲聚散、化分化合,为生命的动力,是生命活力的源泉,同时,也是个体生命间认同的中介。“气”在“天”与“人”之间激荡氤氲,既是“天人”相通的中介,也是“天人”间相感相应,生生不已,循环往复的活力所在。“阴阳”二气相消相长,以维系生命,激活生命。宇宙间万事万物的感化生成,包括天地、男女、上下、光色等,都以“阴阳”这两种天地原初之“气”、原始之活力为自然万物化生化合的基元,因其感化激荡、转化相长而生成。此即葛洪在《抱朴子》中所谓的“人在气中,气在人中,自天地至于万物,无不须气以生者也”。“阴阳”二气是天地万物得以“生”的要素。

正由于此,在中国美学思想中,“阴阳”符号又表征为“天人”间的和谐相处。“天”和“人”同类相通,相互感应,“天”为“阳”,“地”为“阴”,“天”“人”间是相互感应的,“天”是可以与“人”发生交感互应关系的存在;“天”就是“自然”。“天人”交感为一,以回归到天人一体。“人”和“天”,即人与自然,就其原初意义看,是相通为一的,这也是自然而然的,因此,所有的“人事”都应当顺乎自然,然其所然,自其所自,以回归原初,促进人与自然间的一体和谐。老子说:“人法地,地法天,天法道,道法自然。”即强调人与自然的一致与相通。《中庸》说:“诚者天之道也,诚之者,人之道也。”①“诚”为“天”的原初本性,“人”只要发扬“诚”的德性,诚其所诚,真实无妄,即可与“天”一致。“天人”原本一体,所以,“人”与“自然”要合一归一,要和平共处,不要讲征服与被征服。天人虽然能够互相感应,但是互不干涉。天人合一注重的是天和人的统一性和整体性,比天人感应的程度更深。

应该说,“天道”、“地道”、“人道”相通合一,从思想深度上提升了中国美学所谓的“天人”交相构成论。《周易·谦卦·彖辞》云:“天道下济而光明,地道卑而上行。天道亏盈而益谦,地道变盈而流谦,鬼神害盈而福谦,人道恶盈而好谦。”②这里就提出“天道”、“地道”、“人道”。“天道”光明普照大地,毫无私欲地滋生、周济万物,“地道”德厚而容纳、长养万物而运行不息。“天道”、“地道”、“人道”的运行原则是,“天道”必然是亏损过于盈满,而增益谦虚的;“地道”必然是变动盈满,而流入谦下的;“人道”是厌恶满盈,而爱好谦退的。“天道”、“地道”和“人道”相通相合、相交相感、诚心仁厚、相互善待、心地仁爱、品质淳厚,相互以诚相待、以诚相报乃是“道”的核心和本源。“天地人”交感融通就是“人”与“天”合之道、“人”与“事”济之理和达成社会和谐审美域的基础。中国古代美学思想的核心就是“天人”感应、相合。这也就是所谓天时、地利、人和。同时,“天道”、“地道”、“人道”之间只不过是相对存在,并不是毫不相干、彼此独立的,而是相通相济、相互依存的。同时,三者的关系也不是等距的,“地道”在“天道”与“人道”之间发挥着承上启下的作用,当然,比较而言,“地道”与“天道”间的关系尤为紧密,几乎连为一体,故可合称“天地之道”。“天道”与“地道”相通为一,此即所谓“天覆地载”。宋

① (宋)朱熹:《四书章句集注》,中华书局1983年版,第18页。

② (唐)孔颖达:《周易正义》,上海古籍出版社1990年版,第78页。

应星在《天工开物》中说得好:“天覆地载,物数号万,而事亦因之,曲成而不遗,岂人力也哉。”宇宙天地容纳万物,由此也衍生出“人事”与“人情”的纷繁复杂。天地万有,包括“人事”与“人情”,都遵循与效法着自其所自、然其所然的原则,互相影响派生出世界万相而无所遗缺,这当然是人力所不能比的。“人事”与“人情”,即“人力”必须遵循“天道”与“地道”,要相互配合,以实现“天人”间的和谐共一。“天人”一体共存的关系是自然而然的,像天覆盖万物,地承受一切一样的自然。比喻范围极广大。“天”融通“地”,泽生万物,“天”包孕“地”和万物,“地”和“物”则承载、承受“天道”,就是接受上天的赋予,故“地道”与“天道”相通同一。就此意义看,“地道”即“天道”,而“天地之道”则可以简称“天道”,“地道”设若与“天道”剥离,或者说是刻意与“天道”拉开距离,那么“地道”则将不复存在,所以说“天道”破,“地道”即破。正因为“天道”赋予“地道”,“地道”下启“人道”,或者说,“天地之道”共同开启“人道”,所以归根结底其实就是“天道”即“天命”。“天道”破则“地道”破,“地道”破则“人道”毁,绝无可能“天道”虽破,“地道”或“人道”却能独存的道理。“天道”是宇宙自然的统领,“地道”是“天道”的承载,“人道”则是“天地之道”,即“天道”的体现。“天道”即是“天命”、“天理”,“人道”既然禀受“天道”,“人道”也一样是“天命”、“天理”,所以,“人道”、“人事”与“人情”也要符合“天理”。这应该就是中国古代美学思想的精华所在。

在中国古代美学思想看来,宇宙间万事万物都有“天道”、“地道”和“人道”包含在内,而且这三种东西是共生共存的,特别是“天地”,其原初就合为一体,密不可分,天地合德,共同化育宇宙间包括人在内的万事万物。所谓的“天道”、“人道”、“地道”的相通相合,即由此所符指的天地万物及人类社会,无非“天文”、“地理”、“人事”三者间的关系,对应的即“天道”、“地势”、“人伦”,天地人和,自然就是应天道顺地势通人伦,及其原初“天人一体”之域的浑然天成。天地人和,宇宙自然间万物相生相依、共存共荣。“天地人”三统共生,长养凡物。虽然一切事物都是由元气所产生,由元气所组成,但形体是各不相同的。所以说,夫天、地、人本同一元气,分为三体,各有自始祖。形体有三名,天、地、人。在中国古代美学思想看来,构成“天”的“元气”,又称之为“太阳”;构成“地”的“元气”则称之为“太阴”;构成“人”的“元气”,称之为“中和”。名称尽管不同,但都生成于“元气”,所以说“天、地、人”是相融相通的。正是由于宇宙间一切事物都是由“元气”生成,并且由“元气”融通,因此《周易·系辞上》强调指出:“《易》之为书也,广大悉备,有天道焉,有人道焉,有地道焉,兼三材而两之,故六。六者非它也,三材之道也。”这里所提出的“三材”,即“天地人”。“天地人”融通化合,即这里所谓的“三材之道”。

三

在中国美学思想,“三材之道”又被称为“三极之道”,实际上,就是“天地人”之“道”。所谓“天道”,就字面含义看,即“天”的化生变易规律。宇宙自然、天地万物必有其化生化合的运行规则,或者说是生成与发展的流程,这就是“天道”。中国古代美学思想认为,“天道”与“人道”一致,但又需以“天道”为本。“人道”与人世间的“人事”相关,“天道”和“人事”是交感互应、相关相切、相互印证的。“天道”的表征是“天象”,“天象”的不同及其异常,预示着人的善恶与人间祸福。所谓“天道”自然,自其所自,然其所然,不强迫,不强加干预,是其所是,自然而然,是中国古代美学思想所主张的一种审美态度,“天道”自然,与“天道”相合为一则是中国古代美学思想所推崇的审美活动中需要达成的极高境域。

众所周知,中国文化之所以博大精深,在于其开放性与兼容性特征。其发展流程中总是在保持自身优势的基础上兼容并收,融合与吸收其他优秀文明成果,以增进自身文化的繁荣。其中,农耕文化对中华文化的形成是至关重要的,是中华文化的核心。受此影响,中国人极为崇尚“天道”,敬畏天命,推崇自然,热爱土地。体现在美学思想方面,在人与自然之间的关系上,崇尚自然,“畏天知命”,认为“天命之谓性,率性之谓道”。孔子总结自己的一生说:“吾十有五而志于学,三十而立,四十而不惑,五十而知天命,六十而耳顺,七十而从心所欲不逾矩。”(《为政第二》)在孔子看来,“人”应该有“三畏”,即所谓“畏天命,畏大人,畏圣人之言”(《季氏第十六》)。强调对“天命”的崇尚,认为“不知命,无以为君子也”。在孔子看来,整部《周易》所要阐明的道理就是“天命”,所谓“‘易’道”,其核心思想即“天人合一”的“天道”观。所以说,“天命”,即“四时行焉,百物生焉”,无论是春夏秋冬“四时”的交替,还是宇宙间自然万物的生生不已,都是“自然而然”的。这“自然而然”的“天命”,应该涉及“天道”、“地道”、“人道”与“四时之变”的核心要义,可以说,“天命”自然,生动地表述了宇宙间万事万物,以及人与自然周遍运行的生化态势。这就是“‘易’道”的实质。所以朱熹在阐明“天命”时,就认为“天命”是指“天道之流行而赋于物者”①。既然“天命”就是指宇宙间万事万物,或者说是“天地人”生化运行的自然规律,那么“知天命”就是对这种“天地人”之间运行的自其所自、是其所是自然规律的悟解。认真说来,体悟“天命”、认知“天命”并非易事,能够体悟,进而了知,当然就是人世间的一件至美至善的作为,为君子

① (宋)朱熹:《四书章句集注》,中华书局1983年版。

之美德。坚持自身抉择取舍的自由，万事万物莫非心也，与天地自然一心，万理完具；宇宙万有，繁富多样，莫非在我，万化我出，宇宙在我。就此意义看，审美活动中，自然任心，随意天然，随处都可以体认天理，无论是自然境界还是生活境界，只要"尽心"、"任心"，则可以达成与宇宙万物生命奥妙的合一，获得生命的体验。天"道"本体，自然流行，天地之理与自然之旨互动融合，本然天然，"道"性自然，无论"天道"还是"人道"，其本质属性都是自然而然的，自其所自，然其所然地存在于天地之间，宇宙间的一切万物化生流行都是水到渠成、自然而然的，因此，审美活动中，审美者必须澄心静怀，是其所是，如其所如，以与物同体，与"道"翱翔，从而引发其生发出渺远无限的神思，进而获得丰富的审美享受。出处语默，咸率乎自然，不受变于俗，然后才可以感受到"天命"的自然流行，以及真机活泼的自然生命境界，进而获得天地与我为一的真切领悟，与蕴藉于天地万物中的生命精神自然契合，体悟到天理为我所本有，获得生命感悟。

崇尚自然、敬畏"天命"，体现为对宇宙间自然万物自其所自、然其所然的自然生化、悠然运行流程的遵循。天地自然间，如昼夜的交替，四季的代换，春播秋藏，日出日落，花开花谢，万物的生长是自然而然的，都呈现为一种是其所是的生成态势。宇宙万有、大千造化，都是其自身化合而成，表现出一种化其所化、生其所生的自然流转性，因此，在处理人与天地自然的关系时，作为与天地万物一气相通的"人"，只有顺应自然，春耕播种，适应自然，不违天时，才能确保自身，所以君子必然要敬畏"天命"，"乐山乐水"，对自然万物充满仁爱之情，仁民爱物，与自然万物和谐相处。

第六章

审美缘在构成论的历史轨迹

缘在构成是审美活动中极为重要的心理态势，在中国美学史上缘在构成理论极为丰富和深刻，所谓“顺应自然”、随意任性、以天合天、自适自得。中国美学所推崇的缘在构成审美意识强调审美活动中审美者必须澄心静虑，虚静心胸，以心游目想，敞亮原初诚明心性，自由自在，悠然陶然，即境缘发，以达成率真率性、自然本然的审美域，获得直观感悟。换言之，即审美者通过去蔽、敞亮本心本性，通过自身的“返身”、“归真”，“还原”到“深心的自我”，以达到真力弥满、气势恢宏，含而不露，由此而获得万千滋味尽在其中、兴到神会、超脱自在的审美境域，从而从中体验自我，实现自我，顿悟天地生命的奥妙。这种审美域的达成是如其所如、自其所自、然其所然、是其所是的。其审美活动的态势生动地体现着中国美学以天合天的自由精神。

先秦时期，无论是儒家还是道家美学思想，都极力提倡审美活动的进行应该出自自然。这种自然审美意识表现在“天命”、“天道”自然、“万物皆备于我”、“为仁由己”。儒家美学所推崇的“仁”审美域，其达成流程呈现为一种自然而然的缘在构成态势，也就是生命原初的淳朴状态。这种自然而然的缘在构成生存态势与道家美学所倡导的“顺其自然”是相通的。道家美学的“自然”之“自”超越彼我，才能复归然其所然，自己证成自己“本真”的存在。儒家美学的“自然”基于一种自然之性，从心底最深处流淌而出，非由外铄，皆由中出。本有、自然中，含有应有、应然之意。在儒道美学看来，人性原初如此、本来天生就是“自然”。“自然”即自尔，又称之为本尔，指非人为的本然状态，自己如此，任运天然，自性自然，无因而自然，所谓“天道自然”，“无为自然”。就是保留天然的样子，任其自然，缘发构成。“本真”即自然，即本心本性。“真”即真实，即事物本来的样子。“本真”、“本性”、“本心”、“自然”及其呈现与展现，就是生命的真谛、真实，就是宇宙间万事万物的生命本身。同时，在儒家美学看来，天理也是自然。这样，自然的内涵，便由原先的纯粹天性、天然，包含了应然的因素。人必然首先拥有此性、此心、此理，然后才能生存。不刻意、不经意，偶然兴起，云无心以出岫，鸟倦飞而知还，便是无为。圣人无为以顺其本心本性。这种顺其本心本性任其自然而不为的思想，正好是儒家美学所提倡的“自然”。因此，道家美学所理解的“自然”，既是事物的天然状态与质朴阶段，是宇宙间万事万物的自生自化，同时也是宇宙间万事万物“自然”、“本然”地存有和转化，道家美学是以道说物，以使物处于一种开放的状态，隐含有他者和他性、超越彼此。这种“顺其自然”、“以天合天”、“目击道存”影响深远，如魏晋时期嵇阮派的“随心”、“任意”说，钟嵘的“寓目辄书”、“直寻”说，到宋代邵雍的“以物观物”、严羽的“妙悟”说，以及清代王夫之的“现量”说，都强调审美活动是一种缘在构成，在缘在构成审美活动中，审美者与对象只是生命与生命的当下对话，不用借助任何的媒介与手段，“应目会心”、“即景成咏”、缘在构成。是一种瞬间的际会，也是一种无间的相通，是无限的融会与融合。应该说，从儒道所推崇的“顺应自然”、“以天合天”、“目击道存”到嵇阮的“任性随意”，以及邵雍的“以物观物”等等，可以发现中国传统美学史上缘在构成审美意识的历史轨迹。

第一节　道家美学之缘在构成审美意识

道家美学主张“道法自然”，推崇“以天合天”、随意任心、顺情适性的审美意识。认为“逍遥”、“任心”审美域的生成来自于自由洒脱、任心自然，所谓“适性任心”，即任其自然、随其所是、称心如意、适性任心，其美学意义表征着对现实世界的超越，对自我种种欲望的超越。这种适性任心、顺其自然并非认识论意义上的，而是一种诉诸于一己心灵体验的随意任心、顺其自然，可以称之为存在论美学的然其所然，是其所是。同时，这一审美意识对魏晋时期的嵇阮派有重要影响。道家美学的内核是“无为”，推崇一种独立傲世、我行我素、恬淡自然、任心随意的“自然”审美意识。适性任心、顺其自然的突出表征是“洒脱”、任性。这也是道家美学思想中审美诉求的主要内涵，即不被欲望所牵绊，不以尘世是非为念，摆脱世俗的束缚，超凡脱俗，澄明去蔽，回复自我原初的本心本性。在道家美学看来，理想的、高洁的生存域就是自由的、本真的、洒脱的人生。在道家美学的诸多审美诉求中，洒脱、本真、任性已然成为一种标志性特征。而随意任心、顺其自然之域的达成也自然成为道家美学审美诉求的最终旨趣。道教美学的这种“自然”审美意识对后世影响深远，这可以从魏晋时期嵇阮派美学思想中看出。

二

道家美学主张“复归于朴”,强调对原初心性的还原。“复命曰常”中所谓的“复命”,就是“复性”。在道家美学,“性”与“素”、“赤子”、“婴儿”等意义相似,都是对“自己如尔”自然之性的表述。这种自然之性乃摒弃人为因素与社会性的“人”之原初本然态势,也为“人”之“真性”、天放之性,为不多不少,“益之而不加益,损之而不加损”的“常然”(《知北游》),成玄英称之为“真常之性”。在道家美学看来,“人”的这种原初“真性”的特性乃是“无为”,即自然恬淡、玄寂虚无、虚极静笃、“独与天地精神相往来而不敖睨万物”的生存态。基于此,道家美学推崇一种“任性”,一种本真、自然、本然的生存方式,如其所是,如其所本,宁愿栖息于深山老林,游戏于水中沙洲,啄食小鱼和泥鳅,自由自在,而不愿被关在精致狭隘的鸟笼;宁愿“曳尾于涂”,而不愿珍藏于宗庙之堂。率性、真实而自由地生存,随意任心、不愿去做自己不想去做的事。凭借这份“任性”本真,然其所然,自其所自,傲然自得的本真与任性,才能“立于环中,以应无穷”。以道言之,是无定是,非无定非。照之以自然之明,而不固执我见,则无是非之说也。由此可见,“任性”、洒脱、本真,的确是道家美学所坚持的审美诉求与品格特征。当然,以庄子为突出代表的道家哲人及其美学思想所表现出的这种百毁礼法,傲视王侯的“任性”不是一般人能够做到的,不仅需要过人的胆识更需要果敢和真诚精神,甚至需要以生命做代价。这些都彰显了道家美学对自己人生信念及理想的坚韧,并将其积极付诸实施的勇气和决心。为了坚持傲视世俗,保持独立高洁人格的审美诉求,道家美学表征出一种适性任心、顺其自然的人格魅力,崇尚“无待”的生存态势,追求心灵不被外物所拖累的自由自在、无拘无束的状态,即使身逢困境,即使生命受威胁也在所不惜,一直恪守着“自然”、“逍遥”的审美诉求。

正是基于对任心随意审美生存态势的推重,庄子一生愤世嫉俗,不攀附权贵,不曲意逢迎,并且处处表现出对专权者的极端蔑视,推崇“自然”审美意识,倡导“无为”的审美态度。以庄子为主要代表的道家美学认为,从“道”的立场看,无所谓生死,也无所谓存亡;无所谓荣辱,也无所谓是非,无所谓善恶;主张不矫情伪饰,不浮华轻薄,要高雅脱俗。真正的生存态是自然而然的,不需要外在的、他者的教导与规定,而是要忘掉,忘掉物我,忘掉成心、机心、分别心,排斥礼乐教化,因为这些都是人性中的“伪”,所以要摒弃之。由此,道家美学主张“无为”、“率性”、“本真”。所谓“率性”,应该就是一种本真心性的呈现。别人视为怪诞,而道家美学则认为是本真自然的一种呈现。保持本真自然的生存方式,从而才能超越物欲,保持心灵的纯洁。鼹鼠饮河,不过满腹。鷦鷯巢于深林,不过一枝。社会生活方面如此,审美创作更应该这样,出于真心自然,任性纵情,无为自在,始能感人。由此,道家美学推崇与造物同体,天地并生,逍遥浮世,与道俱成的审美态度,主张“超世”、“遗俗”、“绝群”、“独往”,其审美呈现就是逍遥越世,与造化为友,自然悠然,心灵与自然本体相冥合,“人”心合于“道”心,与“道”同体,与道俱成,与造物同体,与道周始,返乎大道之所存,返璞归真,达成无为而无不为之域,真力弥满、万象在旁、掉臂游行、“超脱自在”、顿悟人生真谛的审美境域,从而从中体验生命,感悟生命的真谛,以获得最大限度的自由。坚守自身内在生命本质的纯粹,保持对无限心灵自由的内在诉求,体现出道家美学对个体生命自由审美域的向往。宇宙天地间的“大美”蕴藉于宇宙万有之中,无形无声,正所谓“大方无隅”、“大音希声”、“大象无形”、“大道至简”。宇宙天地间的“大美”与自然万物交相融汇、一体相依的境域,呈现出一种无形、无象的现象,“微妙无形,寂寞无听”,也就是“大方”、“大音”、“大象”、“大道”,也就是“道”。“道”性自然、清静无为,通过阴阳上下清浊,化生化合,激荡氤氲,从而生成万事万物,并进而化其所化、生其所生、化化不息、生生不已,以体现出宇宙万相生命周流的节奏,与自然生命的运转流程。审美活动中,审美者只有回复原初心性,复归清幽宁静的本真存在态,适意恬淡,高洁和谐,保持精神的纯洁淡泊,才能于生命的去蔽与敞亮流中达成与“道”合一之域。

的确,就道家美学而言,审美活动中只有通过去蔽以敞亮原初心性,回归本真生存态势,以超旷空灵的心境与“物”周游,是其所是,然其所然,从而才能体悟到生命本身的清洁适意、怡然深沉的美。这里就呈现出一种无比纯洁、宁静的美。给人以纯洁自由,纯洁宁静,万物和谐,质朴平静,安静庄重,淡泊无欲,心平气和之美。静默得一如人原初的本性,人的心也由此而变得静谧、宽广而清明,以生命的本然面目去观照,从容自若,不保留任何事物的观念,物我两忘,回归到虚静的生命原初之域,归复人的真实本性,由“清真”而“通神”,与原初清净本性同妙,心物一如、情景交融。在此审美境域,任情随心、顺应自然,身心与宇宙自然节律相契,本其所本,道其所道,进而“神物来集”,思绪横溢,时有顿悟,达成“逍遥”、“自然”之生命域。在此境域,空灵的心境中,意象“流荡”,随意驰骋,来无踪去无影,灵感突发,意念丛生。其审美心态静谧、纯洁、恬淡。超越尘世,无视物累,眷贞适情,怡然自得。清虚守神,恬淡安贫,清静恬淡,超越尘世间的“荣辱事”,而去来味道真,清洁存精神。显然,恬淡与淡泊中所蕴藉的就是自然而然,守道保真,任心随意,摆脱超物质功利,逍遥自在,心灵纯洁,情趣高妙的“自然”审美意识。

二

道家美学之缘在构成性生存意识的生成与其对"人"之生存意义域的思考分不开。老子主张"同于道",把"道法自然"作为"人"生存的一种缘在构成性境域;而庄子则推崇纵浪大化、"无待"而"逍遥"的缘在构成性栖居。应该说,"逍遥",就是"自由"。成玄英《庄子疏》云:"逍遥适性,乐在其中。""逍遥"就是"适性"随意、随心所欲。在道家哲人看来,"人"的自由本质特性决定其生存意义就在于自然而然、任情适性。上升到美学的高度,则呈现为审美活动追求向本性的复归,或者说是向一种纯粹审美域的复归,因此,道家美学标举"同乎自然"、"与道同一"、"逍遥适性"、"以天合天"的审美诉求,由此以求得自我生命的"本真""自然"生存与澄明态势。

万物都是自生自足的,生生者乃是自己,自身块然而自生。这种"自生",在郭象看来,乃是"我自然矣",①也就是说,宇宙万有乃自然而生,自生自灭。这也就是"自然"。万物的生成纯粹是自给自足的,"物各自造,而无所待焉"(《齐物论注》),物物各有其自身之本性,宇宙间的生化万有尽皆"独生而无所资借"(《齐物论注》)。"道"存在于万事万物之中,物物皆自本自根、"自足其性"、自体自用、自生自得,所谓"天地者,万物之总名也。天地以万物为体,而万物必以自然为正。自然者,不为而自然者也"(《逍遥游注》)。也就是说,万物都是各自独自存在的,不必依赖他者,此即所谓"俱生而非待也,则万物虽聚而共成乎天,而皆历然莫不独见矣","莫不自尔"(《齐物论注》)。万物独化,万物自生,万物自尔,既不依赖于外物,也无待于他者。同时万物生而具有各自的本性,又叫原初属性。这就叫"物各有性,性各有极"(《逍遥游注》)。只有摆脱外界的、他者存在对作为审美者的"人"的困扰,回归原初生命的存有态势,自然而然,天然本然,才能获得心灵的自由。"逍遥适性"为一种原初自然心性的自由、自发存在状态,本真自然也是情感的深沉状态。物性各异,性异其情,大鹏小鸟,大小有别,远近相差,而适性一也。其生存态则呈现为各尽己能,各方其方,各自所自,各由所由。对此,成玄英说得好:"物性不同,各有素分,循而直往,因而任之。"(《逍遥游疏》)所谓"性",即生来就是这样,生来如此,因此为"真性"。同时,只要是发自内心,发自原初心性,就是"真性"。只有发自"真性"、"真心"的自由,才是真正的自由。这种自由发自人之原初本性,自然真诚,自由不是外在的、他者的要求,而是内在的、自明的。外在的要求有可能是适性的,有时则要求限制适性,外在的自由主要地表现在"要

① (唐)成玄英:《庄子疏》,中华书局2011年版。

求”本身的自由性质,要求因任自性,或要求克制自性。道家美学显然反对克制自性本性,主张率性、适性、任性。物性各自殊异,分享自身的自由,才是真实的。因为这种自由乃是一种独立个人的“天赋的自由”,或者说“天性的自由”。“自由”与“逍遥”实质上是个体的事,不需要协作,只要虚己而化,无心顺物,就能游刃有余,自由自在。因此郭象主张内我而外物,强调自得与自是,要求不越分以相倾,推崇自我肯定,自我满足,以尽己之天分为极致,即所谓“各以得性为至,自尽为极也”(《逍遥游注》)。在道家美学看来,“人”之“性”大体上可以分为“自然”之性与“非自然”之性,后者为后天形成的,为世俗之性、功利之性,只有当其全部隐退,浑然无觉,如槁木死灰之时,“自然”之性才会自然呈露,由此,“人”才能归复本真生存状态。这种归复流程,经由“丧我”而感悟“人”之本真存在自性,进而得以体悟万物皆是如此,即是作为本真存在的自然属性,只能通过心灵体悟,而这种体悟实际上是通过自我,自身“以明”,即通过本真自然之性的敞亮、自明达成的。

基于此,可以说,道家美学的精髓之一就是对纯粹本真心性敞亮、“自明”的推崇。在这种本真自然生存的基础上,才能实现道家美学所谓的“顺其自然”、“因循物性”,本其所本,然其所然,使生命境域变得开阔与包容,是其所是、自其所自,致使人的生命意义得到提升及丰富,以达成本真自然生存态。以超验的情怀,超越尘世,保持看开、看淡与超脱心态,以体验生命本真存在态势的自由与逍遥。要从心灵与生命层面上悟入,获得一种生成性的、开阔的、包容的灵性及启悟。道家美学的“以明”,即自明性思想,可回溯到道家美学的“无为”与“道”性自然、“逍遥”的思想。在道家美学看来,宇宙中的“道”是“无为”的,审美活动中,对审美者的根本要求就是“无为”,要“无为”、“无事”、“不争”、“不言”、“不欲”等;要保持“清静”、“纯朴”的生存状态,自其所自、然其所然、自然如此,换句话说,即自明性,是自我的澄明与去蔽,是“自化”、“自正”、“自富”。通过顺其自然,无事无为、无物无我,是其所是,自其所自,然其所然,自行选择,就审美活动而言,则能以自己实现自己,自己成就自己。“自”强调了行为的自明性,充分显示出作为自我的“人”动力和活力。道家美学对“人”的这种“自明性”,即“以明”的肯定,强调了“人”必须回复本然、自然、本真的生存态势,以保持一种自明性状态与境域。应该说,道家美学这种富有力度的倡导与消解本就是充满激情与生命力的,因而显得极为深刻。从对人之本性的尊重与推崇方面看,这正是道家美学能够长久受到那些被社会现实压抑的人们,特别是处于中下层的士大夫阶层所青睐的主要原因之一。如其所是、如其所自、如其所然地发展人的自然本真属性,就可以达成一种审美极致。强调人之原初本真心性的自然与自明性,用庄子的话来讲,即“莫若以明”①。在王先谦看来,所谓“莫若以明”,其意思是说不如“以本然之明照之”②。显然,“本然之明”的照亮,就是一种“自明”,或者说是“自澄明”。对此,唐君毅加以进一步的阐释:“去成心而使人我意通之道,庄子即名之曰:‘以明’。”③不难看出,这里所谓的“却成心”、“意通”与“以明”,也就是“自澄明”,用现今的存在论美学看,就是“去蔽”。如陈鼓应在对“莫若以明”的解释中,就表述了这种观点。他指出,其意思是“不如超出彼此是否之上,而以大道兼明之”④。又解释说:“‘以明’当是从‘心’上下去障去蔽的工夫,指去除自我中心的封闭而排他的成见。用现代的语言,‘以明’便是培养开放的心灵,不如用明净之心观照。”⑤(《齐物论》)明确指出“以明”就是“去蔽”。“以明”,就是让蕴藉于“人”之“自然”属性中,作为生命原初域的“道”澄明,也就是敞亮自然本真之性,通过去蔽,以空明的心境去观照事物本然,与“道”合一。这种澄明是应时自显,自然流露,本心洞出,顺然住应而自意相成,觉观其心,应然自得,顿悟当下,了无一切而清净圆明,寂然空明,见底本清,是用人本来的真心真意去体认“道”、天,体悟自然之性。

在道家美学看来,“以明”境域的达成必须通过虚静的心态,通过“心斋”、“坐忘”。所谓“虚静”心态指破除主观成见,使心完全听任虚气之自然,使心、气混而为一;由于气成于“道”。故心与气的合一即心与“道”的合一。同时,“以明”又是指人心澄明敞亮,以烛照“道”、天,是人心对人本身和社会本然之理的照明,是经过“忘礼乐”、“忘仁义”等过程达至的“离形”、“去知”的境域。由此便可冲破时间限制,从而与“道”存合。一切听任心之自然;一切听任气之自然,从而达至心与气、“道”的合一。

就现今的存在论美学看,“以明”,就是致使“本然”之性去蔽、敞亮、澄明,此即所谓“本然之明”,体现出一种自明性状态。要达成“以明”、“自明”,则必须“见素抱朴,少私寡欲,绝学无忧”⑥,还原到原初的自然本真、无知无欲的生存态,亦即“婴儿”、“赤子”般的纯真无邪态。使精神得到提升,心灵得以净化,复归到素朴真诚的心态。只有弃绝一切后天的认知和经验,涤除玄览,超越尘世,澄心襟怀,荡除一切精神上的污染,使其虚明静澈、一尘不染,“返璞归真”、“见素抱朴”,

---

① (清)郭庆藩撰、王孝鱼点校:《庄子集释下》,中华书局1961年版。

② (清)郭庆藩撰、王孝鱼点校:《庄子集释下》,中华书局1961年版。

③ 唐君毅:《中国哲学原论》,中国社会科学出版社2006年版。

④ 陈鼓应:《庄子今注今译》,中华书局1983年版。

⑤ 陈鼓应:《庄子今注今译》,中华书局1983年版。

⑥ 朱谦之:《老子校释》,中华书局1985年版。

以达成“无为而无不为”,与“道”合一的审美域。

必须指出,王先谦所认为的“以明”就是“以本然之明照之”,之所谓“本然之明”,就是“道”的本来面目。而要还原“道”的原初域,复归其本来面目,则要人静心,以进入“无我”、“无人”、“无物”、“绝圣弃智”之境域。受此影响,中国诗学则强调在缘在构成性境域营构中,审美者必须澄心静怀,所谓“静故了群动,空故纳万境”,只有达成“静”、“空”之心怀,才能达到动静一如、心物一如,进而达成缘在构成性的、了无挂碍,逍遥自适地与“道”合一之审美域。错过“以明”,即没有“自明”的发生,实际也就失去了去蔽以复原本真存有的机会,失去了“与道合一”的机会。在道家美学中,“道”是整体,是整全的“一”,所谓“道通为一”、“天人一也”,“天”与“人”之间由于“道”的作用,是一体的,是形上形下、抽象具象一体,如果把“道”误当作现实利用、驾驭的外在现成性客体,就已分裂为“二”了。这样,就“天”“人”相分,与“道”相分,与“道”无缘了。“人”的存在,是自然而然的,不自知地存在着,这种自然而然的存在才是真正的存在、本真的存在;如若对存在进行划分认识及思辨言说,反而失去了存在本身。在“以明”及“自明”,“以本然之明照之”的视域下,当“人”让自己处于老子所形容的“绝圣弃智”、“绝仁弃义”、“绝巧弃利”的“致虚极守静笃”状态,如其所是地敞开生命,让自己遭遇存在本身,并融合于作为纯粹原初域的“道”之存在,才能使存在不外在于存在,与“道”合一,回归存在本身。所谓生命意义不向外寻求,意义就在这里。本真自然的生存是生命内部的真面目,只有回归生命根本,呈现自身真正的性情,所展现出来的生命之光,即“本然之明”,才最为亮彻,因为那是自明而诚的,内在能够自明,里层发亮、穿透,才自然通透,自然了悟,因为由此所展现出来的“本然之明”,是生命的总能量,具有极大的动力,所以能够导引“人”穿越生命洪流,超越时空,直达生命的原初域,明了生命的真相。

三

纵观道家美学思想,其中有两个很重要的概念,即老子的“道法自然”及庄子的“道通为一”。所谓“道法自然”,是“道”本身遵循存其所存、道其所道、自其所自、然其所然的存在方式,不管是“道”还是万物,都依据自身存在方式自在自然地自由运行,这正体现了生命原初域的“道”的自存性与自明性。至于“通而为一”,则强调“道”自身不仅具有自觉性、自在性、自明性,“道”之整体与个体之间还能实现互通,“道”是一种互通性的存在,只有这样,才能实现“道”与万物“通而为一”的状态。而道家美学论“道”,其实质就是为了证明“道”与天地万物本身都具有自存性、自主性和自明性。

去蔽、敞亮、澄明、“自明性”等应该是现今存在论美学的理论,“自明”这个词也不具有“道”那样古老的历史,但与“自明”,即“以明”相似的“自然”则是老子首先使用的。老子所谓的“自然”,不同于今天所指称的“自然界”那个“自然”,它指的是事物本身“自己如此”、“自我生成”,它在中国古代美学中的主要意义也正在此。“不强迫”、“不勉强”等相似意义上的“自然”,也是由此而引申出的。与“自然”,即自其所自、然其所然意义相近的表达,在《老子》一书中,见于“自化”、“自正”、“自生”、“自来”、“自宾”、“自朴”等。如前所述,“自”字正强调了事物的内在元素决定着其生成、存有及自然属性,决定着其生成流程与有机体与生命体的流衍,同时也呈现出其本身的“自在性”、“自明性”以及“自为性”。上述所举各词里的“自”与其他字组合而成的词汇,实际上都有“自明性”,即“以明”的意义在其中。值得说明的是,老子用这些词意欲说明万物及人的活动方式和存在状态,而不是为了说明“道”和圣人的作为,到了庄子,他继承了老子这一思路,将“以明”,即“自明性”的意义运用得更加深入和广泛。老子曰:“是以圣人之言曰:我无事,而民自富;我无为,而民自化;我好静,而民自正;我欲不欲,而民自朴。”(第五十七章)“圣人”在这里,相对于“民”而存在,它以第一人称的“我”而出现。老子曰:“道常无名朴。虽小,天下莫能臣。侯王若能守之,万物将自宾。天地相合,以降甘露,民莫之令而自均。”(第三十二章)从“自明性”意义上看,“侯王”之“守”相对应的“民”的“自富”、“自化”、“自正”、“自朴”,以及“万物”的“自宾”,“民”及“万物”的行为皆是一系列“自明性”活动。对此,庄子云:“故曰:古之畜天下者,无欲而天下足,无为而万物化,渊静而百姓定。”(《天地》)“万物化”和“百姓定”,意思是万物自化、百姓自定。“有自也而可,有自也而不可。有自也而然,有自也而不然。”“凡物无成与毁,复通为一。”“何谓和之以天倪?曰:是不是,然不然。是若果是也,则是之异乎不是也,亦无辩;然若果然也,则然之异乎不然也亦无辩。忘年忘义,振于无竟,故寓诸无竟。”(《齐物论》)“天也,非人也。天之生是使独也,人之貌有与也。以是知其天也,非人也。”“是遁天倍情,忘其所受,古者谓之遁天之刑。适来,夫子时也;适去,夫子顺也。安时而处顺,哀乐不能入也。”①相对于统治者的“无为”,在下的臣民的相应行动和行为方式则是“自循”、“自试”。从上面考察中可得到以下两条要点:老子、庄子与其他道家文本中所出现的由“自”所构成的这些合成词,与“自然”的意思一样,实际就是指万物、百姓、臣民的活动方式、存在状态或行为方式。这从道家其他文献所使用的“自然”之意中,也能找

① (清)郭庆藩撰、王孝鱼点校:《庄子集释下》,中华书局1961年版。

到相应证据。这恰从另一方面证明,所谓“自然”之“道”即指其本来如此,自然如此,同时也证明了“道”的原初性与纯粹给予性;在道家美学有关“自然”的例句中可推断,道家美学虽然强调“逍遥”,推崇“无所待”,但如果要达到这种程度,则应该归结于“人”的各种形式与行为方式的自明性特征。即如庄子所指出的:“古之人,在混芒之中,与一世而得淡漠焉。当是时也,阴阳和静,鬼神不扰,四时得节,万物不伤,群生不夭,人虽有知,无所用之,此之谓至一。当是时也,莫之为而常自然。”(《缮性》)所谓“当是时也,莫之为而常自然”,即指古之人、群生、万物的活动方式,在《应帝王》中,庄子进一步指出:“汝游心于淡,合气于漠,顺物自然而无容私焉,而天下治焉。”可以说,“无为”也是另一种“自然”,它与“物”之“自然”相对应。

探寻道家美学的自明性思想,需要先解读其“自然”与“无为”这两个概念。“自然”这一概念包含三层含义。首先,道家美学中的“自然”是“气”的一种自发存在状态,作为其最高美学旨归的“道”,正是寓于自其所自、然其所然、如其所是之中。老子云:“人法地,地法天,天法道,道法自然。”(第二十五章)道家美学认为“气”分阴阳,“至阴肃肃,至阳赫赫,肃肃出乎天,赫赫发乎地。两者交通成和而物生焉”(《田子芳》)。阴阳二气从天地而出,两者相交成和,继而才能生成万物。从这里可为认识“自然”得出启发:自然而然、如其所是的要义在于“交通成和”而万物生成。中国思想中的“自然”与西方思想里的造物主——上帝不同,道家美学里的“自然”,特别是道家美学的自然,乃是指一种本真生存态,是如其所是、如其所自、如其所然,是一种纯粹自发生成的状态,无须依恃外物而获得存在。有如庄子所谓的“天籁”,因而呈现为“使其自己”、“咸其自取”(《齐物论》)。一方面,没有一个造物主存在样式的上帝,或别的什么神来推动自然发生、运转,继而生化万物;另一方面,“道”就寓于这种自然而然、是其所是、自其所自、然其所然之中,一切都是自然而然生发开的。“道”在道家美学这里,不是一个神秘高深的形而上存在,而是与宇宙同体,创生万物,甚至“道”就是自然而然、如其所是、如其所自、如其所然,但绝不是上帝。“道”,“有情有信,无为无形”;“可得而不可见”;“道”“自本自根,未有天地”之前就存有;“道”“生天生地”(《大宗师》),“道”生成万有,既具象又抽象,形而上为“无”,形而下则体现为轮扁斫轮中的“数”,能“雕刻众形而不为巧”(《大宗师》),但即使是在父子之间,这“数”也不能相互顺利传授,因为当事人只能在发于“自然”或回归“自然”的某种经验中,与它不期然地相会、生成。从这个层面讲,“道”之自明性与艺术经验的确吻合,不管是艺术创作还是艺术欣赏,都不存在千篇一律、规律性、已植入的固有范式。

其次,道家美学中的时空是一个无极广袤、无极绵延的混沌,人不能用清晰的理智认识、科学知识来掌握它,相反它是"天道"无为的存在状态,因而需要一种随物顺化的态度来把握之。在这里,道家美学审美经验的独特品质就是那种复归于朴的原始经验本身,毋宁说它是自明性、瞬间性的混沌时空意识,清晰的主体意识并不是其构成条件。时空表现为:"出无本,入无窍,有实而无乎处,有长而无乎本剽,有所出而无窍者有实。有实而无乎处者,宇也;有长而无本剽者,宙也。"(《庚桑楚》)时间长而无极,空间实而无处。时空划分表现为:"夫物,量无穷,时无止,分无常,终始无故。"(《秋水》)时间(时)与空间(量)是无穷的,得失(分)是变化无常的,开始与结束并不是固定不变的。在面对无穷极、无终始的混沌之"道"时,道家美学深谙人之生存本身的无奈与无力:因为人"方生方死,方死方生"(《齐物论》)。"人生天地间,若白驹之过郤,忽然而已"(《知北游》)。人之存在仅仅是短暂一瞬,犹如奔跑着的白驹瞬间闪过窄窄的门隙,但天地之存在无穷,天地之变化极速,白驹从何时何地奔来的,又会在何时何地驰去,人自己是全然不知的,好像只剩下望洋兴叹,别无其他。难怪庄子也发出类似的悲叹:"吾生也有涯,而知也无涯。以有涯随无涯,殆已。"(《养生主》)庄子的过人之处在于除了发出感慨外,他还提出了解决之"道",意欲彻底回归"道"之混沌。"安排而去化,乃入于寥天一","与造物者为人"(《大宗师》),由此进入物化的境域,至于声闻觉知方面,则"视乎冥冥,听乎无声。冥冥之中,独见晓焉;无声之中,独闻和焉"(《天地》),可见,达成与道合一之域,则已不期然地进入"天地与我并生,而万物与我为一"(《齐物论》)的"齐物"境域。同理,道家美学的审美经验也是一种"与物为春"(《德充符》)的神秘体验,并非由清晰的主体意识以一般知觉及理性认识来把握。它是体验性、感性、孤独、朴素,随物变动不居的,而这些正是自明性之表现。

第三,在道家美学的美学经验中,人如果回归于"自然",实则就是体"道"。

道家美学里的"道法自然"之义正是"道"的"自然"属性的生动,如其所道、如其所是、如其所自、如其所然,既是"道"的本质属性,又是其"自然"属性,"道"不是存在于"自然"之外的另一种东西。因而,在道家美学那里,"自然"并不是外在于"人"的一个单纯现象,而是"人"之本真存在的托身之地,根源之所。按照道家美学的观点,宇宙音乐的表现是天籁,它是阴阳相交合而成的,聆听天籁就是"与天和","以虚静推于天地,通于万物,此之谓天乐"(《天道》),在其美学理念中,"人"之本真存在就是"自然"之存在,与天乐就是还原到如其所是、如其所自、如其所然状态,因为"人"后天的作为才使得"人"与"自然"变得不和谐,有各种喜怒哀乐的情绪,脱离了"自然"的本真存在。要聆听天籁,就要通过体"道"的途径,通过齐物、虚静等还原"自然"的和谐。徐复观指出:"他(庄子)的'独与天地生命往来','上与造物者游',实际就是'物化',将自己融化于任何事物之中,而一无滞碍。"①在这里,他将这种"物化"归结为"即自的超越",即每一事物的自身都存在着一种超越的意味,所谓审美的超越,则应该是事物自身的超越。综合以上所述理由,可推断:在道家美学中,所谓自由,就是源于发乎自由且回归"自然",在此过程中不期然获得的。"道"即是"自然","人"因"自然"而达于自由。其发生过程如下:"自然"是自发的,自发的过程就是自由的体现。在《庄子·达生》中有一则"吕梁丈夫蹈水"的寓言,"吕梁丈夫"善于"蹈水",尽管"县水三十仞,流沫四十里","鼋鼍鱼鳖之所不能游",然而他仍然出入于中,如履平地,"蹈水"自如,其原因就在于:"吾始乎故,长乎性,成乎命。与齐俱入,与汩偕出,从水之道而不为私焉……吾生于陵,而安于陵,长于水而安于水,性也,故也。不知所以然而然,命也。"就是"顺其自然"。可以说,"自然"既是"道"的属性,也是"人"的本质属性,也就是这里提到的"故"、"性"、"命"。当"人"生于"自然",行于道其所道、是其所是、自其所自、然其所然之生存态势,其存在与潜能发挥(行为方式)就能处于"物物者与物无际"、"不知所以然而然"的本真自然境域,而与"道"合一。

至于在自明性思想下提出的"无为"这一概念,它本身就是道家美学思想的核心概念之一,从某种层面讲,它已然成为传统美学乃至中华民族传统文化的组成部分之一。不仅融入在民族文化心理结构中,还成为了自觉或不自觉的审美诉求及诗意生存方式。

考察中国文化史上的文本,"无为"这一词最早出现在《诗经·王风·兔是其所是》:"我生之初尚无为,我生之后,逢此百罹。"另外,在《国语·周语》中也有"无为"的记载:"公子亲筮之,曰:'尚于晋国,得贞《纯》、悔《豫》;皆八也。'筮占之,皆曰:'不言,闭而不通;爻无为也。'""闭而不通"即没有表露明确内容。老子的"道论"不仅侧重理论上的构建,还以社会为原点,以"人"与"自然"为中心,探究"天道"及"自然"与"人"之关系与意义。他说,"不出户,知天下;不窥牖,见天道"(第五十七章),不看窗外,就能了解日月星辰的运行规律。至于天道、圣人之道之"无为"体现为:"知常容,容乃公,公乃王,王乃天,天乃道,道乃久,殁身不殆。"(第十六章)"天之道,其犹张弓欤？高者抑之,下者举之,有余者损之,不足者补之。天之道,损有余而补不足。人之道则不然,损不足以奉有余。孰能有余以奉天下？唯有道者。"(第七十七章)"天之道,利而不害,圣人之道,为而不争。"(第八十一章)

老子认为,"道"是万物的本原及初始,"道"之存在"自然"且无为。"道"之存在,其本质特征在于自明性、自然性和非目的性,当消解人为性、物欲性的自主意

① 徐复观:《中国人性论史》,上海三联书店 2001 年版。

识后，构建了“人”与“自然”“天人合一”的状态，这一切不仅让“道”被赋予浑然、本朴的存在特征，更还原了“人”之本真存在。“无为”视域下的自明性、自然性并不意味着无所作为，它是一种无意而为之，即不带任何目的、意识，老子说，“道无为，而无不为”（第三十七章）。正因其“无为”，才能达到“无不为”，实则顺应了“自然”，甚至说，这就是如其所是、如其所自、如其所然，所谓“道自因”即“道法自然”。在道家美学中，“道”作为化生万物的“物物者”，作为生成与化生自然万物的原初域，其生成性是自然而然的，不带有任何宗教性或功利性，特别是人为性的痕迹。纵观道家美学，作为生成宇宙万物原初域的“道”之生成性似乎被描述、被表现得有几分神秘和玄虚，但究其实，就是一种气化氤氲、化生化合的生动呈现，“道”“气”融通于万有之中，乃一种推动万物变化、流衍的活力而已，只是这一“道”具有无限性、普遍性、永恒性、无为性，其作用总是自然而然，如羚羊挂角，不留踪迹，水中之蜜，只可意会。

这样，在“无为”视域下的自明性，同样也具有“无为”这些特征。所谓“自明性”，即“以明”，从正面看，体现为“因物之性，以辅自然”，即其行为上是依顺自然的；从反面看，表现为“不敢妄为，恐妨自然”，即在其行动范围内，又是不妄为的。综合来看，就是顺物自然且不注入人为，既要合乎“道”又要不违反“道”，方是自明性之真义。在有无之关系论上，老子极力强调“天下万物生于有，有生于无”，而在民之行为上，则推崇这样的自明性行为：“我无为而民自化，我好静而民自正，我无事而民自富，我无欲而民自朴。”（第五十七章）道家美学与老子都是道家代表人物，两人都推崇如其所是、如其所自、如其所然之“道”。在老子主张“无为而无不为”前提下，庄子继承并发展了老子学说——“无为而万物化”①，庄子不仅继续强调“无为”，还加上“万物化”这层含义。两人之“道论”有着明显渊源继承关系，但也有显著不同。老子重视对“道”之本根意义的阐发，道家美学则更加推崇“道”的生化性。另外，庄子在老子“治世之术”的本体论依据上，转而强调存在之个体意义及价值，更注意“逍遥而自适”的“缘在构成性”生存态势，更看重“道”“无为而自适”的缘在构成性、审美化特性。

第二节　魏晋嵇阮派美学之缘在构成审美意识

在魏晋美学中，竹林派的代表嵇康、阮籍极力主张“越名教而任自然”，推崇随

① （清）郭庆藩撰、王孝鱼点校：《庄子集释下》，中华书局1961年版。

意任心、顺其自然的审美意识。认为“越明任心”审美域的生成来自于自由洒脱、任心自然。所谓“越名任心”,即自然而然、任其自然,其美学意义表征着对现实世界与“名教”的超越,对自我种种欲望的超越。实质上则意味着对超尘绝俗、一往不复的自由意志与独立精神的注重。在此意义上,淡泊、恬淡、自然、随意任心、顺其自然成为嵇阮派美学缘在构成审美意识的内在逻辑。这种越名任心、顺其自然并非认识论意义上的,而是一种诉诸一己心灵体验的随意任心、顺其自然,可以称之为存在论美学的然其所然,是其所是。

魏晋时期玄学盛行,受老庄“自然”、“无为”思想的影响,文人追求立言玄妙,行事雅远,玄远旷达,主张万物“自生”、“自有”,宣称名教出于自然,崇尚自然,认为“自然”乃是宇宙本来的状态,主张“越名教而任自然”,万有生生化化的根据在于“自化”、“自造”而无所待焉。正是在这种时代背景下,以嵇康和阮籍为代表的文人倡导一种独立傲世、我行我素、恬淡自然、任心随意的缘在构成审美意识。其美学思想的内核是“越名任心”、顺其自然,突出表征则是“洒脱”、任性。这也是嵇阮派美学思想中审美诉求的主要内涵,即不被欲望所牵绊,不以尘世是非为念,摆脱世俗的束缚,超凡脱俗,澄明去蔽,回复自我原初的本心本性。在嵇阮派美学看来,理想的、高洁的生存域就是自由的、本真的、洒脱的人生。在嵇阮派美学思想的诸多审美诉求中,洒脱、本真、任性已然成为一种标志性特征。而随意任心、顺其自然之域的达成也自然成为嵇阮派审美诉求的最终旨趣。

一

嵇阮所生活的时代是中国“政治上最混乱”、“社会上最苦痛”的一段时期,不过,这一时期在思想史上则特别活跃,是“极自由、极解放,最富于智慧、最浓于热情的一个时代”。同时,也是最具诗意化的、“最富有艺术精神的一个时代”①。这里所谓的“艺术精神”,应该是当时即六朝时期的艺术,包括诗歌、散文、音乐、绘画、书法、雕刻、园林艺术在内所呈现出来的独特的民族风格、传统和精神,包括意境、气韵、神似等。这种传统和精神具有无限的生命力和创造力,是其时的艺术得以经久不衰,永放异彩的魅力所在。而之所以具有这种“艺术精神”,是这一时期出现了中国历史上精神上的大解放,与人格上思想上的大自由,从而以嵇阮为首的艺术家们才能把自己的“胸襟像一朵花似的展开,接受宇宙和人生的全景,了解它的意义,体会它的深沉的境地”,以追求心灵的自由与精神的高蹈,并通过此以

① 宗白华:《美学散步》,上海人民出版社 1981 年版。

获得审美超越。

嵇康出身寒门，与魏宗室有姻戚关系，且博学多才。他为人放荡孤傲，与阮籍等六人一起饮酒赋诗，发泄对政治的不满，史称“竹林七贤”。他不满当时掌握政权的司马氏集团，保持着自己的本心本性，勇敢地以一往无前的精神状态，以自己的方式进行着反抗。这种傲世独立、随意任心、顺其本然的生存态势既是嵇康在人生旅途中形成的，更与其与生俱来的性格分不开。据他自己的评价，其性格“刚肠嫉恶，轻肆直言，遇事便发”①。就现实生活中的嵇康看，确实性格刚烈，才情隽永，是一个非常“任性”的人。在司马氏与曹氏的政治斗争白热化阶段，毅然决然地站在曹氏一边，不惜以死捍卫自己的信念。这种任性既不像刘伶任情放纵，更不似阮籍委曲求全，又与陶渊明的寄情山水逃避现世相异，倒是与具有忠贞清洁特质的屈原相近，体现出一种中国美学史上不多见的、壮怀激烈的随意任心、不愿去做自己不想去做的事，不慕权贵，更不惧权贵。这可以说也是一种另类的“任性”，一种本真、自然、本然的生存方式，是其所是，本其所本。凭借这份“任性”本真、然其所然，自其所自，他“非汤、武而薄周、孔”②，“轻贱唐、虞，而笑大禹”③。在《管蔡论》中，他强调指出，“管蔡皆服教殉义，忠诚自然”④。这里，他试图用周公诛杀管蔡的事为王凌、毌丘俭等人申辩，并以之表明心迹。这实在是以一种不顾生死的纵情任性，也是挥洒正义的本真与“任性”。据记载：司马昭的心腹钟会拜访嵇康，为的是将嵇康招致麾下。嵇康与向秀正在锻铁，“扬槌不辍，旁若无人，移时不交一言”⑤。他以沉默表现了对专权者的蔑视与嘲弄，于不语之中蕴藏了自己傲然自得的不畏权势的本真与任性。由此可见，“任性”、洒脱、本真，的确是嵇康所坚持的审美诉求与品格特征。当然，嵇康的这种“任性”不是一般人能够做到的，不仅需要过人的胆识更需要果敢和真精神，甚至需要以生命作代价。据《三国志·魏书·王卫二刘傅传》记载，嵇康好言老庄，尚气任侠⑥，洒脱、本真、任性的另一面是崇尚正义，具有侠义精神。他注重才华，品行高尚，喜欢伸张正义，憎恶小人，对朋友赤胆忠心，即使处于一个黑暗残暴的权势时代，依然呈现出狂放不羁的性格。嵇康后来之所以身陷囹圄，就是因为替好友仗义执言，而遭遇不白之冤。东平吕巽与吕安兄弟均为嵇康好友，长兄吕巽奸淫其弟之妻遭告发，嵇康出

---

① 夏明钊：《嵇康集译注》，黑龙江人民出版社 1987 年版，第 274 页。
② 夏明钊：《嵇康集译注》，黑龙江人民出版社 1987 年版，第 274 页。
③ 夏明钊：《嵇康集译注》，黑龙江人民出版社 1987 年版，第 37 页。
④ 夏明钊：《嵇康集译注》，黑龙江人民出版社 1987 年版，第 203 页。
⑤ （南朝宋）刘义庆：《世说新语》，上海古籍出版社 1982 年版，第 400 页。
⑥ （晋）陈寿：《三国志》，中华书局 1982 年版，第 605 页。

面调解，吕巽告以吕安"不孝"之罪致使吕安被发配，嵇康作《与吕长悌绝交书》怒斥其"包藏祸心"。钟会落井下石进谗言："嵇康，卧龙也，不可起；公无忧天下，顾以康为虑耳。"①司马昭曾屡次欲征召嵇康入朝为官，嵇康为躲避征召，不惜逃至河东好友山涛处，山涛举荐其做吏部郎，他作《与山巨源绝交书》列举为官"九患"，与山涛绝交。这些都彰显了嵇康对人生信念及理想的坚韧，并将其积极付诸实施的勇气和决心。为了坚持傲视世俗、独立高洁的越名任心、顺其自然人格魅力，即使身陷囹圄，即使生命受威胁也在所不惜。通过这几件事也能够看出嵇康不仅是反名教的斗士，更是一直恪守着"自然"、"逍遥"的审美诉求。

与嵇康相同，阮籍也表现出对任心随意审美生存方式的推重，其表征则为愤世嫉俗，不攀附权贵，不曲意逢迎，并且处处表现出对专权者的极端蔑视，不矫情伪饰，不浮华轻薄，高雅脱俗。《世说新语》记载："籍放诞有傲世情，不了仕宦。晋文帝亲爱籍，恒与戏谈，其所欲，不追以职事。"②所谓"放诞有傲世情"，也就是傲世独立，任性随意，顺其本然。据《晋书·阮籍传》记载：在日常生活中，阮籍行为怪诞，"邻家少妇有美色，当垆沽酒。籍尝诣饮，醉便卧其侧。籍既不自嫌，其夫察之，亦不疑也"；"母终，正与人围棋，对者求止，籍留与决赌。既而饮酒二斗，举声一号，吐血数升。及将葬，食一蒸肫，饮二斗酒，然后临诀，直言穷矣，举声一号，因又吐血数升，毁瘠骨立，殆致灭性。裴楷往吊之，籍散发箕踞，醉而直视，楷吊唁毕便去"；同时，他"又能为青白眼，见礼俗之士，以白眼对之。及嵇喜来吊，籍作白眼，喜不怿而退。喜弟康闻之，乃赍酒挟琴造焉，籍大悦，乃见青眼。由是礼法之士疾之若仇"；"兵家女有才色，未嫁而死。籍不识其父兄，径往哭之，尽哀而还"；"时率意独驾，不由径路，车迹所穷，辄恸哭而反"③等等。对此，他的好朋友嵇康也曾说："阮嗣宗口不论人过，吾每师之而未能及；至性过人，与物无伤，唯饮酒过差耳。"④所谓"至性"，应该就是一种本真心性。别人视为怪诞，而嵇康则认为是本真自然的一种呈现。保持本真自然的生存方式，社会生活方面如此，审美创作更应该这样，出于真心自然，任性纵情，无为自在，始能感人。由此，阮籍推崇"与造物同体，天地并生，逍遥浮世，与道俱成，变化散聚，不常其形"⑤的审美态度，主张"超世而绝群，遗俗而独往"⑥。所谓"超世"、"遗俗"、"绝群"、"独往"，其审美

① (唐)房玄龄:《晋书》五，中华书局 1974 年版，第 1373 页。
② (南朝宋)刘义庆著、徐振校笺:《世说新语》，中华书局 1984 年版，第 1361 页。
③ (唐)房玄龄:《晋书》，中华书局 1974 年版，第 392 页。
④ 夏明钊:《嵇康集译注》，黑龙江人民出版社 1987 年版，第 272 页。
⑤ 陈伯君:《阮籍集校注》，中华书局 1987 年版，第 165 页。
⑥ 陈伯君:《阮籍集校注》，中华书局 1987 年版，第 185 页。

呈现，就是逍遥越世，与造化为友，自然悠然，心灵与自然本体相冥合，“人”心合于“道”心，与“道”同体，“与道俱成”，“与造物同体”，“与道周始”，“返乎大道之所存”，“直驰骛乎太初之中，而休息乎无为之宫”①，返璞归真，达成无为而无不为之域，真力弥满、万象在旁、掉臂游行、“超脱自在”、顿悟人生真谛的审美境域，从而从中体验生命，感悟生命的真谛，以获得最大限度的自由。坚守自身内在生命本质的纯粹，保持对无限心灵自由的内在诉求，体现出嵇阮派对个体生命自由审美域的向往。对此，阮籍指出：“是以微妙无形，寂寞无听，然后乃可以睹窈窕而淑清。”②宇宙天地间的“大美”蕴藉于宇宙万有之中，无形无声，正所谓“大方无隅”、“大音希声”、“大象无形”、“大道至简”。宇宙天地间的“大美”已然与自然万物交相融汇、一体相依的境域，呈现出一种无形、无象的现象，“微妙无形，寂寞无听”，也就是“大方”、“大音”、“大象”、“大道”，也就是“道”。“道”性自然、清静无为，通过阴阳上下清浊，化生化合，激荡氤氲，从而生成万事万物，并进而化其所化、生其所生、化化不息、生生不已，以体现出宇宙万相生命周流的节奏与自然生命的运转流程。审美活动中，审美者只有回复原初心性，复归清幽宁静的本真存在态，适意恬淡，高洁和谐，保持精神的纯洁淡泊，才能于生命的去蔽与敞亮流中达成与“道”合一之域。在《清思赋》中，阮籍指出：“夫清虚寥廓，则神物来集；飘遥恍惚，则洞幽贯冥；冰心玉质，则激洁思存；恬淡无欲，则泰志适情。”③这里所提到的“清虚寥廓”，“飘遥恍惚”，“冰心玉质”，“恬淡无欲”，既是阮籍所追求的审美境域，又是他所推举的一种审美心态。的确，就嵇阮派美学而言，审美活动中只有通过去蔽以敞亮原初心性，回归本真生存态势，以超旷空灵的心境与“物”周游，是其所是，然其所然，从而才能体悟到生命本身的清洁适意、怡然深沉的美。这种“美”，有如阮籍“赋”中所描绘的静夜之景：“轻帷连飏，华茵肃清。彭蚌微吟，蝼蛄徐鸣。”④。这里就呈现出一种无比纯洁、宁静的美。给人以纯洁自由，纯洁宁静，万物和谐；质朴平静，安静庄重，淡泊无欲，心平气和之美。所谓“精神平天地交泰，远物来集，恬淡无欲，则泰志适情”，“道真信可娱，清洁存精神”，“冰心玉质，则激洁思存”。昆虫在细语吟鸣，草茵清风吹帷，静夜如思，在这样的一个夜晚，诗人“望南山”，一片“崔巍”，“顾北林”，郁郁葱葱，看到“大阴潜乎后房兮，明月耀于前庭”⑤，山林默伫于远方的夜色中，眼前是月影泻清辉，静默得一如人原初的本性，

---

① 陈伯君：《阮籍集校注》，中华书局1987年版，第171页。
② 陈伯君：《阮籍集校注》，中华书局1987年版，第29页。
③ 陈伯君：《阮籍集校注》，中华书局1987年版，第31页。
④ 陈伯君：《阮籍集校注》，中华书局1987年版，第31页。
⑤ 陈伯君：《阮籍集校注》，中华书局1987年版，第31页。

人的心也由此而变得静谧、宽广而清明，以生命的本然面目去观照，从容自若，不保留任何事物的观念，物我两忘，回归到虚静的生命原初之域，归复人的真实本性，由“清真”而“通神”，与原初清净本性同妙，心物一如、情景交融。在此审美境域，任情随心、顺应自然，身心与宇宙自然节律相契，本其所本，道其所道，进而“神物来集”，思绪横溢，时有顿悟，达成阮籍所描述的“乃申展而有缺寐兮，忽一悟而自惊。焉长灵以遂寂兮，将有歙乎所之。意流荡而改虑兮，心震动而有思。若有来而可接兮，若有去而不辞”①之生命域。在此境域，空灵的心境中，意象“流荡”，随意驰骋，来无踪去无影，灵感突发，意念丛生。其审美心态静谧、纯洁、恬淡。有如阮籍在《东平赋》中所说：“窃悄悄之眷贞兮，泰恬淡而永生。”②超越尘世，无视物累，眷贞适情，怡然自得。“且清虚以守神兮，岂慷慨而言之”③，“恬淡志安贫”，清虚恬淡，超越尘世间的“荣辱事”，而“去来味道真”，“清洁存精神”④。显然，诗人在这些诗句中所表露的就是自然而然，守道保真，任心随意，摆脱超物质功利，逍遥自在，心灵纯洁，情趣高妙的缘在构成审美意识。

嵇阮派美学所主张的“任心随意”、顺其自然的审美意识以“逍遥”为最高审美域。这种思想的形成与道家美学的作用分不开。庄子著作开篇就表明对“逍遥”审美境域的推崇，可以说，“逍遥”就是随意任心、顺其自然的一种诗性生存方式。在《幽愤诗》中，嵇康提到自己“托好老庄，贱物贵身”⑤，其实从嵇阮的作品中不难发现，在嵇阮的美学思想中很大一部分是受到道家及玄学的影响。正是在庄子“逍遥”观的影响下加以发挥，嵇阮派美学形成了别具一格的随意任心、顺其自然的审美意识。他们将庄子“以洁吾行”⑥的随意任心、顺其自然人格提升了一个新的等级。在对自然复归的基础之上，以一个哲学家的视野看待世界，并以士人的情感去感悟人生，超越自我。同时，与庄子一样，他们对旧传统、旧道德、旧审美价值观的否定和批判，在当时的社会来说更是难能可贵的。所以说，嵇阮派美学独特而完美的随意任心、顺其自然论，是将道家美学中的自由与儒家美学中主动、积极的进取精神相融合形成的。除此之外，嵇阮派美学还秉承了玄学的“放达”精神，倡导“越名任心”，彻底否定虚伪的名教。就像上面提到的，嵇阮派美学只是对打着名教旗帜的司马氏政权予以否定，或者说对于陈腐的名教外在形式予以否

---

① 陈伯君：《阮籍集校注》，中华书局 1987 年版，第 33 页。
② 陈伯君：《阮籍集校注》，中华书局 1987 年版，第 16 页。
③ 陈伯君：《阮籍集校注》，中华书局 1987 年版，第 27 页。
④ 陈伯君：《阮籍集校注》，中华书局 1987 年版，第 389 页。
⑤ 夏明钊：《嵇康集译注》，黑龙江人民出版社 1987 年版，第 295 页。
⑥ （清）郭庆藩撰、王孝鱼点校：《庄子集释下》，中华书局 1961 年版，第 988 页。

定,因为名教已经沦为统治者排除异己的工具,而不是要否定道德、放纵自身。嵇阮派美学以随意任心、顺其自然作为一种审美诉求,强调高尚情操的拥有,追求超然脱俗,实现人与社会的高度和谐与统一,是用生命浇灌的真道德、真性情,并将这种"本真"自然建立在热情和真诚之上的。在嵇阮派美学看来,世间最可贵、最真实的就是自然的本心,而自己坚持的这种"任性"更是建立在具有高尚情操并非完全的自我放纵的基础上。同时,也正是从嵇阮派美学所推崇的这种任性中看到其对自由的需求,对自由生活的向往,对真性情、真道德的渴求。他们怀有最为"本真"的自然心性,并固守着这种至真、至善、至美,以之作为生存方式,在乱世之中洁身自好。

二

从本质意义上看,嵇阮派美学所倡导与追求的是"恬淡"、"本真"的审美域。据《晋书》记载,嵇康"恬静寡欲","长好老庄"。他性格恬静淡泊,安静闲适,不求名利,质朴寡欲,心境清静,心境平和,宁静恬淡,始终用一颗平常心来面对生活、面对人生、面对挫折、面对灾难,让自己活得淡然超然,悠然自在,运转由心,自由自在。他风姿天成,狂放不羁、蔑视权贵、刚直不阿、超然物外,"才高而有奇气","土木形骸,不自藻饰,人以为龙章凤姿,天然自成"①。他长于文学、雅好玄学、精通音律,还擅长书法。他轻蔑礼法、纵酒玩乐、放浪形骸。他精神超脱,追求与道为一,任乎自然,返璞归真。他超越尘世,抛却杂念,摆脱物欲的困扰,解脱内心世俗欲望的羁绊,挣脱名利物欲的束缚。他采取一种旷达的审美态度,寂然悄然,保持精神自由、人格操守的独立,以努力达成回复心性本真自然的审美域。在《释私论》中,他强调指出:"夫气静神虚者,心不存于矜尚;体亮心达者,情不系于所欲。矜尚不存于心,故能越名教而任自然;情不系于所欲,故能审贵贱而通物情。物情顺通,故大道无违;越名任心,故是非无措。"②这里,所谓"气静神虚"、"心不存于矜尚"、"情不系于所欲",淡泊惬意,审贵贱,通物情,恬静寡淡,通天地,化物我,与道合一的审美域,也是"任自然""越名教"的审美域。所谓"任自然",就是保持心灵的高洁,回归人之自然本真的心性,然其所然,任心而为,是其所是,"是非无措","物情顺通","值心而言","触情而行",自其所自,行其所行。在嵇阮派美学看来,"名教"压抑人性,遮蔽人的本真,只有摆脱"名教"中与自然本真生存相违

① (唐)房玄龄:《晋书》五,中华书局1974年版。
② 夏明钊:《嵇康集译注》,黑龙江人民出版社1987年版,第70页。

的东西，守住内心的朴质，才能获得心灵的清净与自由，因此，他向往的“任自然”实际就是一种清心寡欲、任性随意，如其所如，是其所是，不逐世俗的诗意的生存状态。从这里也可以看出，嵇阮派美学所主张的就是要人们超越尘世，排除杂念，在达成“是非无措”、“物情顺通”、“值心而言”、“触情而行”的审美流程中，进入“与道合一”的审美域。在这种审美域中遨游畅游，淡泊超然，不局限于一地，开阔远放，自由畅达，自在逍遥；不执著于某事，轻松自得，爽然畅然，以突破定限，自由超越，心灵解脱。显然，这种任心随意的审美诉求是对庄子美学所主张的“游心”、“游无穷”、“游乎四海之外”、“游乎尘垢之外”、“游乎天地之一气”等美学思想的继承。正由于此，他们也极力推举“游”的审美意识，崇尚心灵上的自由，主张通过“游”清除闭塞的成见，去除遮蔽，澄明本心，让精神渺远旷达，本真自然，与造物者同游。去蔽敞亮本心本性，心凝形释，而与万化冥合，“然后知吾向之未始游，游于是乎始”①，“游”是人生的自由和淡泊，表征着人生的本真与自在。在嵇康美学看来，“游”与“淡泊”则是一种观“道”方式，主要有两个层次：即“游目”与“游心”。是“悦耳悦目”、“悦心悦意”、“悦志悦神”，超然淡然，既有生理层面的快适感，更有心理和精神层面的愉悦，是以一己之身，任心随意，“振衣千仞岗，濯足万里流”，悠然超然，游乎山水之间，纯然畅然，澡身于沧浪之中。即如嵇康在其诗中所说：“朝游高原，夕宿兰渚”，“俯仰慷慨，优游容与”，“驾言出游，日夕忘归”。② 于自然山水间饱览沃看，以陶具性灵，提升神气，荡涤胸襟，开拓视野。所以说“远游可珍”。无论是“优游”还是“朝游”、“出游”、“近游”、“远游”，都不是一般的游山玩水，而是俯观仰察，寄情山水，将身心投放并安顿于山水自然，宁静淡泊，超然物外，借以寄兴遣怀。远近取与，与山水自然谐和、相亲，所谓“俯仰优游”，“俯仰咨嗟”，“仰落惊鸿，俯引渊鱼”，“仰讯高云，俯托清波”③，淡然悠然，于一俯一仰之际，徘徊移动，游目周览，网罗天地，吸纳万物。仰观俯察，流动自如，远近取与，在仰观俯察之际往复流动，满目生机。“目送归鸿，手挥五弦。俯仰自得，游心太玄”④，如王羲之《兰亭集序》所云，“仰观宇宙之大，俯察品类之盛，所以游目骋怀，足以极视听之娱”。即审美者以“俯仰自得”的精神跃入大自然的生生节奏里去“游心太玄”，纵浪大化，与物推移。又如陶渊明《读〈山海经〉十三首》所云：“俯仰终宇宙，不乐复何如！”流观动察，追求的是静中之动，飞中之趣，人生在宇宙中的

① （清）郭庆藩撰、王孝鱼点校：《庄子集释下》，中华书局 1961 年版。
② 夏明钊：《嵇康集译注》，黑龙江人民出版社 1987 年版，第 287 页。
③ 夏明钊：《嵇康集译注》，黑龙江人民出版社 1987 年版，第 10 页。
④ 夏明钊：《嵇康集译注》，黑龙江人民出版社 1987 年版，第 22 页。

徜徉和愉悦。于天地自然绝对的自律性的存在中,感受到心灵和天地的合一,体验契合于宇宙的精神,是摆脱外在限制的心灵的自由,是无目的的合目的性,正如嵇康所说的"心不措乎是非,而行不违乎道者也"。无欲无动、淡泊无为,以获得身心的放旷和精神的自由,表里澄澈,一片空明。"游"的本身就包含有"逍遥"、"淡泊"、"恬淡"的意味。

嵇康如此,阮籍也一样,极力推崇逍遥自由、旷达淡泊的审美域。其《大人先生传》云:"天地解兮六合开,星辰霄兮日月陨,我腾而上将何怀?衣弗袭而服美,佩弗饰而自章,上下徘徊兮谁识吾常。遂去而遐浮,肆云轝,兴气盖,徜徉回翔兮漭浒之外。……弃世务之众为兮,何细事之足赖。虚形体而轻举兮,精微妙而神丰。"①又云:"必超世而绝群,遗俗而独往;登乎太始之前,览乎忽漠之初;虑周流于无外,志浩荡而自舒;飘飖于四运,翻翱翔乎八隅。"②这种自由逍遥之境是超尘绝俗的,是游心于天地之外的、与"道"合一之审美域。"精微妙而神丰"、"志浩荡而自舒",只有在这种"微妙"之中才能"神丰"。所谓"神丰"意味着心灵的自由翱翔,一种自我的解脱和自由。只有"真人"才能达成这样的逍遥自由、自然而然之境域。"真人游,驾八龙,曜日月,载云旗,徘徊逌,乐所之。真人游,太阶夷,天门开。雨蒙蒙,风浑浑。登黄山,出栖迟,江河清,洛无埃。云气消,真人来。真人来,惟乐哉!"③真人之"乐"是遨游于自由逍遥之境所获得的旷达适性之乐。这种美学思想与阮籍的"气"与"神"之说分不开。继承传统"气"为宇宙万物生命基元的观点,阮籍认为,"自然一体,则万物经其常,入谓之幽,出谓之章,一气盛衰,变化而不伤"④。"气"的阴阳清浊、上下氤氲决定着万物自然的"幽"与"章",决定着其盛衰变化,化生化合。同时,在阮籍看来,作为生命活力之"气"与"神"密切相联。在《达庄论》中,他指出:"人生天地之中,体自然之形。身者,阴阳之积气也;性者,五行之正性也;情者,游魂之变欲也;神者,天地之所以驭者也。"⑤这里就表明,所谓"阴阳"、"五行"、"游魂"都与"气"密切联系,受"气"的作用,包括"神","气并代动变如神,寒倡热随害伤人,熙与真人游太清"⑥。应该说,在阮籍看来,"神"应该是"气"的呈现,生动地表述着"气"氤氲激荡,神秘莫测的特性。

---

① 陈伯君:《阮籍集校注》,中华书局 1987 年版,第 177 – 181 页。
② 陈伯君:《阮籍集校注》,中华书局 1987 年版,第 185 – 186 页。
③ 陈伯君:《阮籍集校注》,中华书局 1987 年版,第 191 页。
④ 陈伯君:《阮籍集校注》,中华书局 1987 年版,第 140 页。
⑤ 陈伯君:《阮籍集校注》,中华书局 1987 年版,第 139 页。
⑥ 陈伯君:《阮籍集校注》,中华书局 1987 年版,第 190 页。

《大人先生传》云:"时不若岁,岁不若天,天不若道,道不若神。神者,自然之根也。"①"神"就是生成自然万物的"道"。作为万物生成的原初域,"道"的本质就是自由、自在的,无为而无不为,生养万物而不私有,成就万事而不恃功,自然化生而已,故老子说:"道法自然。""道"生育万物,是万物的本源,但它是无目的、无意志的,完全是自然而然的,正是因为无为使其无所不为。"人"要在本真生存中达成与"道"合一、天人合一之域,当然应该顺应宇宙万有的化生化合、化化不已,生生不息的生成态势,保持虚静澄明、淡然恬然、清净纯真的心态,自由自然,返璞归真,顺应万物自然,达到无为而无不为,与道合一的境域。恬淡,对物欲、杂念而言是一种忘乎物我的态度,超越俗我,先散怀抱,任情恣性,随意所适,言不出口,气不盈息,沉密神采,散淡心智,心胸舒展,默坐静思,虚静心境。这种真朴自然之域肇乎原初本性,只有历练心智,浸润太清,涤荡秽浊,存心正灵,神畅气宁,澹泊情志,亭亭心怀,清心寡欲,保持虚静淡泊的生存态势,才能达成。

就"淡泊"之"淡"而言,作为美学范畴最早应该是老子提出来的。老子说:"兵者不祥之器,非君子之器,不得已而用之。恬淡为上,故不美。若美之,是乐煞人。夫乐煞者,不可得意于天下。"②所谓"恬淡",意思是不要过于得意,不要过分。老子之所以提出"淡"这个范畴其实是为了进一步阐释"道","道出言,淡无味"。道之所言,反俗绝巧,"无味"之中,有大生味,所以老子推崇"无味"之"味"。"道"乃自然万物与一切生命体之间的一种先天元气,是万物之母,"天下万物生于有,有生于无"③。世间万物也都是相对立而存在的,是属于有无相生的,此处的"淡"已经不是单纯的味道,而是一个美学范畴、一种审美的心态。老子指出:"五色令人目盲;五音令人耳聋;五味令人口爽;驰骋畋猎,令人心发狂。"④在老子看来,纷繁的色彩会让人产生昏眩,狂乱的音乐会让人失聪,美味的佳肴会让人失去味觉,驰骋猎场会让人狂躁。所以老子认为,"五味"是人一种欲望的无节制状态,并不是美的,真正的美应该是一种"淡"。此处的"淡"并非无味,恰恰是融"五味"的"至味",正如老子的"无为"并非真正的无所作为,而是"无所不为",此处的"淡"与"无为"相一致。人应该保持一种"淡泊"的心态,来摆脱对物质上的无止境追求,进而获得精神层面的满足,这与老子所推崇的审美诉求审美域一样,是一种最自然的"无为"状态。庄子将老子的"淡"与"无为"相联系,并加以发挥,继而

---

① 陈伯君:《阮籍集校注》,中华书局 1987 年版,第 185 页。
② 朱谦之:《老子校释》,中华书局 1984 年版。
③ 朱谦之:《老子校释》,中华书局 1984 年版。
④ 朱谦之:《老子校释》,中华书局 1984 年版。

将“恬淡”摆在了道家美学中的重要位置。“夫虚静恬淡寂寞无为者，天地之平，而道德之至，古帝王圣人休焉，休则虚，虚则实，实则备矣。”①在庄子看来，“恬淡”是万物美的来源，是一种美的表现形式，更与审美诉求的生存方式紧密相连。

嵇阮之时，社会的混乱与动荡深深地影响了当时文人士子的审美观，并致使其人生态度也有了改变。大一统思想的土崩瓦解，一直以来处于统治地位的思想也随之失去了约束力，文人士子的生活、情趣以及观念都发生了极大变化。在看过了社会的黑暗之后，衍生出了一种出世的心态与追求来面对眼前的社会。以道家思想为依托的“淡”范畴逐渐成为当时一种理想观念，并将其在生活中发展到了极致，使其以一种超然的艺术美的形式出现在人们面前，“淡”美也就成为魏晋名士对人生的一种态度。嵇康在《答向子期难养生论》中明确了自己对“恬淡”的追求：“若以大和为至乐，则荣华不足故也；以恬淡为至味，则酒色不足钦也。”在对待“淡”这一审美范畴，显然嵇康与老子是一致的，以“和”作为人生的最高审美域，富贵荣华就不值得一提了；以恬淡冲远作为最美的味道，那么美女与美酒也就显得微不足道，不足以动心。由此可见，在嵇康的美学思想中，“淡泊”、“恬淡”已然成为一个审美境域。

首先，“淡泊”、“恬淡”是一种对人格自由的追求。魏晋时期人们以各种各样的方式来抒发自己的情绪，思考着人生的价值，品味着时代的伤感与无奈。在道德伦常与千百年来奉为经典的儒家信条面前，嵇阮选择面对现实，调整自己人生的目标，开始思考人的生存价值，踏上了“闲夜肃清，朗月照轩，微风动袿，组帐高褰”②的追求自由之路，将主体地位放在最高的位置上。“黄老路相逢，授我自然道”③、“冲静得自然，荣华安足为”④，执著清虚式的平淡、“恬淡”，以心灵拥抱自然。从诗词中都能够感受到嵇康对自然崇尚的真实情感，以及一种以“淡泊”、“恬淡”为趣的审美观。嵇康无意仕途，更不热衷世间名利得失，一心向往着山川乡野，反倒对自然中的泉林景致情有独钟，在其诗文中往往要将这种超然的心境与自然之中的山水美景相联系、融合，不仅体现了他对自然本真的爱慕，同时也使诗文洋溢着淳朴、“淡泊”、“恬淡”的审美情趣。在美学领域中，嵇阮则十分重视个体生命价值和自然本性，并主张个体应该从“从欲”和“达性”中获得精神的解放。“奉法循理，不挂世网，以无罪自尊，以不仕为逸，游心乎道义，偃息乎卑室，恬愉无

① (清)郭庆藩撰、王孝鱼点校：《庄子集释下》，中华书局1961年版，第457页。

② 夏明钊：《嵇康集译注》，黑龙江人民出版社1987年版，第12页。

③ 夏明钊：《嵇康集译注》，黑龙江人民出版社1987年版，第59页。

④ 夏明钊：《嵇康集译注》，黑龙江人民出版社1987年版，第59页。

遻，而神气条达。”①淡然处世，追求自然之理，这是一种心态上无拘的自由；在充满道义的广阔天地中畅游，这是一种神气自若的形态；“淡泊”、“恬淡”、恬静、愉悦、无欲无求，这是不被世间一切繁杂所束缚的放达。正是在现实中无法解脱的苦闷，使嵇阮更迫切地想在精神上获得自由，为达到“淡泊”、“恬淡”审美域做铺垫。而淡然处世之趣则是一种审美的情趣，也是一种对审美自由的追求，以自己特有的方式对庸俗的现实做着反抗，试图放弃尘世间的一切以换取无拘无束的自由空间。

其次，“淡泊”、“恬淡”是对功名利禄的审美超越。嵇康在《与山巨源绝交书》中提道：“老子、庄周，吾之师也。”早年的嵇康博览群书，对老、庄极为热衷。从思想倾向与生活态度来讲，嵇阮都受到了老庄思想的极大影响，而“道”作为老庄思想本体，更是作为自然的法则，嵇康对此尤为重视。在老子看来，本真自然的生存是人生最宝贵的，世俗间的功名利禄是外在的、滑动的，所以人应保有婴儿般的纯真，不矫揉造作，保持一种纯粹原初、天真烂漫的“心”，从宁静、祥和、清净、洞彻的心境中，达成与道合一之域，让心灵获得一种自由与解放。在嵇康那里，世间的一切形象，无论是自然中的还是实体存在的都充满了玄妙和灵逸。山水自然之美远不是名利与仕途所能媲美的，世间没有什么比“自然之心”更真实也更宝贵的东西存在，这份自然心性是世间万物的最高尺度。《庄子·逍遥游》中“承云气，御飞龙，而游乎四海之外”②与嵇康的“居九夷，游八蛮，浮沧海，践河源。甲兵不足忌，猛兽不为患”③，两者之间有着异曲同工之妙。虽然在《卜疑》中嵇康并没有重复庄子的观点，但在对待态度上，相较于老子的虚静淡薄、返璞归真的审美诉求，庄子提出的“游”的审美态度对嵇康影响更深远。在庄子看来，“游”是最能够接近“道”的，内在含义有着对人生理与心理上自由无拘以及对人性逍遥的肯定。嵇康以超脱心态看待世间善恶的差别，并试图摆脱传统伦理观念的条框，以此为基石去追求精神的逍遥与自由，从而达到生命与宇宙的根本。

总之，嵇阮美学崇尚自然清新并以“恬淡为至味”，认为天地之美在于“微妙无形”，只有通过体验，才能“睹窈窕而淑清”。他们热爱自然，崇尚天地自然间所呈现出的那种本真和谐。在《养生论》中，嵇康强调指出：“然后蒸以灵芝，润以醴泉，晞以朝阳，绥以五弦，无以自得，体妙心玄。”④将恬淡平和作为养生的要旨，与天

---

① 夏明钊：《嵇康集译注》，黑龙江人民出版社 1987 年版，第 59 页。
② （清）郭庆藩撰、王孝鱼点校：《庄子集释下》，中华书局 1961 年版，第 28 页。
③ 夏明钊：《嵇康集译注》，黑龙江人民出版社 1987 年版，第 36 页。
④ 夏明钊：《嵇康集译注》，黑龙江人民出版社 1987 年版，第 51 页。

地融为一体。而阮籍则指出："是以微妙无形，寂寞无所，然后乃可以睹窈窕而淑清。"①嵇阮始终以高雅纯洁的随意任心、顺其自然人格、独世的志趣以及对于人生的超越态度来塑造诗歌的意象，同时也以此作为自身人格修养的目标，以高尚的自然情感来抨击社会的丑恶，形成了具有独特个性的"恬淡"、"淡泊"的美学观。

三

嵇阮派美学的审美诉求是"越名教而任自然"。在《释私论》中，嵇康强调指出："夫气静神虚者，心不存于矜尚；体亮心达者，情不系于所欲。矜尚不存乎心，故能越名教而任自然；情不系于所欲，故能审贵贱而通物情。物情顺通，故大道无违；越名任心，故是非无措也。是故言君子，则以无措为主，以通物为美。言小人，则以匿情为非，以违道为阙。何者？匿情矜吝，小人之至恶；虚心无措，君子之笃行也。"②应该说，嵇康在这里所谓的"自然"，就是任心随意，即自其所自，然其所然，与"心"紧密相关。在一定意义上，嵇阮美学的"越名教而任自然"也可以理解为顺其自然、"越名任心"。这应该是嵇阮美学的核心所在。嵇康多次强调物性自然、物情自然、人性本真、人心纯然，要进入与达成"气静神虚"的本真之域，则必须"心不存于矜尚"，"情不系于所欲"，返璞归真，无违"大道"，从而使"物情顺通"。只有"任心"而行，"是非无措"，才能"通物"，以达成本真审美域。他说："君子之行贤也，不察于有度而后行也；任心无穷，不识于善而后正也；显情无措，不论于是而后为也。是故傲然忘贤，而贤与度会；忽然任心，而心与善遇；傥然无措，而事与是俱也。"③"值心而言，则言无不是；触情而行，则事无不吉。"④可以说，这里所谓的"任心无穷"、"显情无措"、"忽然任心"、"傥然无措"、"值心而言"、"触情而行"，就是然其所然、是其所是、自其所自、心其所心、情其所情、以天合天，也就是顺其自然、"越名任心"。

作为嵇阮派美学思想中一个重要命题，"任心"与"无措"都是对"任自然"的一种表述，其核心思想是反对先入为主，主张任心灵自由翱翔，随意自然，推崇无预设、无措施、没有成心、没有成见。就语义上看，嵇康所谓的"显情无措"之

---

① 陈伯君：《阮籍集校注》，中华书局1987年版，第13页。
② 夏明钊：《嵇康集译注》，黑龙江人民出版社1987年版，第234页。
③ 夏明钊：《嵇康集译注》，黑龙江人民出版社1987年版，第235页。
④ 夏明钊：《嵇康集译注》，黑龙江人民出版社1987年版，第237页。

"措",是指措意、措施、举措、思虑,也就是"人为"的一种表达。嵇阮派美学主张"越名任心"、"任自然",反对"人为",所以强调"无措"。"无措"就是"无为",就是"任心",就是"任自然"。所谓"忽然任心"、"傥然无措",也就是无为无造,不假思虑,自然而然,任心直行。由此可见,"任自然"即"无为",即非人为。同时,在嵇阮派美学,"任心"就是"显情"。"显情"之"情",包括人之情和物之情。"情不系于所欲",是自我之情,本真之情;"审贵贱而通物情",是物之情。无论是人之"情",还是物之"情",都是对人或物本然状态的一种表征。任心可使自我之情从"欲"中独立出来,任此自我之情则使事物之情得以显现。因此,"自然"就是"本然"。"任心"必须通过"虚心"。嵇康认为,只有清除"矜尚"之心,保持能任"自然"之心,构筑"气静神虚"的审美心态,才能够达成"体亮心达"的审美域。就此意义而言,"自然"就是虚静恬淡之审美态势,也即"人"本真自然之性情。阮籍也主张回归到"人"原初本真自然的生存,由此以获得精神自由。故而,他推崇庄子的逍遥之旨。在《达庄论》和《大人先生传》中,他强调任自然,进而从自然本真生存中体认万物为一的"大道",达成顺己顺物之性而获致心灵上的逍遥。他认为,"天地生于自然,万物生于天地。……自然一体,则万物经其常","人生天地之中,体自然之性,身者,阴阳之积气也,性者,五行之正性也,情者,游魂之变欲也,神者,天地之所以驭者也"。万物生于自然。人之身性情神无不本之自然。据此,阮籍要求返其所得其情,具体到人就是要"与阴阳化而不易,从天地变而不移,生究其寿,死循其宜,心气平治,消息不亏"①。存在的价值和意义就在于顺应自然之性,达到这一境界,也有三个步骤可走:守本,无外,逍遥,潜身者易以为活,而离本者难以永存。所谓"本",在嵇阮派美学就是天然之性,自然之性,原初本性。顺乎自然,就是遵循自然之性,而不为身外之物所系,所羁绊。"自然"与"名教"是相互对立的。嵇康在《难自然好学论》中强调指出:"六经以抑引为主,人性以从欲为欢,抑引则违其愿,从欲则得自然;然则自然之得,不由抑引之六经,全性之本,不须犯情之礼律。故仁义务于理伪,非养真之要术,廉让生于争夺,非自然之所出也。由是言之……则人之真性,无为正当,自然耽此礼学矣。"②人之真性,无为正当。"人"的本心本性原本是自然本真的,"以从欲为欢","从欲则得自然",而六经则是对人性的"抑引",是违背人的自然本性的,要本真生存,自其所自,然其所然,"全性之本",则必须"不由抑引之六经","不须犯情之礼律",超越"六经"、"礼律",任心越名,任"自然之所出"。只有这样,人"无为正当"之"真性"才能够

① 陈伯君:《阮籍集校注》,中华书局 1987 年版,第 144 页。
② 夏明钊:《嵇康集译注》,黑龙江人民出版社 1987 年版,第 261 页。

得以敞亮。嵇康极力倡导本真自然的生存,“值心而言,则言无不是;触情而行,则事无不吉”。[①] 只要顺情适性,则事事称心。阮籍也反对礼法之士的虚伪,认为这些人“造音以乱声,作色以诡形;外易其貌,内隐其情;怀欲以求多,诈伪以要名;君立而虐兴,臣设而贼生,坐制礼法,束缚下民;欺愚诳拙,藏智自神。强者睽视而凌暴,弱者憔悴而事人。假廉而成贪,内险而外仁,罪至不悔过,幸遇则自矜”[②]。在阮籍看来,依照“礼”所形成的声、色、貌、言、行等,都是不真实的,都是为了满足私欲的诈伪举动。显然,阮籍的主张与嵇康一致,推重本真自然、“虚心无措”的率性生存。

嵇阮派美学极力主张人本心本性的敞亮与澄明,怡然自足、少私寡欲,反对对人本心本性的压抑。“夫不虑而欲,性之动也;识而后感,智之用也。性动者,遇物而当,足则无余。智用者,从感而求,勧而不已。故世之所患,祸之所由,常在于智用,不在于性动。”[③]这里所谓“性之动”之“性”,即人的原初心性,是本真自然的,“不虑而欲”。而“性动”,即本心本性的呈现也是自然而然、顺乎天然的。也可以说,所谓“性动”,是一种去蔽、一种澄明。这种去蔽与澄明是“遇物而当,足则无余”,是无知无虑地,“从感而求,勧而不已”,任运性之自然。因此,从性而动,也就是“任自然”,就是“越名任性”、“越名任心”。

在中国美学史上,嵇阮派所主张的“任心随意”缘在构成审美意识的影响是极为深远的,从唐代的王维、孟浩然、司空图,以及宋代的苏轼、明代后期的徐渭、李贽等的美学思想中都可以发现其精神。

第三节 司空图之审美缘在构成论

受道家思想的影响,司空图认为诗歌创作审美域的构成是一种缘在,整个审美构成流程是“与道具往”,是审美者内缘己心,外参群意,随大化氤氲流转,与宇宙生命息息相通,随着心中物、物中心的相互交织,最终趋于天地古今群体自我一体贯融,一脉相通,以实现心源与造化的大融合。故而司空图强调“遇之自天”,要求审美者走进自然山水之中,以自然万物为撞击自己心灵、激发审美创作欲望和冲动的重要契机,为产生灵感兴会的渊薮,从而寓目入咏,即事兴怀。

---

① 夏明钊:《嵇康集译注》,黑龙江人民出版社 1987 年版,第 237 页。

② 陈伯君:《阮籍集校注》,中华书局 1987 年版,第 170 页。

③ 夏明钊:《嵇康集译注》,黑龙江人民出版社 1987 年版,第 174 页。

受道家思想的影响,司空图认为生化构成万物原初域是“真体”、“真宰”。而所谓“真体”、“真宰”就是道家哲人提出的生成天地万物之纯粹原初域“道”。“道”生天生地,无所不包,无处不在,其大无外,其微无内。人与万物都生成于“道”并内涵有“道”。作为宇宙自然构成原初域的“道”既是生命的基础,生命活力的源泉,也是美所生成的根本所在。由此,在审美境域构成方面司空图则主张“与道俱往”、“与‘道’合一”。“道”在万物中,也在人中。“道”不离人,人在“道”中。万物生生不息,自行天机法道,自化万物,在于目而化于目,故曰“天机在目”。顺此契机之机,目到心亦随之,此即遇之自天。并由此形成司空图的缘在构成论。

审美缘在构成论强调审美境域构成活动中,作为审美者须心如明镜,以虚灵静现万物,方能于目前、当下冥契世间万有,洞彻宇宙根源。如中国美学所谓的“以天合天”、“物其所物”、“乘物游心”、“触景感物”、“应物斯感”等,皆为审美者超脱世俗、功利,超越逻辑、认知,身与物化而心与道通,卒归于忘怀一切、超乎万有,并由此而达成的“遇之自天”审美域。故而,中国美学认为引发审美活动的契机是“感物心动”,强调“情以物兴,物以情观”(《文心雕龙·诠赋》),要求审美者必须以当下的观物为审美体验活动的起点,走向自然,去感物起兴,使“天人合一”,从而于我与物、主体与客体的相通相应中领悟到天地之精神、造化之玄妙。可以说,由感物使当下之“景物”与审美者之“心目”“磕著即凑”而达到的心境相合、情景相融、意象相兼,“遇之自天”,是司空图努力追求的一种审美极致。它既体现出“道”境的缘在构成中审美者进行心灵化加工的双向儒道同构的精神活动;同时,又规定着审美者心理时空的构筑必须以当下景、眼中物触发情志,直观外物,自然兴发,瞬间即悟,以进入“以天合天”、“以合天心”、自然天成的审美境域。这种营构审美境域的途径也就是司空图所说的“遇之自天”。

一

“遇之自天”是司空图在《二十四诗品》中对诗歌创作中妙境独造,非出自寻的生动表述。天,天然,自然。在司空图看来,这种“应目会心”、“遇之自天”的审美境域,妙不可寻,乃情性所至,缘在构成。正所谓遇之自天,偶然得之,性情所至,缘在构成,所以妙不可寻。天机妙趣,偶然缘在得之,如“忽逢幽人,如见道心”。应该说,所谓“道心”之“道”,即构成宇宙万物纯粹本原之“道”,而“自天”,就是“以天合天”,如其所是。“遇之自天”则是说通过“如见道心”之境域的缘在构成可以直观体悟到至为深微精妙的“道”。道不远人,天机在目,目到心亦随之,即“遇之自天”之义。

应该说，司空图“遇之自天”的审美境域、诗学主张，深受道家美学思想的影响。老子认为“人法地，地法天，天法道，道法自然”①，把道归结为自然。庄子提倡“真者，精诚之至也。不精不诚，不能动人”②。真就是自然，世间万物都要师法自然，诗歌也要以自然天真为准绳。故老庄的自然观当属缘在构成审美意识观之本源。继老庄之后，钟嵘谈诗称赞“自然英旨”③，刘勰认为“感物吟志，莫非自然”④，皎然更以“风流自然”为诗歌创作的最高艺术标准。以上这些推崇自然而基于道家自然观的审美意识理论，对司空图《二十四诗品》强调自然的诗学观有着直接的影响。由司空图提出的审美缘在构成论“遇之自天”中所谓的“道心”之“道”，和“气”相同，就是老子所谓的“道生一”中的“道”，是万物生命的本原。它主宰着自然万物、宇宙天地和人的生命与存在，体现着宇宙的活力和生机。司空图《二十四诗品》的哲学思想就源于道家的“道”、“气”之说，通过“荒荒油云，寥寥长风”（雄浑），“饮之太和，独鹤与飞”（冲淡），“采采流水，蓬蓬远春”（纤浓），“海风碧云，夜渚月明”（沉著），“空潭泻春，古镜照神”（洗炼），“巫峡千寻，走之连风”（劲健），“天风浪浪，海山苍苍”（豪放），“水流花开，清露未晞”（缜密），“萧萧落叶，露雨苍苔”（悲慨）等二十四个品以摹写生化天地万物之“道”、“气”的自然呈现，使天道与人道相融相汇。即如杨廷芝在《二十四诗品浅解》中所指出的：“诗品首以雄浑起，统冒诸品，是无极而太极也。”孙联奎《诗品臆说》：“《诗品》以雄浑居首，以流动终篇，其有窥于天地道也。”其《雄浑》篇云：“大用外腓，真体内充。返虚入浑，积健为雄。具备万物，横绝太空。荒荒油云，寥寥长风。超以象外，得其环中。持之匪强，来之无穷。”就表明其以“道”、“气”为学理渊源。这里“大用外腓，真体内充”中所谓的“真体”，萧统《解二谛义》云：“又咨真寂之体，本自不流，凡夫见流，不离真体，然则但有一真，不成二谛。”彦悰《后画录·隋江志》云：“笔力劲健，风神顿爽，模山拟水，得其真体。”王夫之《张子正蒙注·太和》云：“阴阳未分，二气合一，絪缊太和之真体，非目力所及，不可得而见也。”可见，“真体”就是道家哲人所推崇的生成天地万物的原初域“道”。而关于“大”与“浑”、“雄”，杨廷芝在《二十四诗品浅解》中解释说：“大力无敌为雄，元气未分曰浑。”显然，“大用外腓”中的“大用”应该是吸取了老庄的话语体系。老子说：“道冲，而用之或不盈。”“三十辐，共一毂，当其无，有车之用。埏埴以为器，当其无，有器之用。”司空

① 高亨：《老子注释》，河南人民出版社 1977 年版。

② 郭庆藩：《庄子集释》，中华书局 1978 年版。

③ 陈延杰：《诗品注》，人民文学出版社 1958 年版。

④ 范文澜：《文心雕龙注》，人民文学出版社 1961 年版。

图在这里用“大用”之语显然是指具有极大的、“无穷”艺术张力的“超以象外”的审美境域里一种类似于“无”或“道”呈现的现象。很显然，在审美接受中，这种“具备万物，横绝太空”又呈现为“无”或“外腓”、“象外”的，不可能是别的，只可能是一种具有极大艺术张力的审美境域，是这种审美境域中的再创造空间。这种空间看起来是虚幻的，是空的，但它却恰恰是艺术之“大用”。至于外腓（腓即变化）是说这种“大用”并不是执着于文字的作用，而是超脱于文字之外、超脱于形迹之外所“幻变”出来的“大用”。为“无用”之“用”、“无极”之“极”。司空图正是从此出发，在静观中“睹群物之适性，谈吾躬而斯乐”，以探求“大道”、“真体”。也正是由此，《诗品》中运用了“素”、“性”、“真体”、“道心”、“象”、“素处以默”、“虚仁神素”、“体素储洁”、“蓄素守中”、“惟性所宅”、“绝仁灵素”、“真体内充”等道家美学话语以表述诗歌创作中的审美体验与审美境域构筑活动。“素”是与“道”同体的人的天然本性。老子提倡“见素抱朴”（十九章），庄子要求“明白入素，无为复补”（《庄子·天道》）。“素也者，谓其无所与杂也，纯也者，谓其不亏其神也。能本纯素，谓之真人。”（《庄子·刻意》）这种“道”与“素”与“性”三者的契合，正是审美者在审美境域构筑中达成与“道”合一域的生动呈现。《诗品》首篇正是描绘了“太极”或“道”的混沌状态，而后面的个品则正是“道法自然”所达成的必然境域。如《形容》篇云：“绝伫灵素，少回清真。如觅水影，如写阳春。风云变态，花草精神，海之波澜，山之嶙峋，俱似大道，妙契同尘。”《自然》篇云：“幽人空山，过雨采频。薄言情语，悠悠天钧。”《古雅》篇云：“白云初晴，幽鸟相逐，眠琴绿荫，上有飞瀑。落花无言，人淡如菊。”可以说，正因为生成天地万物的纯粹原初域“道”蕴藉于风云山海花草之中，因此，在中国美学，自然界活跃的生命与人的生命及其敏感显得那么调和、自然，天地万物都充满生机与活力。也正是由此，《诗品·雄浑》篇引出了其与“道”“气”相同的许多概念，如“风”、“韵”、“神”等，以及所谓“大用外腓，真体内充”中的“真体”，即真气。同样如“行气如虹”、“由道返气”、“如气之秋”、“少有通气”等所谓的“气”则属于“风”。即如《庄子·齐物论》所说：“大块的意气，其名曰风。”“风”与“气”相同。如果将《诗品》二十四篇看作一个整体，那么首篇就是一个“道”，也即所谓“元气”、“太一”、“太极”。“反虚入浑”的“浑”则为“太极”。

二

司空图“遇之自天”中所谓的“自天”，又称“以天合天”、“应目会心”、“即目”、“寓目”。“遇之自天”、“应目会心”，就是要求审美缘在构成活动应顺从自然,如意顺心,即景生情,即目起兴。其所呈现出来的无心耦合,是一种即心即佛似的出自当下的审美感悟。“遇之自天”所推重的是对眼前真事真景的生命感应,强调至情至性的自然流露,是审美者对所见所闻的直观感悟,称之为即目、即时、即事、即景、兴会等。司空图在《与李生论诗书》中称这类审美活动的兴起是“直致所得,以格自奇”,是“目击可图”,直书审美者自身的所见所闻,把由视觉、听觉和直接感触的形象呈现出来,如同忽然与人相逢,一眼就看明白其幽微的道心。就审美呈现、审美传达层面看,就是直书见闻,直接表达感兴,不加雕饰地描绘了一个画面。如司空图所谓的“清涧之曲,碧松之阴,一客荷樵,一客听琴”。荷樵、听琴是古代士大夫认为“风雅”的事,这个画面就被认为是优美动人的图景。像这样抓住优美动人的景象,即兴而作,就是所谓“实境”。“实境”的呈现,一定要自然而然,不要勉强,不要做作,是“情性所至”,这样达成的境域自然“妙不自寻”,一任感情自然流露,使其自成妙境。在“应目”、“即目”、“以天合天”的审美感悟中,审美者的心态是自由自在,优哉游哉,随兴任意的,是身游实境、缘物触发,心存真情、性情所致,天机突发,缘在构成。人与自然相招相引,相感相应,相亲相和;审美主体徜徉于山水烟霞之间,独来独往,袒露自我、率真表达,悠哉游哉,怡然自适,无牵无挂,神完气静,心情轻松愉悦,世界任我逍遥。所谓“随已之意,只管行去”,就是随缘自适、任运自在。“遇之自天”的审美态度正好揭示了受道家美学影响的司空图所主张的物我妙契、合道传神审美意识,“遇之自天”审美境域营构中物沿耳目、临景结构的审美特征。在司空图审美缘在构成论,“遇之自天”的自得心态能使审美者于心物相感、情景相合的瞬间,沉潜到宇宙自然的底蕴,把握住生生不已、大化不息的自然万物的脉律。可以说,正是在对审美实践活动进行总结中,受道家美学影响的司空图才提出“遇之自天”来规定审美缘在构成活动应通过触物兴怀、瞬间顿悟以追求一种刹那见永恒的审美极境。“遇之自天”中所谓的“遇”,是偶遇,具有一种偶然性,是刹那间的感发,是不经意间的自得。“遇之自天”强调的是任性随意、自然天然中,“天机偶发”,由眼前之物感发生命意识,“心旌摇动”,是“兴于自然,感激而成”①。司空图“遇之自天”审美缘在构成论所主张的审美境域营构活动中这种强调随心适意,天机自动的自在心态,把观物起兴作为激发审美冲动的重要契机和兴会到来的直接诱因,表现出一种自然万物的委顺、亲和的审美意识,同中国人“静以致动”、“静以体道”,以静为美的传统审美观分不开。受老子贵柔主静思想的影响,中国美学认为,“道”的存在态势就是“静动”一如。动生于静,又复归于静,静能明照一切,而尽烛天地万物的情状。虚静

① (唐)皎然:《文镜秘府论·论文意》,人民出版社1980年版。

是天地自然之本。以静制动，以柔克刚，知阴守阳。老子说："夫物芸芸，各复归其根，归根曰静。"庄子也说："夫虚静恬淡，寂寞无为者，万物之本也。"（《庄子·天道》）万事万物都在运动变化，要在事物运动变化过程中掌握主动权，需要以静制动，而不是物动我动，人动我动，我随物动，以静待动，以柔克刚，后发先至，避实击虚，刚柔相济。动而归静，实生于虚，自然万物只有通过寂静才能呈现自己的形态，显示其美的本质特征。宇宙万物作为有形的运动变化的实体，最终依旧要回复到"静"之中。与此相应，在审美缘在构成活动中，主体也只有保持虚静空明的审美心境，才能以静追动，以静制动，顺其自然，遵守事物的规律，以静体静，以侔于天而从于天，与天为一，与物为一，达到与自然万物的相通相融，并把自己托付于整个宇宙大化，让自己的生命完全消融于万物自然中，领悟到宇宙自然的生命真髓和美的精义。老子说得好："致虚极，守静笃。万物并作，吾以观其复。"庄子也说得好："水静则明，烛须眉，平中准，大匠取法焉。……圣人之心静乎，天地之鉴也，万物之镜也。"（《庄子·天道》）郭象说得更为明确："我心常静，则万物之心通矣。"（《庄子·天道注》）这种动静一如的思想，在司空图看来，唯静，在审美缘在构成活动中才能掌握纷繁复杂、气象万千的大自然的动，并控制动，此即以静味动，静以体道。境域的营造是作者"素处以默"、"虚伫神素"、"饮之太和"、"神出古异，淡不可收"的自然达成。"超诣"、"旷达"、"沉着"的心态正是审美者洞彻一切、高远豁达人生态度的自然呈现。"典雅"、"飘逸"境域的生成是审美者高雅脱俗、不受羁绊气质的自然显现；而"悲慨"的情绪则是审美者哀怨悲愤情绪的自然宣泄。作品的境域风格不是外力强加的，而是作者精神气质的自然呈现。司空图"遇之自天"审美境域缘在构成论所推崇的道家美学这种静以追动、以柔克刚、自然无为的思想对中华民族的心理要素、民族性格和民族思想、传统审美观念具有根深蒂固的影响，为传统审美观念的根本特征。中国美学倡导清虚宁静的生存态，庄子说："无视无听，抱神以静，形将自正，必静必清，无劳汝形，无摇汝精，乃可以长生。"（《庄子·在宥》）只有心灵清静，才能从中体悟人生的"至道"，获得人格的升华。这种"静的文明"与"好静"的性格特征显然影响及缘在构成论注重的"静以体道"的传统审美体验方式，促成司空图审美缘在构成论所主张的审美境域营构途径与审美境域营构流程中的自得心态的形成。此外，受老子贵柔观念的作用，并积淀在中华民族思想心理结构中的尚"柔"心态，也影响着中国人审美活动中的"静以待物"、"静因之道"、"遇之自天"审美体验方式及其审美心理状态的形成，并影响及司空图的"遇之自天"审美缘在构成论的形成。儒道两家都崇尚"柔"的审美意识也自然会影响到中国人的心理结构，并扩大到审美心理结构和审美观念，从而形成司空图所标举的触物起兴、遇景兴怀的审美缘在构成方式与自得心态。中国美学所谓的“遇之自天”审美缘在构成，其实是一种“无目的的合目的性”行为，和“兴在有意无意之间”相同。“兴在有意无意之间”与“遇之自天”审美活动之所以能够在对大自然的仰观俯视中当下顿悟，获得宇宙的生命意旨与美的精义，就在于天地万物本身是无目的、无意识的。水流花落，鸢飞鱼跃，其本身都是无意识、无目的、无思虑、无计划的，也就是说，它们都是“无心”的，然而，就在这种“无心”中，在这种无目的性、无意识中，却可以深悟到那冥冥之中使这一切所以然的宇宙“大心”、大目的性和“大美”。并且，审美者只有通过“致虚”、“守静”，保持“无心”、无目的性、无意识的心境，才能参悟这蕴藉于自然万物中的“大心”、大目的性和“大美”，让“道”如其所是而“存”。

第四节　邵雍之“以物观物”

两宋时期，诗歌创作的主导思想仍然是坚持儒家“文以载道”的传统。但与此同时，既基于“仁者，人也”的思想，同时受传统儒道两家缘在构成审美意识的影响，作为理学家的邵雍则提出“以物观物”说，以“理”为万事万物的本源，其思想理论中的“理”，即所谓天理，是天人一体的生成域，由此，在他看来，天人始相依、相与、相存、相融。运用到诗歌审美创作，则应该以超越私欲、超脱自我、摆脱尘世羁绊的“天下之心”去体悟“天地之心”，存其所存，生其所生，在呈现方式上，做到语言明快、描写传神，平淡素朴，以显现作为审美景观的万有大千原初本真的存在态势，不加妄为，顺物自然，因其自己。影响所及，致使一部分理学诗人，如周敦颐、程颢等，其诗歌审美创作的诉求突出地表现为自得自然，任心随意，注重自出机杼，体现出一种对缘在构成审美意识的崇尚。

一

审美意识的生成与时代变迁、人文地理、环境气候、社会时尚、人们的生活方式密不可分，时代、社会不同，审美时尚与诉求也存在着差异。两宋时期，思想活跃、文艺创作丰富，审美诉求呈现出一种多元化，无论是诗文创作还是书画艺术，成就都多姿多样，具有鲜明的时代风采。同时，就理论层面看，理学地位特殊，主导着当时的经世思潮，影响着其时的美学思想，推崇文艺创作的“教化”作用，强调“文以载道”。不过，受传统缘在构成审美意识的影响，在诗文创作方面，即使是“理学”诗人，也不是一味强调“文以载道”，而是一方面注重文艺的教化作用，另一方面则推崇传统的生其所生、然其所然、如其所如、是其所是的缘在构成审美意识,部分诗作则呈现出对这种缘在构成审美意识的流露,注重营构任心随意,如其所生,存其所存,自然天然的审美态势。这种美学特点,在宋代理学诗人之一的邵雍的美学思想与诗歌创作实践活动中表现得尤为突出,其诗歌创作既以教化、伦理审美意识为主,又表现出对自得、缘在构成审美意识的注重。

邵雍是宋明理学的奠基者之一,在传统美学史上曾经提出"以物观物"①说,主张通过"观物",以体悟生命的奥秘,进入"乐时与万物之自得"②审美化生存域,自抒胸臆,从"以物观物"中达成无贱无贫、无富无贵、无将无迎、无拘无忌的自得生命域,以获得一种审美愉悦。如他在《安乐窝中四长吟》诗中所云:"安乐窝中快活人,闲来四物幸相亲:一编诗逸收花月;一部书严惊鬼神;一炷香清冲宇泰;一樽酒美湛天真。"③诗意化的闲逸安静是诗人向往的生命域。在邵雍看来,人需要一种"快活",需要审美愉悦,但要获得"快活",获得审美愉悦则必须"闲",必须身心闲逸,必须自然而然,并非刻意为之。这种境域也就是邵雍追求的生命境域。所谓"梧桐月向怀中照,杨柳风来面上吹"④。任性逍遥、自由自在。

邵雍"以物观物"的前一个"物",是指以"物"的立场,就是不以"我"来观物,而是以物来观物,回到万事万物的本原,以观照事物的原初本真状态。"以物观物",因为"人乃物也",把"人"自身看作"物",而不是"人",来对自然万物的本真生存态进行一种生命观照,物其所物,自其所自,存其所存,然其所然,自然而然,不加任何外在于"物"的纯粹的观照,也就是生命观照与审美观照。其思想显然吸收了儒道两家有关"缘在构成"的审美意识。在儒道美学思想为主要构成的中国传统美学看来,所谓"自然",就是自己如此、原本如此。如胡适所指出的,中国文化中的"自然"之"自",是"自己","然"则是"如此";"自然",则"只是自己如此"⑤的意思。陈鼓应指出,所谓"自然",就是"自己如此"⑥。车载在《论老子》中指出,"自然"的意思是"莫知其然而然的不加人为任其自然的状态"⑦。的确,在中国古代美学,"自然"应该是指一种生命的本真存在状态,是按其本性自己如此的存在态,也就是"无为",就是如其所本、如其所自、如其所然、如其所存,而消解

---

① (宋)邵雍:《皇极经世书》,中州古籍出版社1993年版,第295、296页。
② 郑苏淮:《宋代美学思想史》,江西人民出版社2007年版,第33页。
③ 《康节说易全书·伊川击壤集》,学林出版社2003年版,第110页。
④ 《康节说易全书·伊川击壤集》,学林出版社2003年版,第260页。
⑤ 胡适:《中国哲学史大纲》,北京大学出版社2013年版,第48页。
⑥ 陈鼓应:《庄子今注今译》,中华书局1999年版,第336页。
⑦ 车载:《论老子》,上海人民出版社1959年版,第114页。

了任何外在的因素，不加人为，不加妄为，顺物自然，因其自己。依其所本，因其所自，是“人”与宇宙间万事万物相处所必须遵循的准则，也是“人”生存的一种诗意化、审美化状态。正因为如此，徐复观才强调指出：“《老》、《庄》两书之所谓‘自然’，乃极力形容道创造万物之为而不有不宰的情形，等于是‘无为’。因而万物便等于是‘自己如此’之自造。故自然即‘自己如此’之意。”①上升到美学高度，审美活动中则应该尊重“物”的自然属性，去除人世杂念，以虚空明静之心去融汇宇宙间万事万物的纯真本性，由此，才能达成心物一如、情景一如之审美域，获得一种心灵的自由与高蹈。如邵雍所指出的：“夫所以谓之观物者，非以目观之也，非观之以目而观之以心也，非观之以心而观之以理也。天下之物莫不有理焉，莫不有性焉，莫不有命焉。所以谓之理者，穷之而后可知也；所以谓之性者，尽之而后可知也；所以谓之命者，至之而后可知也。此三知者，天下之真知也，虽圣人无以过之也。”②万物皆有其本然的理、性、命，人须用心去观察，穷理、尽性、至命，这样就会成为有真知的人。因此，他又强调指出：“圣人之所以能一万物之情者，谓其圣人之能反观也。所以谓之反观者，不以我观物也。不以我观物者，以物观物之谓也。既能以物观物，又安有我于其间哉？是知我亦人也，人亦我也，我与人皆物也。此所以能用天下之目为己之目，其目无所不观矣……用天下之心为己之心，其心无所不谋矣。”③“以物观物”之所谓“观物”，不是“以目观之”，而是要“观之以心”，进而“观之以理”。这里所谓的“理”，应该是生成宇宙间万事万物的“天理”，乃是自然万物生生不息、生机勃勃的生命力所在。可见，“以物观物”，也就是超越审美者一己的杂念，超越尘世的羁绊，虚静心胸，通过去蔽，敞亮原初本真之心性，率真率性，去与本真之物性相融相合，尽可能从自然万物的原初本然的立场去体认自然生命的奥秘，用超脱了自我一己之见的“天下之心”与宇宙间万事万物生命意蕴汇融，不以我观，随物见物，故必穷必尽必至，由此，自然“其见至广，其闻至远，其论至高，其乐至大”④。通过这种“以物观物”的审美活动，个人的喜怒哀乐得以淡化，个体人生的荣辱得失祸福利弊也得以超越，以物观物而不牵于物，去情去欲，不为情累，审美者之心灵炯炯于事物之上，天人一体，人之生命与自然万物之生命相融合一，进而获得一种自由，一种高致，体悟到生命的真谛。

探究起来，作为邵雍美学思想的重要组成部分，“以物观物”说的主旨应该是

① 徐复观：《中国艺术精神》，春风文艺出版社 1987 年版，第 213 页。
② （宋）邵雍：《皇极经世书》，中州古籍出版社 1993 年版，第 295 页。
③ （宋）邵雍：《皇极经世书》，中州古籍出版社 1993 年版，第 295 页。
④ （宋）邵雍：《皇极经世书》，中州古籍出版社 1993 年版，第 296 页。

生成域“道”，以一种纯粹本真的生存态，去以天合天、生其所生，其核心要义则是消解俗我，不以“我”观物，而是以“物”的天然、本然生存状态来观照“物”。就是超越世俗杂念，回复到纯粹的“物”的本真生存态势，或者说是回复到生成宇宙间万事万物的原初域“道”之上来观照、体验自然万有。用现今的存在论美学看，即通过悬置，回到万事万物的生命原初域，去观照、体验自然万物的原初生命态。这显然与“以我观物”不一样。“以我观物”的审美活动则带有浓重的主观色彩，是作为审美者的生命个体对社会生活与自然万物的感受，其中必定具有浓厚的“我”之情、之感。应该说，“以物观物”与“以天合天”、“以道观道”的美学意义是相同的。因此，邵雍在《伊川击壤集序》提倡“以道观道”，强调指出，所谓“以道观道”，就是以纯粹“道”生成域的生存态势来看“道”，以纯粹“物”之“性”观“物”、待“物”，使存者自存、生者自生，自其所自，然其所然，即置身于自身利益之外，让事物自行其是。在邵雍看来，道与性，性与心，心与身，身与物，是不可分割的。“以道观道”，“以物观物”，才能超越彼我，复归到原初本然的生存态，去与物一体。后来程颐在此基础上提出“物各付物”说，以性观性，以心观心，以身观身，以物观物，随顺自然，无思无为。“物各付物”与“以物观物”相通，都是以纯然本真的生存态势观照、体验社会人生的一切荣辱得失、是非成败。所谓“以道观道”，就是“物各付物”，就是“以物观物”，就是存者自存、生者自生，即置身事外，让事物自行其是。邵雍认为，道与性，性与心，心与身，身与物，是不可分割的。只有“以道观道”，“以物观物”，才能回复到原初生命域。后来程颐在此基础上提出以性观性，以心观心，以身观身的观点。显而易见，所谓以性观性、以心观心、以身观身的观点，其实质就是以物观物，随顺自然，如其所如，本其所本，无思无为。

分析起来，邵雍提出的“观物”说，以“观”为中心。这里所谓的“观”，即观照、直观，是一种直觉思维方式。在中国美学，“观”具有体认的意义，即置心在物中，设身处地去体味，通过观照，以达到对作为审美对象的自然万物所蕴藉的生命真谛的洞然明白。显然，这里的“观”已经具有一种对一般感官的超越，为身心投入的直觉体验和心灵领悟，是以“心”观“理”，人心与“理”的交互合一，由人心而显现天地万物之心。应该说，在“以物观物”的“观之以心”进而“观之以理”中，已经将“心”视为宇宙间自然万物生成的本原。这样，在邵雍这里，“心”就与“太极”、“理”一样，同等重要。并且，“天地之心”与“人之心”尽皆纯真本然，相同相通，具有一体化、同一化的特性。当“人心”与“天地之心”融通合一，则达成“道”这一宇宙万物生命生成的原初域，从而致使天道与人道一体，天地之道就与人世之道圆融合一、相互贯通。出入于“有”与“无”、“息”与“消”、“生”与“死”、“实”与“虚”的“道”，应该说是自其所自、生其所生、是其所是缘在构成审美意识的审美化呈现。

由此，邵雍在《观物篇》中指出，对宇宙间的万事万物的体认不能够用具体的感官耳目，而必须以“心”、以“理”来体会。显然，这里所谓的“心”就是“理”，就是“道”。“道”是宇宙万有生成域，是有机生存生命的共同体；是敞亮、开放的自然生机。就“道”的视域看，人与自然万有息息相通，一体构成，彼此相互内在而非外在。天人相互内在、相连一体、动态流转着整个自然宇宙。在邵雍看来，大宇宙及内中的天人万象一体共生，人的生命与天地生命一体无间而臻于彻上彻下、彻里彻外的乐的境界。因此，诗人可以“卷舒万世兴亡手，出入千重云水身；雨后静观山意思，风前闲看月精神”①。不过，人的感官只能达到对自然万物形态方面的感知，而要体悟到自然万物内部所蕴藉的生命精神，则必须采用超越独特视角，以“人心”去体悟“道心”，“心”与“理”合，进而由“心”去领悟“理”，即原初生命域“道”。只有如此，才能通过对自然万物的审视顺应万物的本性，“人心”与“天心”相融，与“道心”相贯，“以物观物”，才能进入自然万物的生命本然态，纯粹绝对不掺杂个体情愫，与自然万物的生命律动相互一致，相与浮动。由于忘我忘物，所以能够顺应自然，与“天地之心”、万有之性融汇，达成“人心”与“天地之心”相通、物我情景相融的一体化之生命域和审美域。所以说只有“静”才能“存”，风前雨后，静观闲看，静动合一，闲云舒卷，自然“随心所欲”、出入自由。通过静动一如、圆融一体、真切笃实、诚实无欺、真实无妄地“观物”、“观心”、“观理”、“观道”，以体知自我、体认万物，从而达成诚明合一、“道心”体露之域，是“以物观物”的精神实质所在。就审美活动而言，要达成审美者自我“纯真之心”与自然万物之“道心”融通一体，则必须通过“明”心，使自身之“心”去蔽澄明，回复到原初之本真纯然，由此，无论是“天地之心”还是“人之心”原初本真之“诚实无欺”“性”才可能得以自在自由的澄明、敞亮，以进入即理即物、即道心即人心、即心即物之域。在邵雍看来，即“道尽于人”、“物观于心”的“以物观物”，也就是自我的体悟，即自我生命智慧的真切感知。这种境域的达成必须先回归自我“本心”，致使原初之“本”澄明无碍、无思无虑，“用天下之心为己之心”，所以说“其心无所不谋”。

二

邵雍的缘在构成审美意识在其诗歌创作中具有突出的体现，并影响到当时不少的理学家，致使其诗作表现出一种顺其自然的审美风趣。

---

① 《康节说易全书·伊川击壤集》，学林出版社 2003 年版，第 260 页。

当然，应该说，宋代统治者对“理学”及其诗风的推崇，是当时诗歌审美创作旨趣形成最为有力的推动力。如邵雍等理学家发扬孟子“万物皆备于我”，由此提出“用天下之心为己之心”，诗歌审美创作活动中则倡导以“人之心”与自然万物之心交融一体，以依照万事万物的本真生命态来呈现其形态，推崇如其所自、如其所然、存其所存、生其所生的缘在构成审美意识的观点就为统治者所赞赏并加以大力提倡。这自然影响到其时诗文创作方面注重缘在构成审美意识抒发，并促使其深化和发展。如当时的诗歌审美创作注重韵味的营构，强调心与物的相互融合，重“枯淡”与“自然”，审美品格则推重摇曳不尽之意见于文外。这种“平淡”与“自然”的外在风味中往往蕴藉着一种纯真、厚重的生命意味，平淡自然与深厚醇美一体，平常中蕴藉着不平常的意旨，自然与深厚相融、平淡与醇美相合；空明无滞碍中韵味无情，“枯淡”中神理无声，“平淡”中言辞无迹，“自然”中意在言外。所谓无痕有味，闲适恬淡心境与情趣相互凝聚，纯朴自然的语言中往往潜藏着高远拔俗的意境，语言朴素自然，平淡却并非平庸，看似简净、素淡，其中往往蕴含着诗人对生活的热爱，对自然的崇尚，为一种美好的意趣与高尚人格的呈现，心无半点杂念，对生活一往情深，语言中流露出平淡自然的情趣。看似信手拈来，如话家常，不假修饰而天然浑成，却纯淳真情迎面扑息。只有这样，才是韵味深长的不朽之作。

邵雍“以物观物”之“观物”说，不仅表述在其哲学思想中，而且也呈现在其诗歌审美创作活动中。由于强调“观物”说，所以他在诗歌创作中极为重视诗作的审美价值，推崇顺其自然、气韵天成的缘在构成审美意识，把其看作是审美创作构思流程的一个不可或缺的态度。

首先，作为“以物观物”的提出者，邵雍在诗歌审美创作活动方面身体力行，写了大量的有关抒发缘在构成审美意识的诗作，并自成一派。正由于邵雍的诗歌创作独具风貌，所以严羽在《沧浪诗话》中称之为“邵康节体”，而邵雍自己则认为其诗为“自乐之诗”。其审美创作特色是即兴而作，随兴之所至，情之所来，任心随意，抒写心情，自得其乐、乐天乐时、乐人乐景、“乐万物之自得”，自在自娱，随意闲适，风格独特。就“理学诗派”的诗歌审美创作看，如邵雍《乐物吟》诗云：“日月星辰天之明，耳目口鼻人之灵。皇王帝伯由之生，天意不远人之情。飞走草木类既别，士农工商品自成。安得岁丰时长平，乐与万物同其荣。”①这首诗呈现出诗人顺其自然，自得其乐的闲适心态。“日月星辰”，符指“天”，“耳目口鼻”符指“人”，“天意”与“人情”一如，“人”与“物”一体，“人”之“乐”与“万物”之欣欣向荣相融

---

① 《康节说易全书·伊川击壤集》，学林出版出版社2003年版，第260页。

合一,生动地体现出诗人"观天地间乐意"与"生生之为仁"的缘在构成审美意识。所谓"人情少悦酒不解,天气却寒花未开"①。人的情绪与"天气"相互感应。"天无私覆,地无私载。俱能含养,始知广大。"②宇宙天地间万事万物,各适所宜;天无私地覆盖着大地,地无私地承载着万物生命。给予万物的都一样,能够含养其生存,生其所生,自其所自,所以说,"天意无他只自然,自然之外更无天"。又如《山村》诗云:"一去二三里,烟村四五家,亭台六七座,八九十枝花。"③诗人信步游玩,随意漫步,不觉间已走有二三里地,偶然间见得不远处,有一小村庄,其中有四五户人家已经冒起了炊烟,又看到路边有六七处精美的亭阁楼台,独自静静观赏,才发现身边的树枝上开着那么多的花,八朵、九朵,哦,不,十朵!诗人对自然山水和乡村的日常生活极为热爱,所以往往能于不经意之间体会出蕴藉于景物中的勃勃生机,并由此表现出味之无穷的情趣,感悟到寻常日子里厚重深长的生命韵味,所以写得很有情致,能够以平和淡朴的语言呈现纯真厚重的意味,以简洁的笔触构筑出隽永秀逸的意境,给人以言外之意,使之在品味涵咏中去领会诗人的生命情怀与生活情趣。既写出山环水绕,花团锦簇,春光无限,又富于哲理,表现了人生变化,万有大千的生命节奏,令人回味无穷。同时,表现了诗人对宇宙自然与社会生活与众不同的感悟,在平淡中往往蕴涵着无限的希望,不期然间,又见新景象的喜悦之情,即景应心,缘情所发,偶尔郊游,路遇景物,有感而发,于日常生活的平常事中,体验、察识有关性情与生命之"理"。邵雍写有很多这类因景而作的诗篇,如《感事吟》《垂柳吟》《六十三吟》《偶得吟》《春水吟》《天意吟》《芳草吟》《花月吟》《太和汤吟》《初夏吟》等;乐天安命、优游闲适,任心随意,自然流露,寓平淡于深理,透露着诗人对宇宙万物变化的超然态度;又如《听琴吟》《放小鱼》《把酒》《对花》《寄谢三城太守韩子华舍人》《谢开叔司封用无事无求得最多》等因事而作以及与人交往应酬的诗篇,尽皆随心随意,任其自然,因景因事,悠然自得,灵动超逸,挥洒自如。所谓"不着一字,尽得风流","遇之匪深,即之愈稀","俯拾即是,不取诸邻","神出古异,淡不可收"。有如妙谛微言,世尊拈花、迦叶微笑,屈伸变化,固无定体;澄敻淡远,高古浑朴。

理学家所提倡的"理",即天理,为宇宙间万事万物因其所因、由其所由,然其所然、自其所自生存的"理"。这一"理"不仅仅使个体"性情"融于"义理"之中,更是"义理"与"性情"兼而顾之,因此,"理学"诗人往往于日常生活中寻觅诗意,既

① 《康节说易全书·伊川击壤集》,学林出版出版社2003年版,第260页。
② 《康节说易全书·伊川击壤集》,学林出版出版社2003年版,第260页。
③ 《康节说易全书·伊川击壤集》,学林出版出版社2003年版,第260页。

主张“贯道明理”，又要求“自然流出”，性情的呈现往往蕴藉于平常生活之中，从而使其诗作具有浓厚的生活化、个人化特性。以比兴之体的诗歌创作，“发圣人义理之秘”。从吟咏“性情”之中阐发“义理”，性情流露粹然精然，“一出于正”。即如邵雍所指出的，这些诗作往往“哀而未尝伤，乐而未尝淫”，呈现出一种“中和”之美，“虽曰吟咏性情，曾何累于性情哉”①。理学精神与性情吟咏圆融合一，诗意化生活情貌与对生命真谛的感悟于诗歌审美创作中得以生动呈现。正因此，其诗作往往具有一种真情实感，往往从平常中见精义与理义，细琐处透露出对生命含义、人生趣味的精妙领悟，情趣盎然。

三

当然，必须指出，邵雍及其诗歌创作中所体现出来的这种缘在构成审美意识与其时的风气分不开。如“理学”另一开风气之先者周敦颐就“雅好佳山水，复喜吟咏”②，其弟子程颢、程颐则在“见周茂叔后”，“吟风弄月而归”③。诗作内容大都是顺心如意，任性自然，自其所自，然其所然，抒发性情，吟咏风月。可以说，每一首都是即景生情，从内心流出，故而真情感人。所谓庭前草不除，梅花天地心。即如周敦颐《暮春即事》诗云：“双双瓦雀行书案，点点杨花入砚池。闲坐小窗读周易，不知春去几多时。”任心随意，亲和自然，闲坐读书，忘了时间。展现了诗人于日常生活中所生发的精神与心灵世界的丰富性与生动性，肯定个体自身的价值，真实坦率地表露了诗人内心的情感和人生的态度。又如其《读易象》诗云：“书房兀坐万机休，日暖风和草色幽。谁道两千年远事，而今只在眼前头。”直写自我对生活独到的见解，抒发胸臆，清新轻逸，呈现性灵，自适自然，情与境会，顷刻于言，如水东注，令人夺魂。情至之语，自能感人，是谓真诗。端的是与物为春，古今混一。《题门扉》云：“有风还自掩，无事昼常关。开阖从方便，乾坤在此间。”诗中，所谓的“自掩”、“常关”、“从方便”、“在此间”呈现出一种生存的自由与自在状态，万事随机，天人一如，进而肯定平常生活中蕴含的各色各样个人情感与生命态度，推崇个体自由情性的抒发，主张任性而发，信心而出，信口而谈，注重有感而发、直写胸臆，信手而成、随意而出，抒情写景，赋事状物，清新洒脱，轻逸自如，意趣横生。自然生发，随口道来，无味至味。又如《题濂溪书堂》诗中，溪水抵两岸，莫名

① 《康节说易全书·伊川击壤集》，学林出版社 2003 年版，第 110 页。
② 《周濂溪集》，中华书局 1985 年版，第 144 页。
③ 《象山先生全集》，商务印书馆 1935 年版，第 399 页。

怪石，触石清流，洄悬激注，佳木异竹，垂阴相荫。诗人托物言志，超脱世俗，超然忘忧，旷然乐水，静然穷理，触物感时，叹然而歌，歌然而恸，恸而为文，形诸舞咏，皆发自然，为诗人心声的呈露，乃清纯廉洁心志与幽静闲逸生活的生动呈现。

受邵雍等理学大师的影响，其时诗人，尤其是理学诗人多喜欢借诗歌审美创作活动来呈现其"观天地生意"、感悟天地"生生不息"之"仁"、体悟到万物一体的生命情怀。理学家认为，"仁"不仅仅是一种人的仁爱精神的呈现，更是天地精神的呈现，是"天地之大德"。而诗歌审美创作就应该以呈现这种生生之"仁"为审美诉求。如周敦颐诗云："花落柴门掩夕晖，昏鸦数点傍林飞。吟余小立阑干外，遥见樵渔一路归。"①诗人读书吟诗后傍晚稍立门外，进入眼帘的是村野薄暮之景，和谐、静谧。"花"在"落"，"鸦"在"飞"，"人"在"归"，以动写静，化寂为动，生机勃勃。花落夕阳下，昏鸦与渔樵共存，诗人独自伫立于栏杆外，尽情领略自然的妙趣。所勾勒的画面清新轻俊，写景与抒情融为一体，生动地呈现出沉浸于自然美之中的诗人悠闲愉悦的心境，饶有生活意趣，语言通俗活泼。从中不难发现，诗人心如明镜，正由于此，所以才能"照见"此一天地之境。显然，诗域的呈现与诗人"主静"的理学精神是一致的。《周易·系辞下》云："寂然不动，感而遂通天下。"作为生成万事万物原初域的"道"，即"天理"自在心中，能静便能明，能感便能通。寂然不动，是通过调整心态，充分调动积淀于深心的潜在意识。"寂然不动，感而遂通"，是超越尘世，解脱羁绊，物我两忘，混同万物，天人一体。自然就感而遂通，自然就物来顺应，即能顺应外物，老子说得好："虚其心，实其腹。"心不虚不足以纳万物。周敦颐的《题春晚》诗中，"花落"所描写的是暮春，傍晚时分，"昏鸦数点"写晚归的乌鸦，绕林而飞还，天色昏暗，加上距离较远，看起来模模糊糊的，不甚清楚。樵渔归家，人物闲散，整首诗写诗人傍晚伫立门外所看到的景色，村野之间，薄暮时分，和谐静谧，但并不清冷空寂。因为有"花"在"落"，有"鸦"在"飞"，有"人"在"归"，"落"、"飞"、"归"在这里化寂为动，从而构成一幅人天一体、心物一如、生机蕴藉、生意盎然的风景图，以呈现含蕴于自然万物中的天地"生生不息"之"仁"，也即天地之"大德"。

理学诗人程颢也喜爱以诗来表达自己的理学情怀以及对生命的感悟。其诗云："云淡风轻近午天，望花随柳过前川。旁人不识予心乐，将谓偷闲学少年。"②前二句描写景物，描绘出一幅风轻云淡、花柳成荫、流水东倾的迷人风景图画，点明诗人外出游玩的时候是接近中午。简练的笔触，描述了呈现于眼前的风景与物

① 《周濂溪集》，中华书局1985年版，第144页。

② 《二程集》，中华书局1981年版，第478页。

况：淡淡的云层，轻轻的微风，繁花绿柳相映，流水潺潺春末夏初，诗人漫无目的，随意行走，感受与体味着天地自然的生意，大化万有，生生不已，跃身万千生命世界，与外在的景物、气候、物象生命相通、气息一致，身心与之打成一片，因此生出一种审美愉悦。寻常的花柳丛中，为什么诗人就不同于偷闲少年？因为此下的“人之心”乃“天地之心”，故而此“心之乐”绝非“及时行乐”之“乐”，而是由“人之心”与“天地之心”一体化中所感悟到的生命的升华、一种灵心的澄澈与心灵的升华。这种感受之所以为审美化的、诗意化的，是因为通过“偷闲”，从日常琐事中走出来，放弃一切私欲，淡泊名利，抛却烦恼，悠然自得地观云望花，体味自然万物生生之意，把对“理”的体认加以提升，去观照与体味自然万物的“生意”，以本真纯然之心去感悟与体验天地万物之“仁”，其中的乐趣自然是只可意会而不可言传。

审美是心灵的创造活动，须得胸襟廓然，脱净尘渣，以生命本身去体悟“理”与“道”的节奏。“理”，或者说是“道”，是生命的原初生成域，是宇宙灵魂，生命源泉，是“美”之所在，总是存身于“腾踔”的“万象”之中，虚实一源，体用不二，因此，要在审美活动中达成与“理”或“道”的合一，体悟到生命的真谛，就必须“于空寂处见流行，于流行处见空寂”，将虚奥的生命意义落实于日用万相之中。如此，就得澄心静怀，去蔽存真，以澄明的心境去感受、领悟万千风景中具象的灵魂、生命，凸现一个审美客体。在这种“去蔽存真”的审美活动中，于虚空中传动荡，神明里透幽深，超以象外，得其环中。在这样虚空明静、灵动透彻的心境中，一花一鸟，一树一石，一山一水，都会呈现与流荡着一种形而上的，非写实的宇宙灵气。达成“去蔽存真”审美了悟，故能见“万化流行，上下昭著”，进而在人生境域的追索达于极致，以体味到“生生之大德”、“生生之仁”的审美意趣。张载在称颂程颢时就曾经说：“明道窗前有茂草覆砌，或劝之芟。曰：‘不可，欲常见造物生意。’又置盆池蓄小鱼数尾，时时观之。或问其故，曰：‘观万物自得意’。”①青草游鱼，真是平凡不过，明道，即程颢，却能从中领悟生生之意，而体味自得之情。所谓“槛前流水心同乐，林外青山眼重开”②，“醉里乾坤都寓物，闲来风月更输谁”③。诗人在天地间随意漫游，心物一如，情景交汇，人的个体生命与宇宙自然生命圆融和熙、共有生机乐趣，“天地万物一体”，真心实意，纯净无染，真实不虚、率真自然，坦荡无私，故而能净化人的心灵。乐山乐水乐花乐春，于欣欣向荣的万物中，心物合一，于平常生活感悟原初之生命域“道”，“人欲尽处，天理流行”，与天地自然大化流

---

① （明）黄宗羲：《宋元学案》，中华书局 1984 年版，第 578 页。
② 《二程集》，中华书局 1981 年版，第 481 页。
③ 《二程集》，中华书局 1981 年版，第 481 页。

行之“道”“一体”,乐而忘忧、忘返忘我,物我两忘,于自然美景之中,天理人欲混一,无边光景,皆天人一体,理欲一如,饶富神韵。而胸怀风月,独寻“乐”趣的诗人则怡然诗中。

第五节 中晚明之自然审美意识

所谓“自然审美意识”,即中国古代美学所谓的“顺应自然”。该命题强调审美活动中审美者必须澄心静虑,虚静心胸,以心游目想,敞亮原初诚明心性,任心随意,顺应自然,自由自在,自适自得,悠然陶然,即境缘发,以获得直观感悟,通过“由己”“返身”“归朴”,“还原”到“深心的自我”,以达到真力弥满、气势恢宏,含而不露,万千滋味尽在其中,兴到神会,超脱自在,从而从中体验自我,实现自我,顿悟天地生命奥妙的审美境域。并由此而生动地体现着中国美学缘在构成的自由精神。

“顺应自然”之“自然”并不是现今所谓的人之外的自然界,而是对自然万物的一种具有存在论意义上的规定或阐明,就是道家美学所谓的“道”。“道”是万物的本体和生命,而“道”的内涵又是“自然”。老子认为:“道常无为而无不为。”就是说,“道”尽管为天地万物的原初构成域,但又不是有意志、有目的的主宰。“道”应该既形上又形下,既抽象又具象,既先验又经验,是实体性与非实体性的统一。“道”具有能生而又不被生的永恒不息动力,其表现特征为空灵、自然、无为、永恒,而“自然”则是对“道”的一种理论意义上提升,生动地表述了“道”所规定的本质内涵。就“道”的意义看,万事万物、宇宙大千都是自其所自、然其所然的,物原本有所然、有所可,所谓顺应自然,即遵道守道,然其所然,可其所可,在方法方,在圆法圆。这种“自然”之“道”即“天道”,决定了万事万物的存在是自然而然的。自然而然强调了万物所生所在均是由自。这种审美意识推崇“道法自然”,主张审美者在审美活动中应该“以天合天”、如其所如,水流花开,过雨采萍,任其自然而物自生,不假修营与“人为”而功自成。在中国古代美学自然审美意识看来,宇宙万有所生所在都是由自自生的,“他者”莫能使之然,也莫能使之不然,不知其所以然,更不知其所以不然。这也就是“道”“无为而无不为”的“自然而然”的本来属性,也就是说要让万物如其所是地呈现、存在。

原本自然,“天道”自然强调了万物所生所在都是自然而然的,自己决定,自由生长,自我生成,自然自为。老子所谓的道法自然、无为而为、淡泊恬静的审美态势,在齐物顺性、物我同一中泯灭彼此的对峙,自然无为,主客体之间显现出相亲相和、休戚与共的关系。同时,保持自由自在的心境,让心灵自由徜徉,人对外部世界,对自然万物,始终保持着一种精神上的自由,在主体虚静空明的审美心境中,自然万物与人自由地认同,人自由地驾驭、吐纳万物自然。

在这一问题上,无论是程朱理学还是"阳明心学",都主张在人与自然的审美活动中,审美域的达成必须"顺应自然"。

一

具体说来,程朱理学之美学思想应该有两种构成,一种为纯粹美学思想,另一种则为社会美学,或者为社会伦理美学思想。前者建构于其"天理"之说,后者建构于其"义理"之说。在程朱理学看来,宇宙间万事万物的生成原初域为"理"。"理"是形上与形下共存,合而一体。就形上意义看,"理"无所不在,"理"不生不灭、不常不断、不一不异、不来不出。人与天地万物都生成于"理","理"即"道"。应该说,这种"理"就是"天理",也即"天道",为自然而然、本然天然的存在法则。就"天理"的意义而言,天人相类,人与"物"原本一体,自己如此、自身原来就是一体相合的。因为"天"与"人"都生成于"理",通过"理"而天人一致,进而天人相应,天人相通。所以,整个宇宙,犹如一个生命体,人与万物都是这个大生命体的一部分。同时,遵循天然本性,包括人在内的自然万物既是一体,又各有呈现、各有其分,依此而构成与表征为整体的和谐与秩序。人的天性灵明能觉,其原因就在于能够去蔽,是其所是、存其所存,以维护通贯一体和谐之生命运行。与这大生命一体流行,参加、赞助这大生命的有序运行,德其所德、序其所序、明其所明、然其所然,就是"天人合一"、"天人一体"之域的生动呈现。

因此,程朱理学认为"为仁由己"。所谓"为仁由己",即能否达成"仁"之域,不依靠他者,完全是由人自身决定的,是自其所自。同时,程朱理学认为,个人主观上达到"仁"之域,也即达成"天人合一"之域。但同时程朱理学主张人绝不止于个人主观上达到"仁"之域,还要追求与还原到"天下一体"之域。

在审美价值诉求上,程朱理学"居敬穷理"、"与理为一"①,主张人生追求的最高境界是自我的人格修养与道德修养的完善。在这种审美价值观念的影响下,宋代的作家多以平和理性的态度应世待物,"不以物喜,不以己悲"②,在美学创作中呈现出冷静与理智的势态。这种审美价值观念体现在审美创作上,则继承了韩愈

---

① 《朱子语类》卷八。

② (宋)范仲淹:《岳阳楼记》。

“文以载道”的传统，多以弘扬“道统”为己任。如朱熹就认为：“道者，文之根本。文者，道之枝叶。惟其根本乎道，所以发之于文，皆道也。三代圣贤文章，皆从此心写出，文便是道。”①呈现出“宋人好言理”的倾向，形成了“以文学为诗，以才学为诗，以议论为诗”的审美特点。

而到了明代，随着“心学”思潮的兴起，必将导致审美价值体系与审美价值观念的重构，以引起美学思潮的重大变革。在“阳明心学”看来，“天地万物”因人的“灵明”而存在，人的“灵明”主导“天地万物”，基于此，王阳明提出了“自明本心”和“反身而诚”的审美方式。他说：“君子之学，以明其心，其心本无昧也，而欲为之蔽，习为之害，故去其蔽与害而明复，非自外得也。心犹水也，污入之而流浊；犹鉴也，垢积之而光昧。孔子告颜渊克己复礼为仁，孟轲氏谓万物皆备于我，反身而诚。夫己克而诚，固无待乎其外也。”②在他看来，“良知”是人本身先天固有的主观伦理意识和“非自外得”的“至善”的“天命之性”。那么，“致良知”，实现道德修养的唯一途径，自然是以“反身而诚”的自省和“以明其心”的体悟，保持或恢复“良知”的纯洁，以自省本心固有的“良知”的方式“去人欲，存天理”，以达到伦理人格的自我完善。这里，体现出对人向往自由审美诉求的高度强调和个体意识的充分张扬，实现了对程朱理学的批判与反拨。要求个性解放，主张人格独立，重视人的价值，推崇“人性”的自然，强调人的尊严成为一股强有力的美学思潮。这种思潮在美学思想领域的讨论中得到了充分的体现。“人者天地万物之心”③，在心学家看来，“是心也，万事之所从出，万化之所由行者也”④，万事万物是由“心”所创造的，宇宙的千变万化由“心”所操控，“人”自然是宇宙万物的主导。从而在天人关系上，大大提升了人在宇宙天地间的地位，弘扬了个体意识。王阳明认为，“良知良能，愚夫愚妇与圣人同”⑤，主张圣愚平等。王艮则在此基础上，进一步认为，人的平等不应该仅仅基于人性的意义，更应该体现在人格意义上。他强调指出：“夫子亦人也，我亦人也。”⑥在他看来，即使是孔子，在人格意义上，与常人是相同的、平等的。王艮认为，人与人之间是平等的，应该互爱互信。只有友爱他人，才能得到他人的友爱；只有信任他人，才能得到他人的信任。他发展了王阳明所提出的“良知”人性说，认为“良知”应该是自然人性，“良知之体，与鸢鱼同一活

① 《朱子语类》卷一三九。
② 《王阳明全集》卷七《文录四》。
③ 《阳明全书》卷六《答季明德》。
④ 《阳明全书》卷六《答季明德》。
⑤ 《传习录中》。
⑥ 《明儒学案》卷三十二《泰州学案》。

泼泼地。当思则思,思则通已”①。在他看来,所谓“良知”,就是“自然天则,不着人力安排”②。他强调指出:“人性上,不可添一物。”③“人心妙万物而不测者也!性如明珠,原无尘染,有何睹闻?著何戒惧?平时只是率性所行,纯任自然,便谓之道。及时有放逸,然后戒慎恐惧以修之。凡儒先见闻,道理格式,皆足以障道。”④“纯任自然,便谓之道”⑤,强调人性自然,这是“阳明心学”及其后学的重要思想。《中庸》云:“天命之谓性。”“人性”源于天,失去“人性”,就不再是人。所以,“人性”蕴藉于生命之中,存在着却不外露。“人性”自于天命,是不证自明的;“性”外露为“情”,人的情感是不一样的;端正心志可以控制“情”,使其适度,这就是“和”。对此,罗汝芳在《近溪语录》中提出“赤子之心”并且加以解释:“《中庸》性道,首之天命,故曰:道之大原出于天。又曰:圣希天。夫天则莫之为而为,莫之致而至者也。圣则不思而得,不勉而中者也。欲求希圣希天,不寻思自己有甚东西可与他打得对同,不差毫发,却如何希圣得他?天初生我,只是个赤子。赤子之心,浑然天理。细看其知不必虑,能不必学,果然与莫之为而为,莫之致而至的,体段浑然,打得对同过。然则圣人之为圣人,只是把自己不虑不学的见在,对同莫为莫致的源头,久久便自然成个不思不勉而从容中道的圣人也。赤子出胎,最初啼叫一声。想其叫时,只是爱恋母亲的怀抱。却指着这个爱根而名为仁,推充这个爱根以来做人。合而言之,曰仁者人也,亲亲为大,若做人的常自亲亲,则爱深而其气自和,气和而其容自婉,一些不忍恶人,一些不敢慢人。所以时时中庸,其气象出之自然,其功化成浑然也。”⑥所谓“赤子之心”,即“天初生我”的本心。“赤子之心”“不思而得,不勉而中”,是人的自然本性。“赤子之心”“其气象出之自然”。就像孟子所说的“良能良知”是“不学而能”、“不虑而知”一样,“赤子之心”也是“知不必虑,能不必学”,“莫之为而为,莫之致而至”。“赤子之心”以“仁”为“爱根”。赤子初生时的一声啼叫,表示对母亲怀抱的爱恋,这个“爱根”就是“仁”。故曰:“仁者人也,亲亲为大。”由此看来,所谓“赤子之心”就是“天初生我”的自然人性。而学问的宗旨,就在于保持这种“赤子之心”。在罗汝芳看来,“外求愈多,中怀愈苦”,因为“赤子之心”本来就是“知不必虑,能不必学”,“莫之为而为,莫之致而至”,如果“驰求外物以图安乐”,其结果必然是“愁苦难当”,适得其

---

① 《语录》:《王心斋先生遗集》卷一。
② 《语录》:《王心斋先生遗集》卷一。
③ 《语录》:《王心斋先生遗集》卷一。
④ 《明儒学案》卷三十二《泰州学案》。
⑤ 《明儒学案》卷三十二《泰州学案》。
⑥ 《明儒学案》卷三十四《泰州学案・罗汝芳传》。

反,反对以"外求"的方式通过外在束缚保持"赤子之心"。也正是因为"大道只在此身","知能本非学虑",保持"赤子之心"的方式,应该是"身心一体",任其自然,以自然之性行自然之事。"不须把持,不须接续","解缆放船,顺风张棹"。受罗汝芳论"赤子之心"的启迪,李贽鲜明响亮地提出"童心说"。推重"人"纯然本然的真心、纯洁真诚之心,注重个体,崇尚自然,要求解除羁绊,挣脱束缚,还原原初自然的本心本性。这种对还原自然本然原初心性的极力倡导,导致了嘉靖万历时期的个性解放思潮。而在王学诸子中,这种个性解放思潮突出地体现为对"狂者"人格的追求。据《传习录下》载,王阳明就以"狂者"自居:"我在南都以前,尚有些子乡愿的意思在。我今信得这良知真是真非,信手行去,更不着些子复藏。我今才做得个狂者的胸次,使天下之人都说我行不掩言也罢。"这种"狂者胸次"为王学诸子所继承,王畿在《与梅纯甫问答》中明辨狂、狷、乡愿:"古今人品不同,如九牛毛。孔子不得中行而思及于狂,又思及于狷。若乡愿则恶绝之甚,以为德之贼,何啻九牛毛而已乎?狂者之意,只要做圣人,其行有不掩,自是受病处,然其心思光明超脱,不作些子盖藏回护,亦便是得力处。若能克念,时时严密得来,即为中行矣。狷者虽能谨守,未辨得必做圣人之志。以其知耻不苟,可使激发开展以入于道:若夫乡愿,不狂不狷,初间亦是要学圣人。只管学成彀套,居之行之,像了圣人忠信廉洁,同流合污,不与世间立异,像了圣人混俗包荒。圣人则善者好之,不善者恶之,尚有可非可刺,乡愿之善既足以媚君子,好合同处又足以媚小人,比之圣人更完全无破绽。譬如紫色之夺朱,郑声之乱雅,更觉光彩艳丽。苟非心灵开霁,天聪明以尽者,无以发其神奸之所由伏也。夫圣人所以为圣,精神命脉,全体内用,不求知于人,故常常自见己过,不自满假,日进于无疆,乡愿惟以媚世为心,全体精神尽从外面照管,故自以为是,而不可与入尧舜之道。学术邪正路头,分决在此。自圣学不明,世鲜中行,不狂不狷之习沦浃人之心髓。吾人学圣人者,不从精神命脉寻讨根究,只管取皮毛支节,趋避形迹,免予非刺,以求媚于世,方且傲然自以为是,陷于乡愿之似而不知,其亦可哀也已!所幸吾人学取圣人彀套尚有未全,未做成真乡愿,犹人可救可变之机。苟能自返,一念知耻即可以入于狷,一念知克即可以入于狂,一念随时即可以入于中行。入者主之,出者奴之,势使然也。顾乃不知抉择,而安于其所恶者,不安于其所思者,亦独何心哉?"这里就推崇蔑视权威,反叛传统,有着高远的志向,独立的人格。只是要做圣人,志向高远,不屑弥缝格套以求容于世,不墨守成规,按传统方式和权威范式步步亦趋,"而从精神命脉寻讨根究"。主张真率自然,率性而行,保持强烈的个体意识和个性特征。主张真诚自然,"广节而疏目,旨高而韵远",个性鲜明,不拘细节,"其心事光明超脱,不作些子盖藏回护",光明磊落,率性而行。反对"趋避行迹,免于非刺,求媚于世",掩饰自己的个性以趋势好名，虚伪媚俗，体现出一种强烈的蔑视权威、冲破世俗、张扬个性、率真任性的思想倾向与审美诉求。

二

人性即自然。应该说，“阳明心学”提出的“心即理”，“心外无理”，在客观上为“人性”与“人欲”的本然存在说，即“人性”与“人欲”就是“自然”的观点提供了思想基础。正是在这个基础之上，阳明后学提出“著衣吃饭，即是尽心至命之功”，主张在日常生活中“尽心至命”，认为“百姓日用是道”。王艮说：“圣人之道，无异于百姓日用。凡有异者，皆谓之异端。百姓日用条理处，即是圣人之条理处。”① 普通百姓每天的生活就是“道”，“道”具有一种普泛性和隐秘性。王襞也认为，“吃饭穿衣”与“今日之学”相同，“大凡学者用处皆是……以舜之事亲，孔之曲当，一切皆出于自心之妙用耳。与饥来吃饭，倦来眠，同一妙用也，今日之学，不在世界一切上，不在书册道理上，不在言语思量上，直从这里转机。……穿衣吃饭，接人待物，分清理白，项项不昧的，参来参去，自有个入处”。② 在他们看来，“道”不远人，应该包含“百姓日用”、“穿衣吃饭”这些最一般的、日常生活。“道”不必远求，就在身边、当下，事事都是，处处都是，一切都是“道”。“饥来吃饭，倦来眠”这些属于人自然而然、天然本然的、为人生存的合理欲望都是“道”。在“阳明心学”诸子中，充分肯定人欲，并提出“寡欲”和“育欲”的是何心隐。他认为，“人欲”是一种自然而然的存在，具有存在的合理性。他指出：“性而味，性而色，性而声，性而安佚，性也。”从“人性”为人的本然、自然。由此出发，他充分肯定“人欲”存在的合理性。指出：“欲鱼欲熊掌，欲也。”“欲生欲义，欲也。”“欲货色，欲也。欲聚和，欲也。”因为，“心不能以无欲也”。

的确，“人性”、“人欲”乃是一种本然、天然，是“自身如此”或“自己而然”，可以说，“人性”与“人欲”就是“人道”。就“道”的立场看，“人道”与“天道”相同。“人道”与“天道”即“道”，亦即包括人在内的宇宙万物“自身生成变化”之“道”。而“道”就是“理”，就是“天理”、“义理”、“人理”，在阳明心学，即“心”。本心本性，即本然之心，本然之“理”，即天地万物自身生成变化的本来状态，即自由伸展的存在状态，即本然、天然、自然而然的发生与构成态势。“天道”自然，“天理”本然，就是自己如此，不加以干涉，让物其所物，自其所自，然其所然，顺任自然。

① 《语录》：《明儒王心斋先生遗集》卷一。

② 《何心隐集》，中华书局 1960 年版。

“理生于心”是自然而然的。“理”即“道”,“道”的本性是自然无为,天地自然无为,“理”也应该如此,其“生于心”就是自然而然地发生的。体悟“道”与“理”之无为自然的生命属性,并以之作为“人”的生存规则,以及文艺审美创作活动的规则,回归本心本性,还原到原初,自其所自、然其所然,纯任自然,去蔽揭蔽,超越尘世,不孜孜汲汲,为蜗角虚名、蝇头微利、利害得失而锱铢计较、终日奔劳。显然,要进入到审美创作活动,必须澄心净意、顺应自然,只有心地空明虚静,本然真诚,不依赖外力,而致使本心澄明,包括人在内的自然生命才能是其所是,道其所道,获得自由的、本真的生存。这是顺势而为,无为而为,不得不然。“欲”是“人情”、“人性”,是“自然而然”的,天然的,天生如此的。一般人的“性”就是解决“食色”,饮食男女是人的“天性”。当“性”涉及每个人的原初心性时,这里的“性”就可以理解为表达自我的“个性”、“率性”、“真性”。每个人的“性”也是天然如此,不能改变的,天性所受,各有本分,个性、率性即每个个体的自然本性,是其生成变化的终极动因。正是在这个理论基础上,中国美学认为“适性”就是“逍遥”、“自然”。即在其规定性之内的任何有为都是适性的表现,如果反性违情,就不逍遥,不自然。既然“适性”即“逍遥”,“顺应自然”就是“逍遥”,那么,“逍遥”也就不是什么难以达到的境域。即使是凡夫俗子、普通百姓,只要顺应自己的自然本性,表达出自我的个性,也能达到“逍遥”的境域。这里的“逍遥”为“现实”生活中可见可行的“逍遥”。体现于具体活动中,则强调以个性自然为本,并且呈现为一种“率性直往”、“任性而为”、“随心任意”、“率性自然”、“率性而动”的独立意识与个性自由。

“人”的“致知”活动,尤其是包含于其中的“率性直往”、“率性自然”的审美活动,都必须符合“天理”,顺应自然,遵循天地万物的本然属性,是其所是、然其所然、自其所自、道其所道,从而使自然本性得以敞亮、外化和自明。当然,既然涉及“顺应”、“遵循”,就有属于“人”的立场、“人”对自然万物的态度问题,而并非只是消极的“顺应”、“遵循”。在审美活动中,消解“人”的中心意识、主体意识,以尽可能使人本心本性呈现,敞亮本然自然的心性。因此,“适性”即“逍遥”,不但肯定“人”顺应自然而进行的审美活动,而且还为“人”的审美活动必须突出自然性作出了解释,反对“人为”。“自然”即本然,是包括“人”在内的天地万有本来的属性。这是“人”,或者说是阳明心学所谓的“心”所无法变更的。所以说,“适性即自然”。“心”与“理”同一、本一。而“理一”就是“心”、“理”的同一。同时,所谓“理至”就是“心”与“理”的同一,“心”、“理”的同一,即“至理”,“至理”即“理一”。由此,可以说“理一”、“至理”就是“自然”,“自然”即“本然”,也就是“理”。天地间万事万物只有顺应这种作为“自然”的“理”,达成然其所然之域,则能“适性”而“逍遥”。“理”即“自然之理”,只有“顺”之或“适”之,才能达到与“自然”,

即“理”冥然为一之境域。“自然”与“至理”虽为最高之境域，但并不外在于万事万物，而就在万事万物的自身之内。可以说，正由于此，中国古代美学具有浓重的重自我、重内心的特征。无论是对本心本性的强调，还是推崇为仁由己、求仁得仁、诚者自成，无论是重视自然天然、任性放达、自得自主，还是强调抒发真情、要求率真写真，还是传达气韵神韵、注重任心表意等等，都是对日常生活与“个性”张扬的注重。符合人的自然本性的文艺审美创作活动也就是中国美学所标举的“率性”的、“逍遥”的、“适性”的、“潇洒”的审美域。在文艺审美创作活动中如何处理“自然”与“人为”的关系，如何通过文艺审美创作活动真正释放“人性”、“人欲”的“自然”，心灵的“自然”，也就成为中国美学所追求的审美目标和价值。

第六节 晚明缘在构成审美意识

晚明缘在构成审美意识主张自然随意，自其所自，然其所然。这与当时的“阳明心学”和其所推崇的“本真”生存诉求的影响分不开。在“阳明心学”注重个体精神、推崇自我意识、向往“本真”生存思想的作用下，美学思想发生了变化，兴起了一种主旨在于弘扬“人”的个体意识，追求作为个体的“人”的尊严，主张“人”的自由，推崇个性化、自得化、自主化、自为化的“本真”生存与诗意化审美思潮。在这种思潮影响下，其时的美学思想与缘在构成审美意识都得以进一步成熟。

所谓缘在构成审美意识，就是审美活动中要求人回复本心，返归真性，即将自身置于敞亮的纯粹境域，绽出于宇宙间的万事万物之中，心物相融，随顺自然，与道合一，缘在构成。就当今存在论美学视域看，这种与道合一，缘在构成，乃是作为“此在”的“人”在社会人生的一种生存可能，也就是海德格尔所谓的“真”，也即一种诗意栖居，即“人”、“人心”的“无蔽”与“敞亮”、“澄明”，或谓作为此在的“人”的生存可能性的“无蔽”与“敞开”，是存其所存、然其所然、自其所自、是其所是。中晚明时期，在一种注重个体精神，推崇自我意识，向往“良知致”，追求“本真”生存思潮的作用下，美学界发生了变化，弘扬“人”的个体意识，追求作为个体的“人”的尊严，主张“人”的自由，强调“人”的自主性和独立性，肯定“人”的欲望，以调动“人”的积极性，发挥“人”的创造性，提倡自主自尊，要求把“人”从专制制度与陈腐的思想观念中释放出来，推崇个性化、自然化、自明化、自为化与艺术化、诗意化的随意任心，缘在构成，崇尚审美活动中的自得、自由、自乐、自在，并影响及其时的审美诉求。应该说，这种缘在构成审美意识的形成及其独特性与当时所兴起的“阳明心学”，以及由此引发的个性解放思潮和“本真”生存诉求的影响分不开。

一

晚明时期,缘在构成审美意识的形成与“阳明心学”的作用分不开。其时,承接陆九渊所谓“宇宙便是吾心,吾心便是宇宙”①的思想,王阳明进一步指出,“心外无物”,“心外无理”,强调“心者身下主宰,目虽视而所以视者,心也;耳虽听而所以听者,心也;口与四肢虽言动而所以言动者,心也”②,“凡知觉处便是心”③,认为“心”即是“理”,“理”就是“心”,天理、人理、物理只在“心”之中,提出“心学”这一概念,从而兴起了“阳明心学”。

“阳明心学”所谓的“心”,就是人的“灵明”,人的“灵明”“便是天地鬼神的主宰”,离开人心深处的“灵明”,“便没有天地鬼神万物了”。所以说,“位天地,育万物,未有出于吾心之外者”④。“夫万事万物之理不外于吾心”,“心明便是天理”。“所以某说无心外之理,无心外之物”⑤,人同此心,心同此理。包括审美活动在内的“人”的一切作为只是“发明本心”⑥。同时,“本心”、“心之虚明灵觉”,就是所谓本然之“良知”⑦。基于此,其时的美学思想强调人应该还原“本心”,归复原初心性,“良知致”,“致吾心之良知于事事物物”⑧。“良知”为人之原初心性,本然天成,勿助勿忘、莺飞鱼跃,本真自然,充满活力。“致良知”则是自然本真之“心”与天然本然之“物”的相应相融。王阳明指出:“吾儒养心,未尝离却事物,只顺其天则自然,就是功夫。”⑨所谓“功夫”,即“致良知”的方法。既然“良知”为“本心”“本性”,为纯粹“天理”“天则”,“致良知”,即敞亮内心原本就存在的“天理”,并由此以澄明“良知”“事事物物”,那么“事事物物”皆得以被显现,被直接给予于“人”,其本然“天理”与人之“本心”“本性”相互应化。所以说,顺其自然,即顺其天则,依其本然,就是“功夫”。“功夫”的实质就是忘却物我、消失生死、超脱社会功利。就审美活动而言,则审美者营造没有任何负累、本然的、纯粹自由自在的空明境域,以进入应和持守的审美心境之中,去顺应自然万物的生生不息、化化不

---

① 《陆九渊集》,中华书局1980年版。
② 《王阳明全集》,上海古籍出版社1997年版。
③ 《王阳明全集》,上海古籍出版社1997年版。
④ 《王阳明全集》,上海古籍出版社1997年版。
⑤ 《王阳明全集》,上海古籍出版社1997年版。
⑥ 《王阳明全集》,上海古籍出版社1997年版。
⑦ 《王阳明全集》,上海古籍出版社1997年版。
⑧ 《王阳明全集》,上海古籍出版社1997年版。
⑨ 《王阳明全集》,上海古籍出版社1997年版。

已，使人纯然之心性与宇宙间万事万物之本然相互融合、圆融一体。要达成这一圆润和熙、本然纯真之境域，审美者必须澄心静怀，养之以静，心与天地万物能并到一处。因此，可以说，所谓“致良知”，即一种审美化、诗意化、本真化、自然化生存方式的达成。“良知”，即“本心”，为人心深处之灵明、之灵觉，既是“人”身体之生成的本真原初，也是包括“人”在内的宇宙间万事万物生成的本真原初域，为天地自然、万有大千的原初本真生成之域，为万物一体审美域得以达成的原初本然生命力所在。“良知”之体，虚明莹彻，朗如太虚，为“聪明睿智”、“宽裕温柔”之源泉，圆融和熙，本性圆润，周遍万有，湛然常住，欣欣不已，不流于世俗；人只有虚怀若谷，返璞归真，解脱死生利害祸福之变的羁绊，不抱成见，超然自得，敞亮“良知”，从而才能达成“与物无对”，与自然万物一体的审美域。

在“阳明心学”看来，作为宇宙间的万事万物原初生命力所在的“良知”为“人”的原初心性，人人皆有。“致知”就是致吾心内在的良知。良知人人具有，个个自足，是一种不假外力的内在力量。“致良知”就是将“良知”敞亮到万事万物，时时刻刻“致良知”。“吾心之良知即所谓天理。”正由于此，所以“阳明心学”充分肯定“人”的个体意识和独立人格，认为“满街都是圣人”，“心之良知是谓圣”。① “你看满街人是圣人，满街人倒看你是圣人在。”王学后学王艮进一步认为，“百姓日用即道”②，人人都是“君子”。人原初心性是无知无欲、纯粹皓洁的，但被抛入于世后，在朝扣富儿门，暮随肥马尘，四处奔波，与世沉浮，上下周旋的尘世生活中，“本心”被物欲所遮蔽，因此，只要通过去蔽存真，回归原初之心性，而“致良知”，则人人都可以为圣人、为“君子”。所以说尧舜与途人一，圣人与凡人一，圣人不曾高，众人不曾低，庶人并不低下，侯王也不是本性就高贵。这种思想影响当时，形成一种要求个性解放，主张人格独立，重视“人”的价值，强调“人”的尊严，强调自尊独立的自然意识。倡导敞亮人之自然心性，认为“天性之体，本是活泼；鸢飞鱼跃，便是此体”③，“良知之体，与鸢鱼同一活泼泼地”，原本就天然纯真，“自然天则，不着人力安排”，反对外在的束缚，认为外在的东西，对人是一种羁绊，压迫了生命的真情，“凡涉人为，便是作伪”④，主张随顺自然，尚真任情。这种注重张扬个性的思潮影响及其时的审美意识转向，从而导致审美价值取向与审美诉求的重建，引发了个性解放思潮的兴起，并导致其时美学思想的重大变革与缘在构

① 《王阳明全集》，上海古籍出版社 1997 年版。
② 《王心斋全集》，江苏教育出版社 2001 年版。
③ 《明儒学案》，中华书局 1985 年版。
④ 《王阳明全集》，上海古籍出版社 1997 年版。

成审美意识的重构。

正是由于对“天理在人心”①,宇宙天地间绝对不存在“心外之事,心外之理”②的主张,所以“阳明心学”及其“阳明后学”重心灵、重自我,所谓“吾心自有光明月,千古团圆永无缺”,“良知”为原初本真之心,“仁人”之心,澄明个体自身的“良知”,从心灵出发,以照亮山河大地为“人”本真自然生存的必要态势。“良知”之体无不具足,无不如意,澄明“良知”,可以使人不惑不忧,“信步行来皆坦道”,能够达成“捐得失之分,齐生死之故,洞然忘怀”之超然自得、从容浑然的审美域。就审美活动而言,“人”必须通过去蔽,激发“良知”,敞亮自然纯然的本心本性,促使其自明、自觉、“自作主宰”、“自然圆成”,使自己原初本有的“天命之性”,即本真自然之性,得以澄明于“心”,由此以深切感受、体会自身的审美价值,并对之形成无限的敬畏心态,进而获得自主自由精神,达成心地敞亮、明澈、自然、纯一之审美域。换言之,要达成这样的纯真本然之审美域,则必须以朴素之心、本真之性出离自身、超越私欲,回返原初心性,显露“良知”。在“阳明心学”看来,“人”所追求的自然纯一境域应该通过自我人格修养与审美修养来达成,因此,需要超越尘世杂念。受这种审美意识的作用,当时的美学家多以平和的心态与淡然超然的态度应世待物,无论“人”之外的自然万有与社会人事有何变化,也不管“人”自我遭遇任何艰难困苦、坎坷曲折,都要淡定,以豁达大度、宽宏通泰、坦然淡然的心胸去面对。这种坦然淡定的胸怀呈现于审美活动中,则为“致良知”,即回复还原到本心本性,敞亮原本纯真明洁的“良知”,超越尘世的贪欲,以达成人格的自我完善。表现在美学作品中,则表征为静谧恬淡,自其所自与然其所然、道其所道、如其所如的审美态势,以及“道心”与“人心”一体相通,相交相融。就“阳明心学”而言,“心”是形上与形下、体与用的同一。所以说“心”是“气”之“精爽”,“心有体用”,“心统性情”,“道心”与“人心”一体相通,相交相融,并由此而形成其时所特有的缘在构成审美意识。

在“阳明心学”看来,“心”为生成万物的原初。宇宙万物都不过是作为一种精神本体和主观意识派生的产物。“人是天地的心”。“心”“只是一个灵明”。“天地万物”因“人”的“灵明”而存在,“人”的“灵明”主宰“天地万物”,因此,“心”就是“理”。作为宇宙万物生存的原初,“心”体现在人类社会和人际关系上,就构成规范人们行为的道德原则。有什么样的“心”,便有什么样的“理”;“人”要“致良知”,实现道德修养上的人格完善,不能依靠外力,即不能依靠“他者”,必须通过

① 《王心斋全集》,江苏教育出版社2001年版。
② 《王心斋全集》,江苏教育出版社2001年版。

“自明本心”和“反身而诚”的“自澄明”流程。“人”的本来之“心”是“无昧”的，由于后天的“欲”与“习”，而“为之蔽”、“为之害”，“非自外得”，所以只有通过“自明”。“良知”就是“人”的“灵明”，就是“人”的“本心”，是“人”本身先天固有的本性，是“非自外得”的“天命之性”。“百姓日用”就是“道”，而“良知”人人都有，是“僮仆往来”一类普通人的日常琐事与世俗活动，包括百姓大众的寻常生活、穿衣吃饭等等，一切人等的“视听持行”都是遵循自然、顺应自然的行为，都是“道”，即“道法自然”的生动呈现。“人”的所有活动原本就顺应自然，良知天成，不假人力，都不是刻意为之。即如王艮所指出的：“良知一点，分分明明，亭亭当当，不用安排思索，圣神之所以经纶变化，而位育参赞者，皆本诸此也，此至简至易之道。”①“良知”的审美特性就在“不用安排思索”，是一种本真自然、“至简至易”、极为素朴，天热本然；人人心中都有“良知”蕴藉于中，只要顺应自然，敞亮“良知”，就能达成“良知致”审美域。因此，“致良知”的实质乃是“良知致”，要实现“本心”的“澄明”，其唯一途径，自然是通过“反身而诚”、“去其蔽与害”和“以明其心”，即“本心”的“自明”的体悟，保持或恢复“良知”的纯洁。所谓“自明”，就是自省本心固有的“良知”的审美化流程，只有通过这一流程，才能极好地达成文化品格的自我提升与自我完善。正是从这一意义来看，“阳明心学”及其“阳明后学”的美学意义与审美诉求，就在于其针对个体审美素质问题，强调从“人”自身做起，通过“良知”的去蔽，本心本性的澄明，以呈现“人”的个体性与自我价值，进而完善自我，达成“并重”审美域。

“阳明心学”及其“阳明后学”在尊重和关注个体生命的基础上，提出“良知”与“致良知”的学说，以“心”为万事万物生成的原初，从而将“成圣”与“成己”的流程统一起来。由于“阳明心学”把“良知”作为本原，作为生成宇宙间万事万物的原初域，因此“良知”也自然取代了“天理”，成为其时哲学与美学思想的最高范畴。并且，“阳明心学”的“致良知”说的审美取向显然强调了个体人文品格的自我完善必须通过自省、自呈、自澄明的流程。

二

必须指出，“阳明心学”所提倡的“致良知”，在“存理去欲”的审美取向上强调通过自省、自呈、自澄明的流程以达成个体人文品格的自我完善的思想，对当时缘在构成审美意识的重构具有直接的影响。

---

① 《王心斋全集》，江苏教育出版社 2001 年版。

晚明时期的这种具有强烈时代色彩的缘在构成审美意识提倡"自得"说,主张诗意栖居,认为"直心以动,无不是道"①,主张回归原初心性,推崇"本真"自然生存,以实现"人"的自我意识,自其所自,道其所道,得其所得的观念,显然与"阳明心学"所倡导的"现成良知"、"良知""原自现成,顺明觉自然之应"、"良知""自然和乐、当下圆成"美学思想的影响分不开。如王阳明的学生王畿就认为,"良知"是"人"的自然本性,是一种植于"人"的灵性的天然之则,是"先天"的,"致良知"就是"后天奉天时之指诀"。在《渐庵说》中,他极为生动地指出:"良知本虚本寂、不学不虑,天植灵根,天浚灵源,万事万化,皆从此出,无待于外也。致知之功,存乎一念之微,虚以适变,不为典要;虚以通感,不涉思为。"②在他看来,"人"的本性"良知"是自证自悟的,这也是一种天则,因为"自性本无一法可得",因而,只需把握住契机,观察其关键,在一念灵明之中进入了悟。他说:"只有当下一念,此念凝寂圆明,便是人圣的真根子。"又说:"吾人心中一点灵明,便是真种子。"③徐渭也认为,"人"的自然本性是与天俱来的,"人之情"就如同鱼饮水一样,是自然而然的,"圣人不能强人以纯天,以其人人也","因其人而人之也,不可以天之也,然而莫非天也",因为"人也,犹之天也"④。既然"本真"生存是人自然本性的回归,那么,保持"本真"生存,就是保持人的自然本性。"人"的本心本性,即"良知"是圆满具足的、本然自明的,而"致良知",就是促使"良知"自然明觉,"当下圆成"。在此基础上,徐渭强调指出,诗文审美创作乃是"人"真情实感的呈现,是为了"自适其趣"。他说:"今之和人之诗者,非欲以凌而压之,则且求肢而及之。未必凌且压,肢且及也,而胜心一起,所得者少而所失者多矣。而古之和诗,其多如苏文忠公在惠州时和陶渊明之作,今味其词,皆泛泛兮若鸥,悠悠兮若萍之适相遭,盖不求胜人,而求以自适其趣。"⑤因此,诗文审美创作应该以自然而然的流程表现创作者自己独到的、本真自然的思想感情,提倡"自得"、"自鸣"。在他看来,诗文审美创作"其情坦以直,故语无晦,其情散以博,故语无拘,其情多喜而少忧,故语虽苦而能遣其情,好高而耻下,故语虽简而实丰,盖所谓出于己之所得,而不窃于人之所尝言也。就其所自得,以论其所自鸣"。所谓"自得",指的是创作者具有个性化的真情实感;"自鸣"指的是个体情感的个性表现。不同的创作者,其情感是有差异的,即使是同一创作者,在不同的时空条件下,其情感因素也是有差异的。而诗文审美创作则

① 《明儒学案》,中华书局 1985 年版。

② 《龙溪王先生全集》,广文书局 1975 年版。

③ 《龙溪王先生全集》,广文书局 1975 年版。

④ 《徐文长文集》,上海古籍出版社 1995 年版。

⑤ 《徐文长文集》,上海古籍出版社 1995 年版。

应该适应这些情感的变化,不拘一格,自然而然地表现这些情感,呈现自身的“本真”生成态,以形成自己的创作个性。

在徐渭看来,即使是书法临摹,也应该“寄兴”,要“自得”,“时时露已笔意”,以体现“真我面目”。本着对“本真”生存,真情与“自得”审美诉求的强调,针对其时诗文创作中的模拟之风,徐渭在《叶子肃诗序》中进行了猛烈的抨击,尖锐地指出:“人有学为鸟言者,其音则鸟也,而性则人也。鸟有学为人言者,其音则人也,而性则鸟也。此可以定人与鸟之衡哉?今之为诗者,何以异于是。不出于己之所自得,而徒窃于人之所尝言,日某篇是某体,某篇则否,某句似某人,某句则否,此虽极工逼肖,而已不免于鸟之为人言矣。”①在徐渭看来,“出之于己之所自得”的诗文审美创作才弥足珍贵,而不能“徒窃人之所尝言”。而所谓“自得”,又是建立在创作者自然本性的“去蔽”与“澄明”基础之上的,是自其所自的真情的流露。如果离开了这个自然本性与真情实感,离开了创作者自己的“本真”生存态、没有出自真情,仅仅从篇章字句上模拟、重复古人,定然是“不免于鸟之为人言”,“其音则鸟也”。只有建立在“本真”生存态、发自真情的基础之上,审美创作中才能融会贯通,才能“师心横从,不傍门户”,其作品才具有新的、独具个性的审美意味。

显然,这种对诗文审美创作贵在“自得”、“自鸣”的推崇,其学理依据与心学后学所主张的“现成良知”,“良知”“自然圆成”,“良知”“原无一物,原自现成,顺明觉自然之应而已”,“良知”自然和乐、当下圆成,“不须更用致知”,“不须更用消欲工夫”,“良知不学而知”、“良知当下圆成无病”的“见在良知”思想的影响分不开。“见在良知”或“现成良知”,都“以日用现在指点良知”,讲“良知致”,主张“良知”的澄明,推崇“已发而立”,认为“直心以动,无不是道”。在“阳明心学”及其“阳明后学”看来,“良知”是澄明的,必须“本于归寂”而“始得”。这种促使“良知”澄明的流程,“如镜之照物,明体寂然,而妍媸自辨,滞于照明则反眩矣。有谓良知无现成,由于修证而始全”②。“良知”是“从已发而立”,“良知本来无欲,直心以动,无不是道”等等,其核心美学意义都主张自明,倡导审美域的“当下”、自然构成。

同时,这种诗文审美创作贵在“自得”、“自鸣”的主张显然与其时个性解放思潮所倡导的对个体意识的高度弘扬相关。“心即理”张扬了“人”的个体意识,颠覆了程朱理学中“天理”主宰所有的定势,使“天理”一降而为“良知”的附庸。“吾心者,所以造日月与天地万物者也。”强调了个体意识的作用。“人”的个体的道德

① 《徐文长文集》,上海古籍出版社 1995 年版。
② 《明儒学案》,中华书局 1985 年版。

修养和人格的完善流程不在于对外在的“天理”的体认，而应该是“反身而诚”，因而，“理”即“实心”。在程朱理学中超脱于“人”的个体之外，而又能支配万物及人生的“天理”因而失去了主宰一切的作用，而“人”在道德完善和伦理修养流程中的主观能动作用得到充分的肯定，“人”的个体意识得到高度的弘扬。“人”的个体意识的弘扬还引发了天人关系的思考。“天地万物本吾一体者也”①；“人者，天地万物之心也；心者，天地万物之主者也。”②“人”“自我”是自身存在依据和自然宇宙的原初，“自我”以外的世界实体是“自我”创造的“非我”，“心”与“天”通，“心即是道”，“心外无余道”，“心”自然包蕴天地万物，是天地万物的主宰。“赤子之心”是“天初生我”的本心。“赤子之心”“不思而得，不勉而中”，是“人”的自然本性。保持这种“赤子之心”，方信大道只在此身，此身浑是赤子，赤子浑解知能，知能本非学虑。至是，精神自来体贴，方寸顿觉虚明，天心道脉，信为洁净精微也已。保持“赤子之心”正是因为“大道只在此身”，“知能本非学虑”，保持“赤子之心”的流程，应该是“身心一体”。因此，审美创作活动中应该任其自然，“自得”、“自鸣”，以自然之性行自然之事，自其所自，然其所然，由此达成天机自现、自然天然的审美域。

晚明时期，在个性解放思潮影响之下，士大夫文人重视独立意志，珍惜个体生命，强调自尊自信，凡事要求自身承当，自信自重，品格追求磊磊落落，轻视媕婀媚世之态，认为“体仁之妙，即在放心”。不仅“体仁”只有“放心”，诗文审美创作活动中，更应该“放心”，即超越尘世俗见，澄明原初纯真之本心本性，随心任性，顺应自然，才能在创作中达成“本真”审美域。即如王畿所云：“贤者自信本心，是是非非，一毫不从人转换。”③因此，无论其人生生存境域还是诗文审美创作活动，都必须以“真”为最高诉求。追求所谓“真体”“真志”“真修”“真性”“真知”“真好”“真得”“真自然”等等。就创作者而言，则推重“狂者”，认为“狂者”蔑视权威，反叛传统，有着高远的志向和独立的生命品格。“狂者”“只是要做圣人”，志向高远，却“不屑弥缝格套以求容于世”④，不愿墨守成规，按传统流程和权威范式亦步亦趋，“而从精神命脉寻讨根究”。而“乡愿”虽然“亦是要学圣人”，但“只管学成彀套”，墨守成规，“同流合污，不与世间立异”，“圣人则善者好之，不善者恶之”，外表比圣人还要圣人，实质上是内伏“神奸”，虚伪之极。“狂者”在诗文审美创作

---

① 《王阳明全集》，上海古籍出版社 1997 年版。
② 《王阳明全集》，上海古籍出版社 1997 年版。
③ 《龙溪王先生全集》，广文书局 1975 年版。
④ 《龙溪王先生全集》，广文书局 1975 年版。

活动中往往真率自然,率性而行。其作品则有着强烈的"人"的个体意识和个性特征。"狂者""行有不掩",真诚自然,"广节而疏目,旨高而韵远"①,个性鲜明,不拘细节,"其心事光明超脱,不作些子盖藏回护",光明磊落,率性而行;而"乡愿"则"趋避行迹,免于非刺,求媚于世",掩饰自己的个性以趋势好名,"像了圣人忠信廉洁,同流合污",虚伪媚俗,"乡愿之善既足以媚君子,好合同处又足以媚小人"②。对"乡愿"的批判,是对虚伪媚俗的伪道学的深刻揭露;而对"狂者"的赞美,则表现出对个性解放的热情呼唤。晚明主张个性解放的文人不但在理论上标榜"狂者"人格,而且在实际生活与诗文审美创作中率性而行,真实应世,以"狂者"自居,表现出一种张扬个性的"狂者"风范。无论是王畿、王艮、何心隐,还是颜山农、邓豁渠、李贽,不管是在日常生活还是诗文审美创作活动中都体现出蔑视权威、冲破世俗、张扬个性、率真任性的"狂者"风范。

受个性解放思潮的影响,诗文审美创作贵在"自得"、"自鸣"主张的影响,其时缘在构成审美意识的核心要义就是强调创作者个性的张扬,主张自其所自、道其所道、成其所成。诗文审美创作活动追求"自得"、"自主"、自由、自然,强调诗文审美创作必须与"我"相关,反对"言假言","事假事",强调对"人"自然本性的回归,只信自己的心,我行我素,独断独行,自作主张。审美创作必须从"吾心"出发,要有"深情"、"真气"。要放达而不拘小节、追求本真,真实而不作伪,反对伪道学、口是心非者。主张我"心"即真的美学意义,其缘在构成审美意识的时代特色即在于蕴藉于其中的"个性"解放精神,这种精神赋予了诗文审美创作更多的想象与发挥空间,在思想上破除了程朱理学僵化的教条主义。中晚明缘在构成审美意识对"真"的诗文审美创作思想的提倡,推崇张扬"个性"的思想倾向,极大地促进了晚明诗文审美创作的转变。所谓"人"性皆真,即如李贽所强调指出的:"性本真,任性而行,自然而然为率。性因率真而自然而然地表现出来,故曰'真'。自己率性而行,又能使天下人率性而行,则为道。"这也就是说,"人"原初的本心本性是最为真实、最为自然的,而诗文审美创作的要旨就是致使本心本性的呈现,自其所自,然其所然,道其所道,依照天然自然的本心本性的澄明而去蔽解蔽,以达成"致良知"之审美域。基于这一审美价值取向,晚明文人崇尚自然真实,反对一切假道学和伪君子作风,认为人人都是圣人,满街都是圣人。日常生活即为"道"。反对程朱理学的"心"、"理"二分,认为"心"、"理"本自同一,心外无理,求之于心而非

① 《龙溪王先生全集》,广文书局 1975 年版。
② 《龙溪王先生全集》,广文书局 1975 年版。

也”。① 所以，尽管其言出自于孔子，也不敢贸然以之为是。即使“其言”“出于孔子”，也应该加以判断，而不应该轻易地“以为是”；尽管“其言”“出于庸常”，也不应该轻易否定，必须经过认真考察。不难看出，这中间极为重视一种个体精神，强调不要盲从，必须要有自己的主见，要独立思考，要有“贵得之心”。诗文审美活动中则应该以生命体验和精神翱翔、个性张扬来实现生命的自由，达成“本真”自然审美域。

① 《王阳明全集》，上海古籍出版社 1997 年版。

后　记

本书应该是自己多年来研究中国美学的一些体会。

认真探究起来，中国美学之所以主张审美境域的营构是触目道成、寓目知书、即景成咏、缘在构成，是与其“天人一体”审美意识分不开。

在中国美学，无论是儒家还是道家，都认为“人”与“自然”之间是相互联系、相互依存、相互渗透、互为一体的。针对这一现象，相关美学命题有天人一体、天人合一、天人合德、天人一气、天人不二、天人一贯、天人相与等等。

就现代语义看，“天人”所谓的“天”，指宇宙自然，“人”则指人类社会。在中国哲人看来，包括“人”在内的宇宙万物是一有机的生命体，而“人”之原初心性则是一虚灵的明觉，广大无际而可以含摄融汇自然万物。由是，人可以与宇宙自然和熙融洽、相通相济，相合为一，天人贯通、心物不二。

就儒家美学而言，孔子就提倡“仁”化心灵，主张以“爱人之心”建构人文关系，以达成天人合一，物我同体的审美域。孟子则主张：“仁民而爱物。”说：“万物皆备于我矣。反身而诚，乐莫大焉。”又说：“君子所过者化，所存者神，上下与天地同流。”（《孟子·尽心上》）从天人一体、物我一体的视域来看待自然万物，以致使自然万物融入“人”的生命存在，与“人”结成了一个意义结构的生命体，相互浸润。即如《易传》所指出的：“大人者与天地合其德。”（《周易·文言》）如是，“人”就该回归原初之本心本性，“尽心知性”，将“仁爱之心”推及开去，以及于他人，及于万物，进而达成“知天”、“同天”域。应该说，“知天”、“同天”之域，就是儒家美学思想所推崇的“天人合一”、“天人一体”、和熙融通审美域。“天地”与“人”一体并生，“万物”与“人”原本为一。后来宋代的理学家张载则说：“大其心则能体天下之物，圣人不以闻见梏其心，其视天下无物非我。”（朱熹《西铭论》）程颢也认为：“天人本无二。”（《二程集》）王阳明说：“心即天，言心则天地万物皆举之矣。”①他们都认为“天人”原本“一体”，“人”与万物彼此生命相交相涉，相亲相和，“人心”与“天心”本一，“人”与宇宙自然，原本互融一体，自然万物以“人心”为其心，天地自然是“人心”与“万有”的融汇贯通、相与为一。“人”与自然本来息息相通、一体相融，由于日常“此在”遮蔽了原初心性。要通过去蔽，敞亮本真，触目道成，达成这种生命域，“人”必须复归原初的“仁心”、“仁性”，保持“诚”、“仁”的生命本真存在态，去蔽存真，呈现本来面目。以“诚者”、“仁者”的原初态来对待自然万物，这样，万物自然不复再对我呈现为对象、客体。在“仁心”、“诚意”的润泽中，万物也如如地以其本来面目向我开放，“人”与“物”生命相接，气息相通，只有还原为一个“天人一也”的生命体，才能达成自其所自、然其所然的诗意化生存之域。

因此，儒家“天人一体”说承前启后，在中国美学思想史上具有重要的地位。

一

“天人一体”思想可以远溯到先秦。如何处理好“人”与自然间的关系，怎样对待天地万物，是中国美学思想一直以来所要解决的核心问题，因为“人”与自然的关系，涉及到如何确认“人”与自然关系间的内在机制，以及“人”与自然融通合一的持久性内在动力问题。“人”与自然和熙融洽，相互依存意味着宇宙间生命体的稳定和健全，关系着“人”的本真生存与诗意栖居，所以中国美学思想认为，“人”与自然融汇一体是“天地之大德”，是“仁”。

就儒家美学而言，其“仁”的思想意蕴深广，源头可以追溯到上古巫书《周易》。在《周易》看来，宇宙间万有自然是从无极而太极，以至万物化生的生成流。太极即为天地未开、混沌未分阴阳之前的原初生成态。太极生两仪，即阴、阳。两仪生四象，由四象而八卦，而自然万有，生生不息，化化无穷。宇宙间的一切事物和现象都包含着阴和阳，以及表与里的两面。天地万物，自然社会都由太极阴阳所化生化合，并决定着其间既互相对立斗争又相互资生依存，激荡氤氲，化生化合，由此而呈现出自然万物无穷无尽的变化及其奇特的对立、依存、消长和转化等现象。天地一体，万物一体，天人一体，天道、地道、人道合一，相互依存、和谐融通、相互契合。这种万有、天人同生于太极，原初就一体并存、交互融合的审美意识，源远流长，并成为中国古代美学思想的核心要义。

① 王阳明著、吴光等编校：《王阳明全集》，上海古籍出版社 1992 年版。

"天人"并生、同生、共生,一"生","生"为"天地"的"大德"。这里所谓的"生",应该是"生生不息"之意,即生其所生,自其所自,然其所然,遵循万物"生生不已"的生命流程,就是天地之大德。"生生之谓易",让生者去生,让存者去存,方其所方,是其所方,尊重宇宙间自然万物对"生生"的审美诉求,正是这种审美诉求成就了天地间的"大德"。这种"大德"也就是"仁"。孟子曾经指出,"仁心"与"仁性"是"人"原初本性。如"恻隐之心",即对受苦难之人的同情心,是人皆有之的;每一个人见到"孺子将入于井"的情景都会油然而生怵惕恻隐之心。尽管作为一种内心感受,有时是深藏不露的,不是一定需要或能够表示出来,但其纯洁性与纯粹性则是毫无疑义的。后来明代心学家王阳明则特别援引孟子的"仁心"与"任性"说,指出看见"孺子"即将落入井中,怜悯与同情之心禁不住忽然而生,这种心理现象的呈现表明"人"自身本性中的"仁"与眼前发生的场景一体相融。相似的道理,听到鸟兽哀鸣,见其惊悚恐惧的样子,不忍之心油然而生,表现为"人"原初之"仁心""仁性"与感知觉中的景象融为一体。这种推恩泽于民,进而推及到自然万物,以达成"一体之仁"审美域的"仁心"推广流,也就是"仁心""仁性"澄明与敞亮的流程。"生生"为"仁","人"得"仁"于"天","人"就是"仁"。"仁心""仁性"的澄明流,就是"人"以"仁心""仁性"事"天地",推"仁爱"之心及于万物,而"人"也在"推仁"流程中得到心灵的净化与升华,而万物自然则在"人"的"参赞化育"中沐浴到"仁"之光泽,是"人"的"成物""成己",是"天"与"人"的相互给与。原初于"仁",复归于"仁"。在这一"推仁"流中,"人"超越了个体欲求,"推仁"于宇宙间万事万物。这也就是中国美学思想所推崇的"一体之仁"。即使是一般之人,其原初心性中也存有"一体之仁"。而所谓"大人",即德行高尚,志趣高远的人,就更是达成"以天地万物为一体"之域的"人"。"一体之仁"就是"与自然天地万物为一体"审美域,达成这种审美域的"人",则为"仁者","大人"就是"仁者"。推恩泽于人,于自然万物,是一种无有穷尽的、周流不息的"推仁"之流,而"一体之仁"则是其中所达成的一种审美域。"天"与"人"的存在都是自然而然的,物之在其自己,天地万物原本与"人"同出一源,一体相融,殊无区别。"推仁"流中凭藉着人心的一点灵明或"良知"的去蔽,能够达成重返自然的本真生存态。就因为"万物一体",所以,作为万物中有"一点灵明"的人,要"推仁"以及于四海,及于自然万物,本其所本,仁其所仁,进而去蔽还原到本初,回复"天人一体"活生生的有机整体生存态。

儒家美学思想主张亲亲、仁民、"推仁"、爱物。即如王阳明所说:"仁是造化生生不息之理。”又说：“大人之能以天地万物为一体也，非意之也，其心之仁本若是，其与天地万物一也。”仁爱之性为天性，是天地生生之德的生动呈现。因此，在“人”与“物”的关系上，“人”必须尽己之性，以尽人之性、物之性，由此，以实现“天人一体”、“万物一体”的审美域。同时，儒家美学还主张“人”与自然之间应该持有“中和”的审美态度。“人”的生存与繁衍，文化的生成与发展，自始离不开自然。“天人一体”的推崇表达出“人”追求与自然的和熙相处，相依相成的审美意识。儒家美学思想推崇“人”与自然万物之间应该坚守和熙融通、相互依存的审美态度和原则。在“人”与自然互利互助的关系方面，儒家美学主张取之以时，用之有节，要求持有“中和”的审美态度，要让“人”的行为与宇宙秩序保持一致，推崇顺天应时的天人一体审美意识与敬天爱物的审美理念。

宇宙间包括“人”在内的万事万物都处于变动之中，既相互联系、相辅相成，又相互对立、相反相成、互相转化、生长与共的。正因为如此，天人一体，万物本同，所以，“人”应该仁爱万物，仁爱宇宙天地间的一切，因为“人”与自然万物是一体而生的，相依相成，相转相化。在这一根本问题上，儒道美学是一致的。道家美学认为，宇宙天地间包括“人”在内的自然万物皆由“道”所生成，因此，“天人一也”。儒家美学则认为“仁”为天地万物的生命之本，为生命的活力之源。而所谓“仁”，就是“浑然与物同体”的最高生命域、审美域。这一审美域的实现是由于人和人、人和物之间的同一性。这种同一性来源于“生生”，即所谓如其所生、如其所长、如其所是、如其所然。人和万物的生成都源自“生生之理”。这“生生之理”，并不是要生什么和生出个什么，而是“生”本身，也即“生生”，让生者生，让长者长，生其所生，是其所是。因此，儒家美学主张“仁民爱物”，认为“仁者爱人”、“为仁由己”、“求仁得仁”，提出“泛爱众而亲仁”、“节用而爱人”的美学思想。在人与自然万物的关系上，应该珍爱万物，视万物为一体。基于此，儒家美学主张关爱生命，要把自然与人看着是一个生命整体，敬畏自然，要有如赤子般的热爱、依恋自然，要求“钓而不纲，弋不射宿”①。据说当年孔子钓鱼时，只用有一个鱼钩的钓竿钓鱼，而不用有许多鱼钩的大绳钓鱼。只射飞鸟，不射巢中歇宿的鸟。所谓“纲”，指的是将一根大绳子拉在河的两岸、绳子上挂着一个个小钩子；这样一排、大大小小的鱼就都会上钩。“弋”则是用生丝做成、系于箭尾又细又韧的绳，箭发射出去后，用此绳将其收回，可连续用。据《史记·孔子世家》记载，孔子曾经说过：“丘闻之也，刳胎杀夭则麒麟不至郊，竭泽

① 朱熹：《四书集注》，岳麓书社 1987 年版。

涸渔则蛟龙不合阴阳,覆巢毁卵则凤凰不翔。何则?君子讳伤其类也。夫鸟兽之于不义也尚知辟之,而况乎丘哉!”就是说,在孔子看来,剖腹取胎、竭泽而渔、覆巢毁卵等等做法都是对自然的破坏,是对自然不仁不义的行为。由此,也不难看出儒家学者来自天人一体审美意识的视域。应该说,这些地方所表达的美学思想,就是“人”应该尊重自然、敬畏自然,与自然和谐相处,反对“竭泽而渔”地向自然索取。后来,王阳明也认为,“仁者”应该“以天地万物为一体”。天地人原本是一个生命整体,不可分割,可以互相影响互相作用。孟子曾强调指出:“君子之于物也,爱之而弗仁;于民也,仁之而弗亲。亲亲而仁民,仁民而爱物。”对此,朱熹解释得特别好:“物谓禽兽草木,爱谓取之有时用之有节。”由“爱人”而推仁爱之心于“物”,无论是“取”还是“用”,都要注意季节与时候。即如《尚书·大禹谟》所规定的:“正德、利用、厚生惟和。”三个方面兼而有之。所谓“正德”,意指纯正的道德,即“大德”,也就是“天地一体”、“万物同化”之“仁”。《逸周书·大聚》云:“万财既成,放此为人,此谓正德。”据《左传·襄公二十八年》记载,晏子曾经说:“夫民生厚而用利,于是乎正德以幅之,使无黜嫚,谓之幅利。”求利必须得有一定的限度,要正德、利用、厚生三件事面面俱到,保持平稳中和的态势,即所谓的“幅利以俭,葆光以和”。天地以生其所生、生生不息为自然属性,天其所天、地其所地、物其所物、然其所然,这种不强制干预、泛爱生生之“心”的生动呈现就是“仁”。天人之间是相互作用、相互依存的,无论是“天”的春夏秋冬,还是“地”的金木水火,都与“人”的仁义礼智相合相应,并且这等等一切都通过“生”以会通融合,化化不已。当然,人与自然万物和谐,需要“人”去蔽澄明原初的仁心仁性,以爱物、利物、仁物、生物为“推仁”流,最终以达成“成物”审美域。“乐生”、“厚生”,把天地生生大德作为处物之道与审美诉求,使万物各尽性命、各遂其生,并取之以时,用之有节。这从自然万物的生命特色和“人”是本真生存的需求来看,是符合儒家美学的审美诉求的。即维护“人”与自然的和熙融通关系,促使“人”对自然万物存有敬畏之心、温和之意,以及感恩之情。

从孔子所践行的“钓而不纲,弋不射宿”到孟子所标举的“仁民而爱物”,体现出中国美学思想所强调的天人一体、“仁者”在“人”与天地自然关系上所应该采取物其所物、生其所生、是其所是的审美态势。在中国美学思想看来,这也是“仁者之心”的体现。据《吕氏春秋》、《淮南子》和《水经注》记载,孔子的学生宓子贱被鲁君任命为亶父(今山东单县)宰,三年后,孔子派另一名学生巫马旗去考察他的政绩。巫马旗穿着粗布短衣,披着破皮袄,到亶父去观察施行教化的情况。看到夜里捕鱼的渔夫，得到鱼以后又放回水里。巫马旗问道："捕鱼是为了得到鱼。现在你得到鱼以后又放回水里，这是为什么？"渔夫回答说："我放回的是小鱼。地方官宓子贱要求在小鱼长大后再捕，所以放了。"孔子闻听巫马旗的汇报后十分高兴，认为宓子贱治邑有方，可担当大任。宓子贱要求渔夫捕大放小，与孔子不一网打尽、不倾巢尽剿一样，都是为了保持天人一体的生态平衡，为了防止因一时之利而丧失长远利益，是可持续发展观的肇始。孟子直接承袭了这一主张，他在与梁惠王对话时指出："不违农时，谷不可胜食也；数罟不入洿池，鱼鳖不可胜食也；斧斤以时入山林，材木不可胜用也。谷与鱼鳖不可胜食，材木不可胜用，是使民养生丧死无憾也。养生丧死无憾，王道之始也。"不难看出，孟子的主张与孔子是一脉相承的，且更为明确而完善。孔孟之后，这一美学主张得到广泛认同。在记录宓子贱治亶父事迹的《吕氏春秋》中，就有一年四季应如何保护利用山泽资源的具体规定，如《孟春纪》中的"禁止伐木，无覆巢"，《仲春纪》中的"无竭川泽，无漉陂池，无焚山林"等。这些美学思想和主张世代相袭，许多成为保持"人"与自然和谐相处的政令与"人"的自觉行为。

以仁爱之心待物与可持续利用，是儒家美学的两个核心。在此基础上形成的儒家天人一体的美学思想，坚持仁民爱物，主张珍惜自然，推崇"人"对自然的仁爱，要求"人"为了自身的诗意生存与永续发展，对自然万物要有节制地利用，人与自然都是有生命的，是平等的，相互间本身就是相辅相成，相交相往的关系，"人"的诗意生存离不开自然的润昌，因此，"人"对自然万物必须怀有感恩之心与敬仰之意。在"人"与"物"、"人"与"自然"的关系问题上，儒家美学的最高审美诉求是"万物并育而不相害"和"与天地合其德"。显而易见，就其实质而言，这也就是中国美学思想所崇尚的"天人合一"、"天人一体"。

在如何处理"人"与自然的关系问题上，《黄帝内经》说得好："天地者，万物之上下也"，"天地之间，六合之内，其气九州九窍、五脏、十二节，皆通乎天气"。"人"生存于大地之上天空之下，存在于天地之间，与天地一体。天地，自然之物也；人生，亦自然之物；生于自然，死于自然，任其自然。

天地一体具体表现为四时一体、六气一体、万物一体、动静一体。所谓"四时"，即春夏秋冬四季。春生夏长，秋收冬藏，四季各有特点，同时又互为依托、互为一体，有春生夏长，才有秋收冬藏，其间一气融通。即如《黄帝内经》所云："夫气之生，与其化衰盛异也。寒暑温凉盛衰之用，其在四维。故阳之动，始于温，盛于暑；阴之动，始于清，盛于寒。春夏秋冬，各差其分。故《大要》曰：彼春之暖，为夏之暑，彼秋之忿，为冬之怒，谨按四维，斥候皆归，其中可见，其始可知。”正是因为“气”的作用,才生成宇宙天地与自然万物,才有四季与昼夜的交替,才有生命的发育和成长。而所谓“六气”指自然中阴阳相移、寒暑更作、气候变化表征出来的风、寒、暑、湿、燥、火等六种特征。没有风,万物不能萌芽生长;没有暑和火万物就不能欣欣向荣;没有湿万物就不能有正常的滋润,没有燥,自然就会过度潮湿;没有寒,万物就不能得到闭藏和静寂。因此,《黄帝内经》指出:“燥以干之,暑以蒸之,风以动之,湿以润之,寒以坚之,火以温之。”可见,“六气”是相互作用、相互调节、相依相成的。在中国古代哲人看来,宇宙天地间的万事万物都是相互联系、相互影响、相互作用、相生相化的,并因为这个相互影响、相互作用引发新的变易。这种相互联系、相互依存又被称之为“和”。所谓“和实生物,同则不继,以他平他谓之和”,“若以同裨同,尽乃弃矣”。春秋晏婴说过“若以水济水,水能食之?若琴瑟之专一,水能听之”。《黄帝内经》云:“万物并至,不可胜量,虚实呿吟,敢问其方?岐伯曰:木得金而伐,火得水而灭,土得木而达,金得火而缺,水得土而绝,万物尽然,不可胜竭。”天地是一体的,但中国古代美学认为,这种一体化绝对不是静止的,而是不断化生化合、变易运动中构成的。《黄帝内经》云:“成败倚伏生乎动,动而不已,则变作矣。”在中国古代美学看来,宇宙间万事万物的这种化生化合、变易生成中动静是一体的。《黄帝内经》云:“帝曰:动静何如?岐伯曰:上者右行,下者左行,左右周天,余而复会也。”又云:“帝曰:地之为下否乎?岐伯曰:地为人之下,太虚之中者也。帝曰:冯乎?岐伯曰:大气举之也。”云:“动静相召,上下相临,阴阳相错,而变尤生也。”又云:“帝曰:有期乎?岐伯曰:不生不化,静之期也。——出入废则神机化灭,升降息则气立孤危。故非出入,则无以生老壮老已;非升降,则无以生长化收藏。”宇宙间万物一体、“人”“天”一体、“心”“物”一体。作为自然中万事万物不可缺少的组成,“人”与自然当然是一体相融的,“人”是自然的重要组成,与自然为一有机生命体,相互作用,相互依存,“人”性即“天”性,自然是一个活的有机体,互相依赖,“人”是自然世界之中的存在,与自然的存在同一,而不是自然万物的支配者。

二

先秦之后,宋明新儒家沿着孔孟“尽心知性”而“知天”、“同天”的审美意识,把“仁”的思想深化,进一步提出“仁者与天地为一体”的美学命题。如宋代周敦颐就指出,“人”与天地万物之所以可以共存,在于“人”具有“仁”的原初本性。“人”是自然的一部分,“人”的活动就是自然的活动,“人”只有与自然保持一致,融为一体,才能处处顺畅,事事亨通,并总结出了“人合自然,人事合天事,人道合天道,合则吉,悖则凶”的“人”与自然和谐共处的原则。张载认为,“人”与天地万物的关系是平等和谐的,说:“乾称父,坤称母,予兹藐焉,乃混然中处。故天地之塞,吾其体;天地之帅,吾其性。民吾同胞,物吾与也。”(朱熹《西铭论》)在《周易》中,作为“天”的符号,乾卦为纯阳之卦,其特性既刚健中正,又自强不息,既光明正大又无私无畏。其符号的突出特征就是“健”。而坤卦作为“地”的符号,则为纯阴之卦,其特征有如大地一样,厚德载物,如母亲一样,慈善温顺,无怨无悔,包容万物的卦。其符号的突出特性则为“顺”。天地之所以称为天地,就是因为其凭借乾健与坤顺的仁德品格生成与养育万物,所以“人”与“物”都以天地为原初生成域,以乾坤之德为生命的本原。“人”与自然万物同在“天地”与“乾坤”之德的创生中,相依相成、相生相长、和熙融通、浑然一体。正是这样,充塞于宇宙天地之间的阴阳之气,氤氲激荡,遂生化构成“人”之形体,而天地之“理”与“道”,则禀赋于“人”,成为“人”的本心本性,所以,“天”“人”一气相通,本不相隔。同样地,“人”与“人”,“人”与“物”之间,有如手足同胞,也如朋友同侪,相互之间血肉相连、相互依靠、息息相关、休戚与共。即如朱熹所着重指出的,张载“首论天地万物同体之意,固极宏大”。显而易见,张载所提出的“同体”,其意思主要是“天”与“人”、“人”与“物”相通相融、互为“一体”,“人”与天地万物本为一体而不可分割。人天一体,天人动静为一,即中皆和,即末发皆发,即费皆隐,即显皆徽,即内皆外,即文皆礼,即繁皆约,即知皆能,即物皆道,即心皆人,天道与人道为一。

与其“天地万物同体”、“人”与“自然”相互依存的自然美学思想观念一致,张载继而将之引入到人文美学思想,认为“人”与“人”之间也是相辅相成、相知相成,相依相成、相伴相成、相融相成、相偎相爱、相互友好、相互关照,天下犹一家,正是基于此,张载强调指出:“大君者,吾父母宗子,其大臣,宗子之家相也。尊高年,所以长其长;慈孤弱,所以幼其幼。圣,其合德;贤,其秀也。凡天下疲癃残疾孤独鳏寡,皆吾兄弟之颠连而无告者也。”应该说,这种家国天下、“人”与“人”之间互为一体,相依相成的审美意识,与孔子所倡导的“己欲立而立人,己欲达而达人”、“老者安之,朋友信之,少者怀之”的人文美学思想,以及孟子所推崇的“老吾老以及人之老,幼吾幼以及人之幼”的“亲亲”、“推仁”美学精神是世代相承,一脉相通的。

既然乾坤为天地、父母,天下为一家,则事天之道犹如事亲之孝,敬畏天命与爱亲之孝,其审美意识是一致的。后来,朱熹又加以更为深刻的阐释:说:“盖以乾为父,以坤为母;有生之类,无物不然,所谓理一也。而人物之生,血脉之属,各亲其亲,各子其子,则其分亦安得而不殊哉!一统而万殊,则虽天下一家,中国一人而不流于兼爱之弊;万殊而一贯,则亲疏异情,贵贱异等,而不牿于为我之私。此张载之大指也。”一体之“仁”,为人人所原初固有,具普遍性与整体性。朱熹则进一步从“人”与自然万物“理同而气异”展开论述。他阐释孟子提出的“天之生物,使之一本”中所谓的“一本”,说:“天之生物,有血气者本于父母,无血气者本于根,皆出于一而无二者也。其性本出于一,因此其爱亦主于一焉。”在他看来“人物之生,必各本于父母而无二,乃自然之理,若天使之然也”。这就是说,“人”与“物”的“生”,都本于“父母”,由“天”之所成,自能相互感通。人与万物之生成原初同一根源,即如《易传》所指出的,“大哉乾元,万物资始,乃统天”。“人”之仁爱之心、仁爱之性,本于天性。“人”之所以与万物同一,其实就原于“人”之生性与万物之性相同。即如孔子所说:“孝弟也者,其为仁之本与!”将这种仁爱之心推己及人,也就是孟子所推崇的“亲亲而仁民,仁民而爱物”。可见,亲亲、仁民、爱物的人文美学思想的真髓所在。在儒家学人看来,仁爱之审美意识,发于内心,不容自已。“人”皆有不忍之心,将这种不忍之心达之于其所忍,即为“仁”之审美域。所以说,“仁”就是“人”。“仁心”为“人”的本心本性,正是要由“人”的“仁心”的澄明,“任性”的真实呈现,感通、照亮自然万物,进而才能达成“人”与自然万物“一体”融通的审美境域。

进入“天地万物与我同体”之审美域,首先应该“识仁”。因此程颢强调指出:“学者须先识仁。”所谓“识仁”,是指“识得仁体,实有诸己”。而所谓“仁体”,就是程颢所标举的“仁者”之域。要让自身成为“仁者”,由此才能“浑然与物同体”。认识到这一道理,体悟到“仁”就是“生”,“生”就是“仁”,天地然其所然、是其所是、生其所生、自其所自的“生物”、“成物”、“爱物”之心就是“仁”,然后,以诚敬之心对待自然,存其所存,自然能够达成“与万物一体”、同生共化之审美域。由此,可以说,“仁者”之域就是“浑然与物同体”,其意即“仁者”贵仁,重生,乐生,仁爱生生,在“仁”与“生生”的意义上与天地万物同化共生,浑然融汇,物我互为,内外合一,主客不分。“仁爱”精神润泽万事万物,致使“天”与“人”之间“感通无隔,觉润无方”。通过这种“感通无隔之仁”,“人”自身还原到原初本真之心性,反璞归真,重新成为生存于本真自然态势中的主体,因此称之为“仁体”。换言之,“仁”即是“体”。尽管孔、孟言“仁”,已呈现出“仁”之不安、不忍的感通,但程颢则更为深刻地专注于对“仁”之“感通”特性的体悟与阐发。达成“识仁”之域,必须从“仁”之“感通”来体认与觉识。“仁”的特质在于其感通性。有了这种感通心,

“人”从而才能与自然相互连属，成为一体，而自然也得以与“人”“一体”，成为“人”自身生命的重要组成，不可分割，也须臾不得分开。因此，程颢所谓“识仁”、“体仁”、“观仁”、“得仁之体”，皆由“仁”之感通性来达成。“仁心”、“仁性”，俱是生动鲜活的；“人”只要以诚敬之，存之养之，贵仁重生，即能从一己之“仁”，推及他人，进而及物，使自然如其所是，各得其所，方其所方，各安其位，并达成“万物一体”的审美域。

“仁”具有润泽性、滋润性和感通性，天人之间所以感通一体，正由于“仁”的作用。宇宙间包括“人”在内的万事万物能够“感通无隔”，“觉润无方”，也蕴涵“仁”为“天地生生大德”，“天人”之间有此“仁”，有此“大德”，即“天人相通”，“与物无对”。程颢指出，“此道与物无对”。这里所谓的“道”，即为“大德”之“仁”。有此“仁”，“人”才“与物无对”，即达成“天人一体”、“心物一体”之审美域与生命域。“仁”是“义礼智信”之“理”，是“天理”，是“良知良能元不丧失”之原初“心性”，当然也是“大”到“不足以明之”之“道”，即“天道”。正因为如此，仁体、仁心、仁理、仁道才互通同义，仁慈、仁爱、仁心、仁德相互贯通，一体不二。道即是仁，仁即是道，而非仁外有道，道外有仁，始于仁，仁于仁，成于仁，感于仁，通于仁，有“仁”“润”之，所以“与物无对”。程颢从“仁”的一体性、感通性进行解析，指出“仁心”、“仁性”的呈现即在复归之几，“仁心”“仁性”的去蔽敞亮，感通无隔，光照万物，顿然悟到万物之生命内在于“人”自身之生命中，而达成“万物皆备于我”之域。在这种境域之中，天地之用皆为“人”之用，“人”即“物”，“物”即“人”，物我一体、彼此无隔，主客俱泯，这即是“与物无对”。仁心之感通万物，亦犹如天道之体物而不遗。在这个意义下，即是程颢所云：“‘大人’者，与天地合其德，与日月合其明，非在外也。”换言之，大“人”之德即是天地之德，仁心即是仁道，天道性命相贯通，圆满顿足一体、体道悟道一体。“天道”具体化于“人”之生命中，而“人”之生命亦即是天道之化育流行。正是这样，不仅物我无对，而且“天”“人”亦无二。由此，圆顿一如，体悟一如，化化一如，“万物一体”的审美境域则朗然呈现。

宋代以后，大多数儒家学者“与万物一体”的审美意识都直接来自程颢，并进而把儒家美学“爱人”扩展到“爱物”。如明代理学家王阳明就通过对儒家“万物一体”审美意识的承继，进而提出“仁者以天地万物为一体”的审美观念，指出“人”与自然息息相关，是一个有机的生命体，“人”必须以仁爱之心珍爱自然，认可自然中所有动植物内在的生命价值和生存意义，自觉地澄明“人”原初的仁爱心性，化其所化，仁其所仁，由“仁人”而“仁物”，从而把以孔孟为首的儒家传统的人文美学思想拓宽到自然生态美学。

要达成"万物一体"的审美域,作为天地间"三才"之一的"人"则必须通过去蔽,澄明被私欲所遮蔽的原初心性,让"仁心""仁性"朗然、湛然,如此,纯然、超然、彻然、"不假外求"的"良知"则自然会导引人去仁爱自然,致使原初本来就有的"仁心""仁性"敞亮,仁爱之光照彻人与物,彰显自然,照亮自然,视自然为"一体",为至爱亲朋,为"一体化生",自其所自,是其所是,然其所然,物其所物,使其各就其位,各得其所,"万物并育而不相害"和"与天地合其德,与日月合其明,与四时合其序,与鬼神合其吉凶",从而达成"人"与自然和谐融熙,互利互动的"天人一体"、同生共化审美域。可以说,中国古代美学"万物一体"、"天人一体"同生共化的审美精神与本其所本、生其所生的自然审美意识,以及触目道成、缘在构成的审美境域营构论,对今天建构具有中国特色的美学思想体系提供了宝贵的学理资源和生命价值。

李天道

2015 年 11 月 11 日于川师电梯公寓